农业高等职业教育本科系列教材

大田作物种子生产技术

李　梅　主编

中国农业大学出版社
·北京·

内容简介

本教材是基于高等职业教育作物生产技术高水平专业群的职业能力需要，由学校主导、校企合作开发的活页式教材。本教材根据工作任务设计了水稻种子生产技术、玉米种子生产技术、花生种子生产技术、大豆种子生产技术、甘蔗种苗生产技术、马铃薯种薯生产技术六个项目。本书的特点是以工作任务为引领，突出工作过程的导向作用，贴合以职业技能为核心，立足于项目式教学方法，介绍完成每一项工作任务所需要的相关知识和实际操作应采用的具体程序和步骤，培养学生活学活用和自主创新的能力。

本教材可作为南方地区农业类院校职业本科和专科现代种业技术、作物生产与品质改良、种子生产与经营、作物生产与经营管理等种植类专业教材，也可以作为种子生产技术人员和管理人员培训教材。

图书在版编目(CIP)数据

大田作物种子生产技术 / 李梅主编．--北京：中国农业大学出版社，2022.6

ISBN 978-7-5655-2788-3

Ⅰ.①大… Ⅱ.①李… Ⅲ.①大田作物－作物育种－高等职业教育－教材 Ⅳ.①S503.5

中国版本图书馆 CIP 数据核字(2022)第 095981 号

书　　名 大田作物种子生产技术

作　　者 李　梅　主编

策划编辑 田树君　司建新　　**责任编辑** 田树君

封面设计 郑　川

出版发行 中国农业大学出版社

社　　址 北京市海淀区圆明园西路 2 号　　**邮政编码** 100193

电　　话 发行部 010-62733489，1190　　读者服务部 010-62732336

编辑部 010-62732617，2618　　出　版　部 010-62733440

网　　址 http://www.caupress.cn　　**E-mail** cbsszs@cau.edu.cn

经　　销 新华书店

印　　刷 北京中兴印刷有限公司

版　　次 2022 年 6 月第 1 版　　2022 年 6 月第 1 次印刷

规　　格 787×1 092　　16 开本　　15.75 印张　　390 千字

定　　价 55.00 元

编审人员

主　　编　李　梅（广西农业职业技术大学）

副 主 编　梁庆平（广西农业职业技术大学）

参　　编（以姓氏笔画为序）

马承雄（广西田丰种业有限公司）

王世杰（广西农业职业技术大学）

何　懿（广西兆和种业有限公司）

易小林（广西农业职业技术大学）

周晓舟（广西农业职业技术大学）

黄少军（广西农业职业技术大学）

蒋含笑（广西农业职业技术大学）

蒙　成（广西农业职业技术大学）

蒙秀锋（贺州市农业科学院）

审　　稿　黄　鹂（广西壮族自治区种子管理局）

王威豪（广西壮族自治区农业科学院）

序　言

《大田作物种子生产技术》是根据教育部《职业院校教材管理办法》《习近平新时代中国特色社会主义思想进课程教材指南》和《广西壮族自治区职业院校教材管理细则》等有关文件精神，充分考虑职业本科和专科种植类专业的教学任务和学习特点，校企合作编写的活页式教材，可供现代种业技术、种子生产与经营、作物生产与品质改良、作物生产与经营管理等相关种植类专业使用。

本教材对接种业发展趋势和市场需求，按照种子生产岗位要求、课程目标确定教学内容，体现种子产业新知识、新技术、新工艺和新方法，教材内容有机融入中华优秀传统文化、国家粮食安全、工匠精神和劳模精神等思政元素，嵌入原种、良种生产技术操作规程等国家标准，涵盖真实生产项目和典型工作任务，实践问题、理论知识、操作技能以及学习评价与实际生产相关联，以实践问题解决为纽带实现理论、实践、知识和技能等有机整合，理论知识系统完整，应用技术实用性强。适应项目教学、案例教学和模块化教学等不同教学模式要求。

本教材共设计了六个项目，其中项目一水稻种子生产技术由李梅、易小林、蒙秀锋、蒋含笑、马承雄编写；项目二玉米种子生产技术由梁庆平、蒙成、何懿编写；项目三花生种子生产技术和项目六马铃薯种薯生产技术由黄少军编写；项目四大豆种子生产技术由王世杰编写；项目五甘蔗种苗生产技术由周晓舟编写。本教材请广西壮族自治区种子管理局黄鹂调研员、广西壮族自治区农业科学院王威豪研究员审稿，在此表示衷心的感谢。

本教材是在梁庆平主编、李梅副主编的《种子生产技术》的基础上编写完善，并广泛参阅、引用了国内外大量专家和学者的著作和论文完成的，在此一并致以诚挚的谢意。

由于编写时间仓促和水平所限，教材中难免存有不妥和疏漏之处，敬请各位同行专家、学者批评指正，以便今后进一步修订和完善。

编 者

2022年1月

目　录

项目一
水稻种子生产技术

【知识目标】

1. 具备水稻种子生产基本认知知识；
2. 具备常规水稻种子生产知识；
3. 具备三系杂交水稻制种相关知识；
4. 具备两系杂交水稻制种相关知识；
5. 具备三系不育系繁殖相关知识；
6. 具备光温敏核不育系繁殖相关知识。

【技能目标】

1. 能进行常规水稻原种生产；
2. 能进行常规水稻良种生产；
3. 能完成三系杂交水稻制种各项技术环节；
4. 能完成两系杂交水稻制种的关键环节；
5. 能掌握水稻三系不育系繁殖要点；
6. 能掌握光温敏核不育系繁殖措施。

【素质目标】

1. 培养懂农业、爱农村、爱农民的“三农”情怀；
2. 培养生态安全、健康环保、可持续发展的理念；
3. 培养爱岗敬业、精益求精、刻苦钻研、勇于创新的工匠精神；
4. 培养尊重科学、遵纪守法、诚信友善的社会责任感；
5. 培养自主学习和终身学习的行为习惯；
6. 培养获取和运用新知识、新技术的信息素养。

子项目一　水稻种子生产基本认知

【知识目标】

1. 具备水稻种子生产概况知识；
2. 具备水稻种子形成发育知识；
3. 具备水稻种子分级分类及鉴别知识；
4. 具备三系杂交水稻认知知识；
5. 具备两系杂交水稻认知知识。

【技能目标】

1. 能了解我国水稻种子生产概况；
2. 能掌握水稻种子形成发育过程；
3. 能进行水稻种子的分级分类和识别；
4. 能认识三系法杂交水稻和识别水稻三系；
5. 能识别两系法杂交水稻和光温敏核不育系。

【素质目标】

1. 培养懂农业、爱农村、爱农民的“三农”情怀；
2. 培养生态安全、健康环保、可持续发展的理念；
3. 培养爱岗敬业、精益求精、刻苦钻研、勇于创新的工匠精神；
4. 培养尊重科学、遵纪守法、诚信友善的社会责任感；
5. 培养自主学习和终身学习的行为习惯；
6. 培养获取和运用新知识、新技术的信息素养。

任务一　了解水稻种子生产概况

【任务目标】

1. 了解水稻生产概况；
2. 了解常规水稻种子生产概况；
3. 了解杂交水稻种子生产概况。

【布置任务】

学生按模拟种子公司的形式组建工作小组，收集我国水稻生产以及水稻种子生产相关信息，并进行资料归纳总结，掌握常规水稻和杂交水稻种子生产概况。

【学习条件】

场地要求:图书馆、教室等。

工具与生产资料准备:杂志期刊、图书、网页等。

【知识准备】

一、水稻生产概况

水稻是世界上栽培面积和总产量仅次于小麦的粮食作物,全世界大约有30亿人口依靠稻米生存。水稻在世界上分布非常广泛,亚洲、欧洲、美洲、非洲和大洋洲都有水稻种植,约有1.5亿hm^2的水稻栽培面积,总产量达7亿t以上。世界水稻面积和总产量的约90%集中在亚洲,非洲、美洲和欧洲水稻面积分别占6.0%、4.3%和0.4%,大洋洲面积较小,主要在澳大利亚。目前有122个国家和地区种植水稻,其中发展中国家所产的稻谷占全世界稻谷总产量的95%。水稻种植面积较大的国家是印度和中国,其水稻种植面积分别占全球水稻面积的28.1%和18.5%。可以说"稻米就是生命",因此稳定了水稻的生产,在很大程度上就稳定了世界的粮食供给,发展了水稻产业,就极大地发展了世界粮食产业。

我国是世界上最大的水稻生产国和消费国,也是世界杂交水稻技术的主要研发国和输出国。我国水稻常年播种面积在3 000万hm^2左右,占世界水稻总面积的20%,居世界第二(仅次于印度),占国内粮食种植面积的27%左右,我国水稻总产在2亿t左右,平均单产6 862.5 kg/hm^2(2016年国家统计数据),比世界平均单产高40%左右,稻谷产量居世界第一,约占世界稻谷总产量的28%,占国内粮食总产量的1/3左右。2020年由于世界粮食危机逐渐显现,中国政府提出要严守耕地红线,使得中国稻谷播种面积上升至3 008万hm^2,稻谷产量达2.118 6亿t。2021年中国稻谷种植面积又回落至2 992.12万hm^2,但稻谷产量达2.128 5亿t,比上年增加10万t,增长0.5%(数据来源:中商产业研究院数据库)。我国的水稻生产为保障世界和我国粮食安全做出了极大贡献。

在我国,根据种子生产方式不同将水稻分为常规水稻和杂交水稻。常规水稻就是通过自交结实、可以留种且后代不分离的水稻品种。常规水稻不像杂交水稻通过杂交或变异而来,而是通过选育、提纯、保持本品种的特征特性不变。而杂交水稻就是指选用两个在遗传上有一定差异,同时它们的优良性状又能互补的水稻品种进行杂交,生产具有杂种优势的第一代杂交种用于大田生产,这类水稻就是杂交水稻。

二、常规水稻种子生产概况

1. 常规水稻品种推广概况

(1)优质常规水稻开始大面积推广种植　从2004年开始,随着国家对粮食生产重视力度的加大,水稻种植面积开始缓慢回升,但杂交水稻面积却继续维持下降趋势,一批优质常规水稻开始大面积推广种植。

(2)常规水稻主推品种优势较大　2013年常规水稻推广面积在0.67万hm^2以上的品种有284个,推广总面积1 096.7万hm^2,前10位品种推广面积为392.1万hm^2,占35.78%。2013年杂交水稻推广面积在0.67万hm^2以上的品种有534个,推广总面积1 254.7万hm^2,

前10位品种推广面积为221.5万hm^2，占17.65%。

2. **常规水稻品种审定概况**

(1)国审常规水稻品种数量远不及杂交水稻　1984—2018年，国家共审定1 383个品种，其中常规水稻品种335个，占24.22%。2018年通过国审的常规水稻品种35个，仅占13.1%。

(2)常规水稻国审品种中粳型占主导　1984—2018年，通过国审的335中常规水稻品种中籼型品种仅83个，占比为24.8%。特别是2017年、2018年通过国审的常规水稻品种分别为13和35个，而籼型品种均仅1个，占比分别为7.7%和2.9%。

3. **常规水稻种子生产概况**

(1)常规水稻种子需求量逐年增加　通常所说的常规水稻包括常规粳稻、常规籼稻和常规糯稻，其中常规粳稻占常规水稻的98%以上。近年来，我国粳稻种植面积不断扩大，2014年我国粳稻面积为893.3万hm^2，占水稻种植面积的29.47%，2015年达到953.4万hm^2。

(2)常规水稻种子库存变动大　若水稻生长期风调雨顺，种子收获时天气良好，制种企业生产的产量比较高，种植户的自留种也会增加，种子市场往往供过于求。若遇恶劣天气，保种难度加大，一方面种植户自留种会减少；另一方面繁种单位依靠烘干、加工等设备，可以保证基本种源，但较丰年要减产10%左右，市场会表现为供不应求。

(3)常规水稻种子生产栽培技术不复杂但难到位　一个品种的优良特性只有在适宜的栽培条件下，才能得到充分表达并遗传给下一代。近年来，种粮效益下降，农民种粮积极性下降，导致繁殖措施难到位。繁殖技术不到位，一方面影响当季产量和质量，当年种子收购量难以保证；另一方面抑制了优良种性的表达，缩短了种子使用寿命。

(4)常规水稻种子生产除杂环节很重要但难落实　除杂去劣是种子繁殖工作中最关键的一环，但实践工作中最难落实，大部分农户是走过场。究其原因：一是没技术，对于除稗除草农民都知道，但对变异株、分离株、异品种知道的就少了，有的即使知道，也舍不得除掉；二是没劳力，秧苗移栽到大田后，一般壮劳力就外出打工，田间管理就留给了在家的老人，然后只回家收获，没劳力进行除杂去劣；三是没有专门机械，种子收获应该单打单收，但很多乡村已实现了联合收割机收获，要达到清理干净机器，减少机械混杂难度大。

三、杂交水稻种子生产概况

1964年，袁隆平在安江农校实习农场发现水稻不育株，开启了中国的杂交水稻研究历程。1973年籼型杂交水稻“三系”配套成功。1976年，杂交水稻开始在中国大面积推广。杂交水稻由于其根系发达、吸收力强，光能利用率高，分蘖力强、穗大粒多，适应性广等优势，在农业生产上的推广和应用，彻底改变了我国的粮食形势，为我国的粮食生产安全做出了巨大贡献。1976—2013年，中国杂交水稻累计推广5.316 2亿hm^2，并于1995年达到2 089.78万hm^2的历史最大面积，占当年水稻面积的67.97%，但杂交水稻面积及其占水稻面积的比例在1999年以后呈现缓慢下降趋势，至2013年维持在1 617.87万hm^2，占水稻面积的53.37%。由于杂交水稻的优良性状是建立在其双亲杂交F_1代的杂种优势上，采用F_1代完成生产后不可再留种使用，必须连年制种，且种子质量是决定水稻产量的一个重要因素，所以杂交水稻的种子生产是水稻生产中的重要环节。

杂交水稻制种是杂交水稻大田生产的基础工作，为杂交水稻大面积种植提供充足种源，是一项同时具备重要性和特殊性的工作，具有技术性强、质量要求高、生产投资大、经济效益好的特点。杂交水稻种子的生产不仅影响生产企业、制种农户的经济利益，也影响杂交水稻种植区域的稳定和农民收入，同时对维持我国粮食产量稳定、保障粮食安全有重大意义。杂交水稻制、繁种的技术发展经历了从实践到理论、从简单到复杂、从幼稚到成熟的循序渐进历史过程。其大致可分为四个阶段：①制、繁种技术的摸索阶段（1973—1980 年），产量由极低上升到 450 kg/hm^2 左右。②制、繁种高产技术的发展形成阶段（1981—1985 年），产量得到大幅度提高，制种单产达到 1 500 kg/hm^2，繁种产量突破 1 000 kg/hm^2。③高产制种技术的改进提高阶段（1986—1990 年），制种产量突破 2 250 kg/hm^2，达到 2 250～3 000 kg/hm^2，繁种产量达 1 500 kg/hm^2 以上。④超高产制种技术的成熟完善阶段（1991 年至今），大面积制种单产达 3 750 kg/hm^2 以上，繁种单产高达 3 000 kg/hm^2 以上。

1. 杂交水稻品种审定概况

(1)国审品种中杂交水稻占主导　1984—2018 年，国家共审定水稻品种 1 383 个，其中杂交水稻品种 1 048 个，占 75.8%。而 2018 年国审的 268 个水稻品种中杂交稻品种为 233 个，占 86.9%。2020 年中国水稻品种国审通过数量为 574 个，其中常规水稻通过数量为 81 个，杂交水稻通过数量 493 个，杂交水稻占比 85.9%。（数据来源：国家水稻数据中心）

(2)杂交水稻国审品种中籼型占主导　1984—2018 年国审的 1 048 个杂交水稻品种中粳型杂交水稻品种仅 88 个，占比为 8.4%，而籼型杂交水稻品种占比达到 91.6%。

(3)籼型杂交水稻国审品种中两系杂交水稻增加迅猛　从 2001 年第一个两系籼型杂交水稻品种通过国审后，两系籼型杂交水稻国审品种数量呈上升态势，2017、2018 两年通过国审的两系籼型杂交水稻品种分别为 106 和 126 个，在当年国审籼型杂交水稻品种中分别占 66.3% 和 55.3%。

2. 杂交水稻制种概况

(1)近年来制种面积稳定在 10 万 hm^2 左右　2012 年全国杂交水稻制种面积达到最高峰，达 12.8 万 hm^2，之后稳定在 10 万 hm^2 左右，2016 年为 10.87 万 hm^2。2018—2020 年中国杂交水稻制种面积略有下降，主要原因：一是种子库存比较大；二是杂交稻种子需求量受常规水稻持续挤压，杂交稻面积减少。

(2)常年制种产量维持在 2.5 亿 kg 左右　2012 年全国杂交水稻制种产量达到最高峰，达 3.45 亿 kg，之后维持在 2.5 亿 kg 左右，2016 年为 2.8 亿 kg。

(3)目前制种库存依然较大　2016 年全国杂交水稻需种量 2.4 亿 kg，而库存达 1.2 亿 kg。

【信息收集方案】

学生按模拟种子公司的形式组建工作小组，收集我国水稻生产以及水稻种子生产相关信息，并进行资料归纳总结。具体内容包括：

(1)水稻生产资料查阅；

(2)常规水稻种子生产资料查阅；

(3)杂交水稻种子生产资料查阅；

(4)资料归纳总结。

【检查评价】

信息收集检查：学生自检、教师检查任务完成情况（表 1-1）。检查结果可分为 5 个等级：

优秀(≥90 分)、良好(80～89 分)、中等(70～79 分)、合格(60～69 分)、不合格(0～59 分)。

表 1-1　认识水稻种子生产概况任务完成情况检查表

<table>
<tr><td rowspan="6">考核标准</td><td colspan="2">考核要点</td><td>技术操作要点</td><td>分值安排</td><td>评定得分</td></tr>
<tr><td colspan="2">1. 态度与表现</td><td>学习(实训)态度与课堂表现</td><td>20</td><td></td></tr>
<tr><td rowspan="4">2. 任务完成情况</td><td rowspan="4">认识水稻种子生产概况和发育</td><td>水稻生产资料查阅</td><td>20</td><td></td></tr>
<tr><td>常规水稻种子生产资料查阅</td><td>20</td><td></td></tr>
<tr><td>杂交水稻种子生产资料查阅</td><td>20</td><td></td></tr>
<tr><td>资料归纳总结</td><td>20</td><td></td></tr>
<tr><td colspan="4">总分</td><td>100</td><td></td></tr>
</table>

【问题与思考】

1. 简述我国水稻生产概况。
2. 简述我国常规水稻种子生产概况。
3. 简述我国杂交水稻种子生产概况。

任务二　了解水稻种子的形成与发育

【任务目标】

1. 能认识水稻花器构造;
2. 能掌握水稻开花习性;
3. 了解水稻种子的形成和发育。

【布置任务】

学生按模拟种子公司的形式组建工作小组,在种子生产实训基地,按照水稻花器构造、开花习性、种子的形成和发育观察方案,完成各项任务。

【学习条件】

场地要求:水稻种子生产实训基地。

工具与生产资料准备:水稻植株、花器、放大镜等。

【知识准备】

一、水稻的花器构造

稻穗为复总状花序,也叫圆锥花序,由穗轴、一次枝梗、二次枝梗(间或有三次枝梗)、小穗梗和小穗组成。穗轴上一般有 8～15 个穗节,穗颈节为最下 1 个穗节。每个穗节上着生 1 个枝梗。每个枝梗上着生若干个小穗梗,小穗梗末端着生 1 个小穗即颖花(图 1-1)。水稻的小穗由 2 朵退化颖花和1朵正常颖花构成。水稻小穗包括：护颖（退化颖花外稃）2片；正常颖花外稃内稃（内外颖片）各1个，浆片2枚，雄蕊6枚，雌蕊1枚（柱头二裂并呈羽毛状），子房一室（图1-2）。

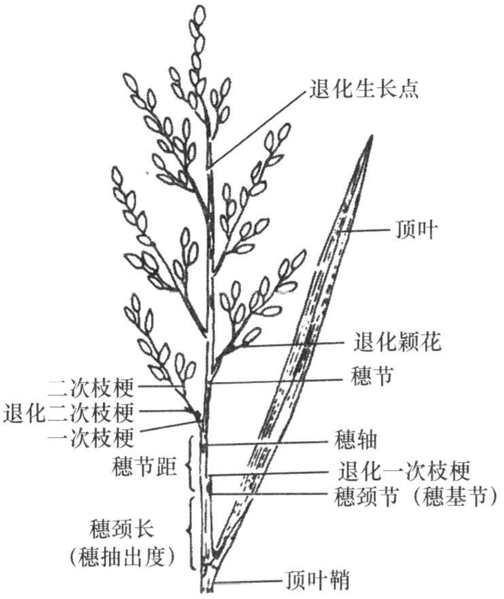

图1-1　稻穗的形态

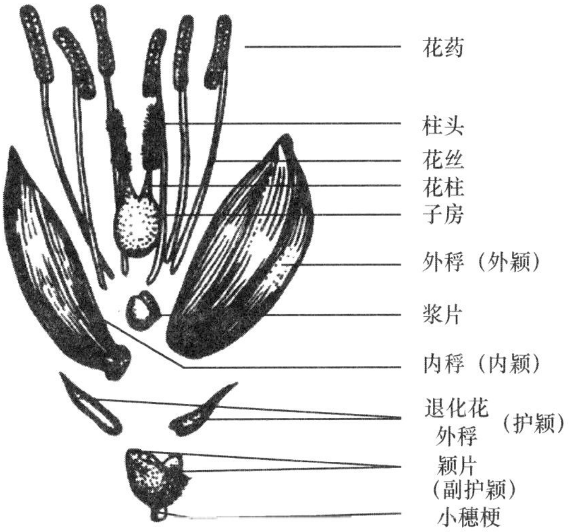

图1-2　颖花结构

二、水稻的开花习性

水稻幼穗自剑叶叶鞘中伸出，称为水稻抽穗。水稻内外颖张开，露出花药，称为水稻开花。水稻颖花开放是一个复杂的过程，在开花前数小时浆片细胞通过降解淀粉等途径降低渗透势，待气温上升，颖花呼吸作用增强，颖内CO_2浓度升高后，浆片开始从小穗轴吸水膨大，从而推开外颖。水稻颖花开放前，浆片呈扁平状；临开花时，浆片迅速由穗轴吸水膨胀，向外方挤压颖片，促成开花。以后，浆片又失水收缩，颖片随即闭合。浆片就这样在稻花的开闭上起着“开关”的作用。水稻开花时间：早稻上午8时至下午2时，其中以上午10时左右开花最盛；晚稻为上午9时至下午3时，其中以上午11时左右开花最盛。

水稻开花习性

三、水稻种子的形成与发育

水稻开花、受精以后，子房逐步发育成米粒（俗称糙米，与颖壳合称谷粒）。受精后的卵细胞的发育是非常迅速的，一般在开花后8～10 h便开始细胞分裂。开花后8～10 d，胚部便分化出胚芽、胚根、盾片及其他器官，这时便已具备了发芽能力。此后，胚进一步发育，完成生理上的成熟。在胚发育的同时，胚乳也迅速发育。开花后，胚乳细胞便开始分裂，开花后5 d胚乳细胞可填满整个胚囊，9～10 d胚乳细胞分裂完毕。由于胚乳细胞发育较快，米粒在开花后3 d就达颖壳全长的1/2，开花后5～7 d即可伸到颖壳的顶部达到最大长度。以后米粒向两侧加宽加厚，开花后12 d左右接近最大宽度，13～14 d接近最大厚度。米粒的充实除主要依靠淀粉外，脂肪、蛋白质的积累也起一定的作用。

【实施方案】

学生按模拟种子公司的形式组建工作小组，在种子生产实训基地，观察和了解水稻种子的形成和发育特性。具体内容包括：

(1)观察水稻花器构造；

(2)观察水稻开花习性；

(3)观察水稻授粉受精及种子发育特性。

表 1-2　了解水稻种子形成和发育教学实施方案

工作过程	教学步骤	训练要求与标准	训练方法	参考时间
资讯和计划	下达生产任务，设计、讨论	能提出正确的水稻花器构造、开花习性及种子形成和发育观察要求	以小组为单位查阅文献资料（主要在课外完成），讨论方案，抽查 5 个小组的方案进行答辩	10 min
决策	确定水稻花器构造、开花习性及种子形成和发育观察方案，准备各种生产资料	按计划列出生产所需的生产工具和资料并做好准备	主要在课外完成，上课时提交生产工具和资料清单	10 min
实施	水稻花器构造、开花习性及种子形成和发育观察演练	按操作规程要求进行，能独立正确操作、用时短	以小组为单位进行生产操作	120 min
检查	操作结果展示与评价	操作结果符合技术规程要求、用时短	各小组展示操作结果，进行评分（填写评分表）	10 min
总结	撰写技术报告	技术操作规程、生产体会（包括生产中存在的问题以及解决的办法）	教师提出设计、技术报告撰写要求，每位学生独立完成	课外
评估	归纳总结	生产中存在的问题以及解决的办法	各小组进行体会交流、归纳分析总结	10 min

【检查评价】

现场操作检查：学生自检、教师检查任务完成情况（表 1-3）。检查结果可分为 5 个等级：优秀（≥90 分）、良好（80～89 分）、中等（70～79 分）、合格（60～69 分）、不合格（0～59 分）。

表 1-3　了解水稻种子形成和发育任务完成情况检查表

考核标准	考核要点		技术操作要点	分值安排	评定得分
	1. 态度与表现		学习（实训）态度与课堂表现	20	
	2. 技能操作部分	了解水稻种子形成和发育	掌握水稻花器构造	20	
			掌握水稻抽穗、开花习性	30	
			掌握水稻种子形成和发育	30	
总分				100	

【问题与思考】

1. 简述水稻花器的主要构造。
2. 简述水稻的开花习性。
3. 试述如何提高种子发育质量。

任务三　水稻种子分级分类及鉴别

【任务目标】

1. 能对水稻种子进行识别;
2. 能鉴别常规水稻及杂交稻种子。

【布置任务】

学生按模拟种子公司的形式组建成工作小组,在种子生产实训基地,进行水稻种子的分类,并鉴别不同类型的种子。

【学习条件】

场地要求:水稻种子生产实训基地。

工具与生产资料准备:育种者种子、原原种、原种、良种、常规水稻种子、杂交水稻种子。

【知识准备】

一、水稻种子分级

水稻种了按世代高低和质量标准划分为育种者种子、原原种、原种和良种(大田用种)四级。

育种者种子就由育种者直接生产、保纯和控制,能代表该品种纯系后代的原始种子或亲本的最初一批水稻种子。育种者种子通常不作为商品,仅为繁殖原原种提供种源,其特点是具有该品种的典型性、遗传性稳定、品种纯度100%、世代最低、产量等性状符合确定推广时的原有水平。

原原种是由育种者种子繁殖而来或由育种者的保种圃繁殖而来的种子。原原种通常也不作商品,为繁殖原种提供种源,其特点是具有该品种的典型性、遗传性稳定、品种纯度100%、世代比育种者种子高1代、产量等性状基本与育种者种子相同。

原种是指用育种者种子繁殖的第一代至第三代或按原种生产技术规程生产的达到原种质量标准的水稻种子。原种通常是为繁殖良种提供种源,其特点是遗传性状与原原种基本相同、产量等性状仅次于原原种、世代比原原种高1代。

良种是指用原种繁殖的第一代至第三代或杂交种,经确认达到规定质量要求的水稻种子,又称为大田用种。良种是大面积生产使用的商品种子。其特点是遗传性状与原种基本相同、产量等性状仅次于原种、世代比原种高 1 代以上。

二、水稻种子分类

水稻种子按生产方式分为常规水稻种子，不育系、保持系和恢复系种子，杂交水稻种子等类型。常规水稻种子就是利用水稻自交授粉而繁殖的种子。不育系种子就是通过利用不育系作母本、保持系作父本，在隔离区内母本接受父本的花粉异交结实生产的种子。保持系种子是利用保持系自交授粉而繁殖的种子。恢复系种子是利用恢复系自交授粉而繁殖的种子。杂交水稻种子就是通过利用不育系作母本、恢复系作父本，在隔离区内母本接受父本的花粉异交结实生产的种子（表 1-4）。

表 1-4　稻种子质量标准（GB 4404.1—2008）　　%

种子类别		纯度不低于	净度不低于	发芽率不低于	水分[a] 不高于
常规种	原种	99.9	98.0	85	13.0（籼）
	大田用种	99.0			14.5（粳）
不育系、保持系、恢复系	原种	99.9	98.0	80	13.0
	大田用种	99.5			
杂交种[b]	大田用种	96.0	98.0	80	13.0（籼） 14.5（粳）

a. 长城以北和高寒地区的种子水分允许高于 13.0%，但不能高于 16.0%，若在长城以南（高寒地区除外）销售，水分不能高于 13.0%。

b. 稻杂交种质量指标适用于三系和两系稻杂交种子。

三、水稻种子的鉴别

常规水稻种子和杂交水稻种子主要区别包括以下几方面：

（1）种子饱满度　三系杂交水稻种子是由生活力弱的不育系和恢复系杂交而成，加之其他多种因素的影响，杂交水稻种子的饱满度不如常规水稻种。两系杂交稻种子也是由生活力弱的光、温敏不育系育成的，其种子的饱满度亦不如常规水稻种。

（2）柱头痕迹　常规水稻多属自花授粉，其雌蕊柱头不外露，柱头痕迹留在颖壳内部，剥开颖壳，在米粒顶部可见柱头痕迹；杂交水稻属异花授粉，柱头外露，仔细观察种子内外颖夹缝中间，可发现一点不很明显的小黑点，即柱头痕迹。这是识别杂交稻种与其他稻种的重要依据。

（3）颖壳颜色　杂交水稻制种过程中会施用赤霉素和叶面肥等，部分附着在颖壳上，所以杂交水稻的内外颖会略带不均匀的黄褐色等生理性杂色；而常规水稻种子内外颖颜色较单一，透明度高。

（4）种子形状　一般籼型杂交水稻种子较细长，粳型杂交水稻种子较圆。杂交水稻种子的腹部呈凹形，略呈“V”字形。而常规水稻种子腹部呈直线形。

（5）种子内外颖吻合度　不育系由于异花授粉的需要，柱头外露，其颖壳张开角度较大，成熟时吻合度差，部分杂交水稻种子的内外颖吻合不严。常规水稻为自花授粉，故其内外颖一般无开裂现象，这也是区别杂交水稻种子与常规水稻种子的重要依据。

（6）颖壳厚薄　剥开颖壳观察，杂交水稻种子的颖壳较薄，常规水稻种子的颖壳较厚。

（7）花药残迹　将种子用手剥开外颖，颖壳内有 1～4 枚瘦小干秕的黄色花药残迹的是杂交水稻种子，没有的是常规水稻种子。

杂交水稻种子的裂颖和穗芽现象

【实施方案】

学生按模拟种子公司的形式组建成工作小组，在种子生产实训基地，进行种子的分类和鉴别（表 1-5）。具体内容包括：

（1）根据繁殖的世代进行种子分级；

（2）按照生产的方式对种子进行分类；

（3）鉴别常规水稻和杂交水稻种子。

表 1-5　水稻种子的分级分类及鉴别教学实施方案

工作过程	教学步骤	训练要求与标准	训练方法	参考时间
资讯和计划	下达生产任务，设计、讨论	能提出正确的水稻种子的分级分类及鉴别操作要求	以小组为单位查阅文献资料（主要在课外完成），讨论方案，抽查 5 个小组的方案进行答辩	10 min
决策	确定水稻种子的分级分类及鉴别方案，准备各种生产资料	按计划列出生产所需的生产工具和资料并做好准备	主要在课外完成，上课时提交生产工具和资料清单	10 min
实施	水稻种子的分级分类及鉴别操作演练	按操作规程要求进行，能独立正确操作、用时短	按小组为单位进行生产操作	40 min
检查	操作结果展示与评价	操作结果符合技术规程要求、用时短	各小组展示操作结果，进行评分（填写评分表）	10 min
总结	撰写技术报告	技术操作规程、生产体会（包括生产中存在的问题以及解决的办法）	教师提出设计、技术报告撰写要求，每位学生独立完成	课外
评估	归纳总结	生产中存在的问题以及解决的办法	各小组进行体会交流、归纳分析总结	10 min

【检查评价】

现场操作检查：学生自检、教师检查任务完成情况（表 1-6）。检查结果可分为 5 个等级：优秀（≥90 分）、良好（80～89 分）、中等（70～79 分）、合格（60～69 分）、不合格（0～59 分）。

表 1-6　水稻种子的分级分类及鉴别任务完成情况检查表

	考核要点		技术操作要点	分值安排	评定得分
考核标准	1. 态度与表现		学习(实训)态度与课堂表现	20	
	2. 技能操作部分	水稻种子分级分类及鉴别	正确进行水稻种子分级	15	
			正确进行水稻种子分类	15	
			根据饱满度鉴别水稻种子	15	
			根据柱头痕迹鉴别水稻种子	20	
			根据内外颖吻合度鉴别水稻种子	15	
总分				100	

【问题与思考】

1. 简述按照世代高低划分水稻种子级别。
2. 简述水稻种子的类型。
3. 试述如何提高种子鉴别的准确性。

任务四　三系杂交水稻鉴定和识别

【任务目标】

1. 能正确识别水稻不育系和保持系植株形态特征;
2. 能正确识别水稻保持系和恢复系植株形态特征;
3. 能正确进行水稻不育系和保持系花粉育性鉴定。

【布置任务】

学生按模拟种子公司的形式组建成工作小组,在种子生产实训基地,进行水稻三系的观察和识别,具体任务:

1. 对照观察不育系、保持系,鉴别异同点;
2. 对照观察保持系、恢复系;
3. 对照观察不育系、恢复系。

【学习条件】

场地要求:水稻种子生产实训基地。

工具与生产资料准备:水稻不育系、保持系、恢复系植株。

【知识准备】

一、水稻雄性不育的发现与利用

1964 年,袁隆平先生率先在我国开展水稻雄性不育研究,并提出通过选育雄性不育系(简称不育系，用 A 表示)、雄性不育保持系(简称保持系，用 B 表示)和雄性不育恢复系(简称恢复系，用 R 表示)的三系法途径来利用水稻的杂种优势，并从籼稻群体中，获得了雄性不育系，但一直未找到合适的保持系。1970 年，袁隆平的助手李必湖与冯克珊在海南岛崖县的野生稻自然群落中找到野生稻雄性败育株(简称野败)，为培育杂交水稻打开了突破口。随后开展了以袁隆平为攻关主将的全国协作研究，于 1973 年成功实现三系配套，1974 年选配出强优势籼型杂交水稻组合并试种成功，1975 年基本攻克制种技术关，1976 年开始大面积推广。至此，水稻杂种优势利用的梦想终于在以袁隆平为代表的我国农业科学家的孜孜追求中变成现实。杂交水稻的育成，是水稻育种史上的一次重大突破。它打破了水稻等“自花授粉作物没有杂种优势”的传统观念，大大丰富了作物遗传育种的理论和实践，具有很高的学术价值。特别是这一重大科技成果的应用，给我国的水稻生产带来了一次飞跃，使水稻单产在矮秆良种的基础上提高 20%左右，取得了巨大的社会、经济效益。1984—2018 年，全国累计审定了 1 383 个水稻品种，其中三系杂交水稻有 643 个，占 46.5%，远高于常规水稻及两系杂交水稻品种。1976—2013 年，中国杂交水稻累计推广 5.316 2 亿 hm^2，并于 1995 年达到 2 089.78 万 hm^2 的历史最大面积，占当年水稻面积的 67.97%，但杂交水稻面积及其占水稻面积的比例在 1999 年以后呈现缓慢下降趋势，至 2013 年维持在 1 617.87 万 hm^2，占水稻面积的 53.37%。

二、水稻三系的特点和识别

所谓“三系”就是指雄性不育系、雄性不育保持系和雄性不育恢复系。

1. 水稻雄性不育系

水稻雄性不育系就是雄性器官(花粉)发育不全，无授精能力，自交不结实，但其雌性器官发育正常，授予外来花粉能结实的水稻品系，简称不育系，用 A 表示。

三系杂交水稻简介

水稻雄性不育系的异交结实率跟异交特性密切相关。异交特性主要表现在抽穗特性(卡颈程度、穗粒外露程度)、开花习性(开花时间、张颖角度、张颖历时)、柱头特性[柱头形态、柱头外露率(双边、单边、总外露率)、柱头生活力]等。抽穗整齐，卡颈程度低，开花时间较集中，张颖角度较大，张颖历时较长，柱头外露率较高，柱头生活力较强是水稻雄性不育系异交特性良好的表现。

水稻雄性不育系普遍存在包颈和闭颖授粉现象，通常籼型不育系包颈粒率达 20%～30%，闭颖率为 2%～20%。水稻雄性不育系在抽穗期植株体内的赤霉素含量水平明显低于雄性正常品种，穗颈节不能正常伸长，约有 1/4 的稻穗不能抽出，而出现抽穗卡颈现象。水稻雄性不育系花时分散，从早到晚均能开花，有些不育系甚至夜间还能开花，开花比较集中的时间在午后(13:00～15:30)。但不同不育系间花时有较大的差异，有些不育系的开花时间早，盛花时在午前，开花高峰明显，午前花率在 70%以上，如优 IA、枝 A、金 23A 等；有些不育系的花时较迟，盛花时在午后，午前花率在 50%以下，如 V20A、珍汕 97A 等。雄性不育系的开颖时间比其相应的保持系长。水稻内外稃张开至重新钩合闭颖，历时 60～90 min。

水稻雄性不育系开花时部分颖花柱头外露，闭颖后留在壳外面，这是一种适应异交的生物学特性。雄性正常可育的水稻品种，柱头外露率低。柱头外露的颖花数占总颖花数的百分率称为柱头外露颖花率，简称柱头外露率。柱头两个羽状分枝同时外露称为柱头双边外露，双边柱头外露颖花数占总颖花数的百分率称为双边柱头外露率。柱头仅一个羽状分枝外露则称为单边柱头外露，所占总颖花数的百分率称为单边柱头外露率。不育系间的柱头外露率有较大差异，有些不育系的柱头外露率在60%～70%，甚至70%以上，且双边外露率30%～40%，如优ⅠA、Ⅱ32A、枝A等。有些不育系的柱头外露率在50%左右，且双边外露率只有10%～20%，如V20A、珍汕97A等。不育系外露的柱头在开花闭颖以后仍具有一段时间的生活力，能授粉受精结实。不育系柱头的生活力以开花当天最强，结实率可达60%～90%，以后逐日减弱，大约每经历1 d，结实率下降20%左右，开花闭颖后5～7 d，柱头生活力完全丧失。柱头外露颖花的结实粒数占总柱头外露颖花的百分数称为外实率，柱头非外露颖花的实数占非外露颖花的百分数称为非外实率。由于外露的柱头具有较长时间的授粉受精能力，因而柱头外露颖花的结实包括开花当天和开花当天以后的授粉结实，而柱头非外露颖花的结实仅靠开花当天父母本花时相遇而授粉结实。所以，柱头外露颖花与非外露颖花的结实率有很大差别。通常外实率可达50%～90%，而非外实率只有10%～30%。

根据恢保关系划分，雄性不育系包括野败型不育系、矮败型不育系、冈型不育系、D型不育系、印尼水田型不育系（印水型）、红莲型不育系、滇型不育系以及BT型不育系等（表1-7）。

表1-7　水稻雄性不育系的类型

类型	特点	常见不育系
野败型不育系	湖南、籼型、最早、应用最多，不育性稳定、F_1纯度高、配合力强、花药呈箭头状空瘪，以典败为主，包颈、矮秆	珍汕97A、V20A、特A、博A、金A等
矮败型不育系	安徽、籼型、花药水浸状乳白色，其他与野败型不育系相似	协青早A
冈型不育系	四川、籼型、不育性与野败型不育系相似	冈11A、冈12A、冈46A
D型不育系	四川、籼型、不育性与野败型不育系相似	D汕A、D297A
印尼水田型不育系（印水型）	湖南、籼型、柱头发达、外露、异交结实率特别高、花药乳白色、以典败花粉为主，少许自交使F_1纯度下降	优ⅠA、Ⅱ-32A
红莲型不育系	湖北、籼型、不育花粉以圆败为主，少量花粉染败，不育性稳定，但恢复谱比野败型窄，强恢复系少，组合少	莲塘早A
滇型不育系	云南、粳型	红帽缨A、滇3A
BT型不育系	从日本引入，粳型	黎明A

优良雄性不育系应该具备以下条件：①不育性稳定，不育度达100%；②可恢复性好，配合力强，与恢复系杂交结实率80%以上；③丰产性好，繁殖和制种产量高（分蘖力强、穗大粒多）；④便于繁殖和制种（柱头外露率高、花时早、开花集中、开颖角度大、开颖时间长）。

2. 雄性不育保持系

雄性不育保持系就是能够保持不育系不育性的水稻品系，简称保持系，用B表示。

保持系雄性正常可育，能够正常自交结实，因此具有正常水稻品种的抽穗开花特性，表现为抽穗正常而且整齐；开花集中，开颖时间短；花药饱满，花粉量大。

优良保持系应该具备的条件是：①性状稳定，群体整齐一致；②对不育系的不育性保持性好，要求不育度达100%；③花药发达，花粉量大、提高不育系繁殖产量。

雄性不育系与保持系是同型姊妹系，它们的细胞核相同，细胞质不同。主要性状表型上非常相似，生育期相近。但雄蕊育性截然不同：不育系表现为雄性退化，花药中无花粉或花粉异常；保持系则花药花粉正常。不育系和保持系的异同点见表1-8。

表1-8 雄性不育系与保持系的异同点

项目		不育系(A)	保持系(B)
共同点		叶鞘色、株型、叶型、叶色、穗型、粒型、粒色	
主要区别	株高	比保持系矮10～15 cm	株高正常
	分蘖力	比保持系分蘖力强、分蘖期长	分蘖一般
	抽穗期	比保持系迟抽穗2～3 d	抽穗正常
	穗颈	穗颈短、包颈	穗颈正常、露颈(不包颈)
	开花习性	开花分散、张颖时间长	开花集中、张颖时间短
	花药形态	干瘪、瘦小、乳白色或浅绿色，开花后成线状	蓬松饱满、淡黄色或黄色，内有大量正常花粉，开花散粉后成薄片状
	花粉形态	无花粉或花粉畸形，形状不规则，对I-KI溶液不染色或染色不正常	花粉量大，圆球形，遇I-KI溶液呈蓝黑色反应

3. 雄性不育恢复系

雄性不育恢复系就是能使不育系恢复正常结实的水稻品系，简称恢复系，用R表示。

恢复系雄性正常可育，能够正常自交结实。但是，制种时作为向母本不育系提供花粉的父本，必须具有能在不育系花时提供足够数量及时花粉的能力，在开花散粉习性上要具有利于不育系异交的特性。水稻开花时，内外颖张开，花丝迅速伸长，将花药推出颖外，然后花药壁因失水裂开，花粉粒间的黏液很快干燥，花粉粒分开自然散出，即散粉。从内外颖张开花药伸出颖壳外，到花药开裂散出花粉的时间，不同的恢复系和不同的天气条件有很大差异。在正常天气条件下，恢复系主要表现颖外散粉，颖花开吐出花药后5～10 min，花药才裂开散出花粉。颖内散粉是颖花刚开始张开或未张开时，花药就在颖壳开裂散出花粉。同一品种在不同天气条件下颖内、颖外散粉的比例不同，在高温干燥条件下，以颖内散粉为主；在田间湿度大、风小的天气下，以颖外散粉为主。喷施赤霉素后能增加颖外散粉的比例。颖外散粉有利于提高花粉的利用率。

花药开裂后，在自然状况(自身重力与外界风力作用)下，花粉不会全部散出花粉囊，总会留存一些花粉在花药内，这种现象称为花粉残留。花粉残留量的多少，因品种而异。研究表明，有些水稻品种的花粉残留率在40%以上，甚至可高达70%，而有些品种的花粉残留率很低。低温阴雨天气，既不利于花药的开裂，也不利于花粉的散出，花粉残留量大。花粉残留量大的恢复系，在自然开花传粉条件下，散粉历期长，扩散力较强，有利于提高田间花粉密度，同时可提高花粉的萌发力。因此，花粉残留量是恢复系供粉能力的表现，制种时可以适当推迟授粉时间或延长授粉时间间隔，将花粉集中使用，提高花粉利用率。

水稻的花粉粒直径变幅为3.06～45.7 μm，平均37 μm，适宜风力传播。花粉从花药中散出后，是一个自然下落的过程。若无风力则很快下落，传播的距离有限。风力是影响其传播距离、延长下落时间和增加空间花粉密度的决定因素。风速2～3 m/s，可起到自然传粉作用。在人工赶粉时，花粉在水平振动作用和自身重力的作用下，呈平抛物体下降，大大增加了花粉的传播距离，延长花粉下降的时间，改变空间的花粉密度，使花粉残留量降到最低。

恢复系提供的花粉数量由单位面积上的颖花数和单个花药内的花粉量决定。单位面积颖花数由单位面积上穴数、每穴穗数、每穗颖花数三个方面组成。父本的花粉可分为潜在花粉、田间花粉、及时花粉和非及时花粉四种类型。潜在花粉是指单位面积上父本所有颖花花药中的花粉，即制种田间的花粉，田间花粉量与潜在花粉量之比称为潜在花粉转化率。恢复系田间花粉量除受潜在花量的花药内花粉残留量影响外，还受开花的天气条件和授粉方式的影响，如开花时遇上降雨，田间花粉量很少甚至没有。因此，潜在花粉转化率在不同日期表现不稳定。及时花粉是指田间花粉中与母本花时相遇，能为母本当天开花颖花接受利用的花粉。非及时花粉指田间花粉中能为母本外露柱头在开花当天以后所能接受利用的花粉，取决于母本的柱头外露率和柱头生活力。

优良恢复系应该具备以下条件：①恢复力强。配出的杂种结实率与正常品种相似或80%以上；②经济性状良好，配合力好，杂种优势明显；③植株比不育系稍高，生育期最好与不育系相近或略长；④花药发达，花粉量多，开花散粉正常；⑤米质优异，国家一级，抗性好等。

【实施方案】

学生按模拟种子公司的形式组建成工作小组，在种子生产实训基地，进行水稻三系的观察和识别(表1-6)。具体内容包括：

(1)水稻不育系和保持系植株形态特征的识别；

(2)水稻保持系和恢复系植株形态特征的识别；

(3)水稻不育系和保持系花粉育性镜检鉴定。

表1-9　三系杂交水稻鉴定和识别教学实施方案

工作过程	教学步骤	训练要求与标准	训练方法	参考时间
资讯和计划	下达生产任务，设计、讨论	能提出正确的水稻不育系、保持系和恢复系鉴定和识别操作要求	以小组为单位查阅文献资料（主要在课外完成），讨论方案，抽查5个小组的方案进行答辩	10 min
决策	确定水稻不育系、保持系和恢复系鉴定和识别方案，准备各种生产资料	按计划列出生产所需的生产工具和资料并做好准备	主要在课外完成，上课时提交生产工具和资料清单	10 min
实施	水稻不育系、保持系和恢复系鉴定和识别操作演练	按操作规程要求进行，能独立正确操作、用时短	按小组为单位进行生产操作	40 min
检查	操作结果展示与评价	操作结果符合技术规程要求、用时短	各小组展示操作结果，进行评分（填写评分表）	10 min
总结	撰写技术报告	技术操作规程、生产体会（包括生产中存在的问题以及解决的办法）	教师提出设计、技术报告撰写要求，每位学生独立完成	课外
评估	归纳总结	生产中存在的问题以及解决的办法	各小组进行体会交流、归纳分析总结	10 min

【检查评价】

现场操作检查:学生自检、教师检查任务完成情况(表 1-10)。检查结果可分为 5 个等级:优秀(≥90 分)、良好(80~89 分)、中等(70~79 分)、合格(60~69 分)、不合格(0~59 分)。

表 1-10 三系杂交水稻鉴定和识别任务完成情况检查表

<table>
<tr><td rowspan="6">考核标准</td><td colspan="2">考核要点</td><td>技术操作要点</td><td>分值安排</td><td>评定得分</td></tr>
<tr><td colspan="2">1. 态度与表现</td><td>学习(实训)态度与课堂表现</td><td>20</td><td></td></tr>
<tr><td rowspan="4">2. 技能操作部分</td><td rowspan="4">水稻三系鉴定和识别</td><td>鉴定和识别水稻雄性不育系</td><td>20</td><td></td></tr>
<tr><td>鉴定和识别水稻雄性不育保持系</td><td>20</td><td></td></tr>
<tr><td>鉴定和识别水稻雄性不育恢复系</td><td>20</td><td></td></tr>
<tr><td>掌握不育系、保持系的共同点和主要区别</td><td>20</td><td></td></tr>
<tr><td colspan="4">总分</td><td>100</td><td></td></tr>
</table>

【问题与思考】

1. 简述我国三系杂交稻的应用概况。
2. 水稻三系的特点和识别方法。
3. 试述优良水稻三系的具体要求。

任务五 两系杂交水稻鉴定和识别

【任务目标】

1. 能识别光温敏核不育系;
2. 了解两系法杂交水稻。

【布置任务】

学生按模拟种子公司的形式组建成工作小组,在种子生产实训基地,进行光温敏核不育系的观察和识别,具体任务:

1. 对照观察三系不育系和光温敏核不育系,鉴别异同点;
2. 鉴别光温敏核不育系不育阶段的植株和花粉;
3. 鉴别光温敏核不育系可育阶段的植株和花粉。

【学习条件】

场地要求:水稻种子生产实训基地。

工具与生产资料准备:水稻三系不育系、光温敏核不育系。

【知识准备】

一、两用核不育系的发现和利用

1973 年，湖北石明松从晚粳稻农垦 58 中发现自然雄性不育株，而且其不育性可以通过自交保持，后来发现其花粉的育性受光照长度的控制，命名为“光周期敏感核雄性不育水稻”，简称为“湖北光敏核不育水稻”，并进而选育出两用不育系农垦 58S。1987 年，邓华凤在籼稻的杂交后代中发现了天然光温敏不育株，用它选育成世界上第一个籼稻光温敏不育系，定名为“安农 S-1”。这样，在水稻的两个亚种（籼稻和粳稻）中都发现了光温敏不育现象。这种不育系在长日照、较高温度条件下表现为不育，此时可用作母本同恢复系杂交制种生产杂交水稻种子；在短日照、较低温度条件下表现为可育，可用其自交繁殖不育系种子，从而实现一系两用，不需要保持系，又称两用不育系。1987 年，袁隆平院士提出了杂交水稻育种三系—二系——系的战略设想。1987 年，两系法杂交水稻研究项目列入国家高技术研究发展计划（“863”计划）以后，全国主要水稻科研育种单位都开展了水稻光温敏核不育系的选育，除了以农垦 58S 作为不育基因供体开展广泛的转育以外，还从不同的途径发掘新的不育系资源，先后发现了安农 S-1、5460S、衡农 S-1 等。1995 年，两系法杂交水稻在我国培育成功，育成的光温敏不育系培矮 64S、广占 64S 等，在生产上表现出配组自由度大、产量高、米质好、抗性有所提高等优势，由此育成的两系法杂交稻组合比三系法对照杂交稻增产，同时抗性和米质均有改进。例如，我国第一个通过审定命名的两系杂交稻新组合培两优特青（培矮 64S/特青），是湖南杂交水稻研究中心选配的两系中籼杂交稻新组合，该组合于 1994 年 1 月通过湖南省农作物品种审定委员会审定。1991 年参加南方中稻区试，糙米产量居第一位；1992 与 1993 年先后两次参加湖南省中稻区试，平均产量分别为 9 477 kg/hm^2 与 7 737 kg/hm^2，比对照籼优 63 分别增产 4.7% 与 5.7%。

至今用于两系杂交稻组合选育应用面积较大的两用不育系有培矮 64S、广占 63S、广占 63-4S、新安 S、Y58S、株 1S 等。2001—2018 年，我国有 405 个两系法杂交水稻品种通过国家审定，占全国国审杂交水稻品种的 40.1%，其中 2018 年通过国审的两系杂交稻品种 127 个，超过三系杂交稻品种 21 个，占国审杂交稻品种的 54.5%。目前，两系法杂交稻繁殖、制种和栽培技术也已成熟配套，两系法杂交水稻已经成为水稻杂种优势利用的主要途径，两系法杂交水稻的发展为我国的粮食安全起到了关键性的作用。

二、两用核雄性不育系的特点

两用核雄性不育系的特点是雄性的育性表达受控于雄性器官发育过程中的温度高低和光照长度的控制。因而，在一定的光温（如长光、高温）条件下，表现雄性不育、可以用于杂交制种、生产杂交稻种子；当光温发生变化（如短光、低温），表现雄性可育、可以自身繁殖种子，因此两用核雄性不育系又叫光温敏核不育系。育性敏感期就是光温条件对光温敏核不育系起作用的时期。通常为幼穗分化 3～6 期，是两系杂交制种成败的关键时期，通常在抽穗前 25～10 d，历时 15～20 d。育性转换期就是指光温因子诱导植物育性发生转换，即从不育转为可育，或从可育转为不育的时期。不育临界日长是指光温敏核不育系育性表现为不育的最短日照长度。如农垦 58S（13 h 34 min）、培矮 64S（13 h 45 min）。不育临界温度/不育起点温度是指光温敏核不育系育性表现为不育的最低温度。如培矮 64S(23.3 ℃)、安湘 S(23.5 ℃)。

根据核不育系育性对光温条件的不同反应,两用系可分为光敏型、温敏型和光温互作型。

(1)光敏型　育性变化主要受光照长度影响,在长日照(13 h 45 min 以上)条件下,表现完全雄性不育,在短日照条件下,表现雄性可育。其反应敏感时期为二次枝梗分化到花粉母细胞形成期。温度高低(水稻正常生长发育范围内)对育性变化基本上不起作用或作用很小。如农垦 58S 等中晚粳属此类。

(2)温敏型　对育性变化主要受温度影响,在较高温度下表现完全雄性不育,在较低温度下表现可育,光照长度对育性变化基本不起作用或作用很小。诱导可育的临界高温为 25 ℃或 27 ℃(因材料不同而异,下同),诱导可育的临界低温为 23 ℃左右。其反应敏感期为花粉母细胞形成期或花粉母细胞减数分裂期。如安农 810S、培矮 64S、K1405S 等早、中籼属此类。

(3)光温互作型　从目前生产应用来说,还应该再分一个光温互作型。其育性变化是光温互作效应的结果,这样更有助于解释某些疑惑现象和问题,其中可分两个亚类:①以光为主,温度起协调作用的光温型。当光长在临界值左右时,高温可诱导不育,低温导致可育。②以温为主,光长起协调作用的温光型。当温度在不育临界值和可育临界值之间时,长光照可导致不育,短光照导致可育。

两用核雄性不育系最佳抽穗扬花期:

(1)光敏型不育系　在秋季短日条件下繁殖,可育期的温度范围 21～28 ℃,自交结实率 70%左右,幼穗分化时的最佳温度 22～26 ℃。若在幼穗分化的Ⅲ～Ⅵ期遇到日平均温度 28 ℃的天气,就会严重影响育性转换。

(2)低温敏感型核不育系　不育起点温度低(23.5 ℃),可育的上限温度也低(23 ℃),可育的温度范围很窄,繁殖时对温度要求非常严格。如培矮 64S,其雄性不育的起点温度为 23.3 ℃,雌雄蕊分化期至花粉母细胞减数分裂期的日平均温度应稳定在 21～22 ℃,才能由不育转换为可育而自交结实。

优良两用核雄性不育系的标准:①群体 1 000 株以上,性状整齐一致;②不育期内不育株率 100%,不育花粉率 99.5%以上;③不育期延续 30 d 以上,可育期的结实率达 30%以上;④具有明显的育性转换特性;⑤异交结实率不低于 V20A 或珍汕 97A。

三、两系法杂交水稻

1. 两系法杂交水稻的概念

两系法就是利用水稻光温敏核不育系与恢复系杂交配制杂交组合,以获得杂交种优势的方法。配制所得杂交种优势的杂交组合称为两系法杂交水稻。

2. 两系法杂交水稻的特点(与三系法杂交水稻的区别)

(1)一系两用,不需要保持系。简化了繁殖方法,可节省 1/3 左右的不育繁殖面积,从而达到省工、省田、省投资。

(2)不受恢保关系制约,恢复谱极广,易于获得恢复系。几乎所有同亚种的正常品种都能使其育性恢复正常。如培矮 64S 有 97.6%的籼稻品种是恢复系;安农 810S 则有 99.3%。由于配组自由,可充分利用常规育种的新成果,提高选配强优势组合的概率,也有利于挖掘亚种优势的高产潜力,因而组配筛选米质较好的杂交组合概率也比三系法大为提高,较易配制出优质、高产、多抗的组合。

(3)遗传行为简单，不育性由 1～2 对隐性基因控制，因而容易转育和稳定，有利于培育多种类型不育系。

(4)雄性不育性只受细胞核的控制，不受细胞质的控制。

(5)可免除不育系和保持系的机械混杂，避免保持系对制种过程干扰，从而便于保证杂种种子的纯度。三系法的育种程序和生产环节比较复杂，以致选育新组合的周期长。

(6)两系杂交水稻制种存在着“育性转换”和“抽穗扬花”两个安全期。

而两系法杂交水稻的缺点是：①不育性受光、温影响不稳定，制种纯度难以保障；②繁殖阶段自交结实率不高，繁殖产量低，影响推广应用。

水稻三系与两系

【实施方案】

学生按模拟种子公司的形式组建成工作小组，在种子生产实训基地，进行两用核不育系及两系法杂交水稻的观察和识别(1-11)，具体内容包括：

(1)对照观察三系雄性不育系和光温敏核不育系，鉴别异同点；

(2)鉴别光温敏核不育系不育阶段的植株和花粉；

(3)鉴别光温敏核不育系可育阶段的植株和花粉。

表 1-11　两系法杂交水稻鉴定和识别教学实施方案

工作过程	教学步骤	训练要求与标准	训练方法	参考时间
资讯和计划	下达生产任务，设计、讨论	能提出正确的两系法杂交水稻亲本鉴定和识别操作要求	以小组为单位查阅文献资料（主要在课外完成），讨论方案，抽查 5 个小组的方案进行答辩	10 min
决策	确定两系法杂交水稻亲本鉴定和识别方案，准备各种生产资料	按计划列出生产所需的生产工具和资料并做好准备	主要在课外完成，上课时提交生产工具和资料清单	10 min
实施	两系法杂交水稻亲本鉴定和识别操作演练	按操作规程要求进行，能独立正确操作、用时短	按小组为单位进行生产操作	40 min
检查	操作结果展示与评价	操作结果符合技术规程要求、用时短	各小组展示操作结果，进行评分(填写评分表)	10 min
总结	撰写技术报告	技术操作规程、生产体会（包括生产中存在的问题以及解决的办法）	教师提出设计、技术报告撰写要求，每位学生独立完成	课外
评估	归纳总结	生产中存在的问题以及解决的办法	各小组进行体会交流、归纳分析总结	10 min

【检查评价】

现场操作检查：学生自检、教师检查任务完成情况(表 1-12)。检查结果可分为 5 个等级：优秀(≥90 分)、良好(80～89 分)、中等(70～79 分)、合格(60～69 分)、不合格(0～59 分)。

表 1-12　两系法杂交水稻鉴定和识别任务完成情况检查表

	考核要点		技术操作要点	分值安排	评定得分
考核标准	1. 态度与表现		学习(实训)态度与课堂表现	20	
	2. 技能操作部分	两系法杂交水稻亲本鉴定和识别	掌握两系法杂交水稻亲本特点	20	
			掌握三系雄性不育系和光温敏核不育系异同点	20	
			掌握光温敏核不育系不育阶段的植株和花粉形态	20	
			掌握光温敏核不育系可育阶段的植株和花粉形态	20	
总分				100	

【问题与思考】

1. 简述两用核不育系的特点。
2. 简述两用核不育系的类型。
3. 简述两系法杂交水稻的优点。

子项目二　常规水稻种子生产

【知识目标】

1. 具备常规水稻原种生产知识；
2. 具备常规水稻良种生产知识。

【技能目标】

1. 能按照三圃制进行常规水稻原种生产；
2. 能完成常规水稻良种生产。

【素质目标】

1. 培养懂农业、爱农村、爱农民的三农情怀；
2. 培养生态安全、健康环保、可持续发展的理念；
3. 培养爱岗敬业、精益求精、刻苦钻研、勇于创新的工匠精神；
4. 培养尊重科学、遵纪守法、诚信友善的社会责任感；
5. 培养自主学习和终身学习的行为习惯；
6. 培养获取和运用新知识、新技术的信息素养。

任务一　常规水稻原种生产

【任务目标】

1. 具备常规水稻原种生产知识；
2. 能正确进行典型优良单株选择；
3. 能正确种植和管理株行圃、株系圃、原种圃。

【布置任务】

学生按模拟种子公司的形式组建成工作小组，在种子生产实训基地，按照常规水稻原种生产技术方案进行常规水稻原种的生产，完成原种生产各项任务。

【学习条件】

场地要求：水稻种子生产实训基地。

工具与生产资料准备：常规水稻繁殖材料、种子袋、簸箕、肥料、农药等。

【知识准备】

水稻原种生产技术操作规程

根据《水稻原种生产技术操作规程》(GB/T 17316—2011)，常规水稻原种可以采用改良混合选择法、株系循环法、育种家种子繁殖法进行生产。

一、改良混合选择法

所谓改良混合选择法，即在单株选择的基础上建立三圃(株行圃、株系圃、原种圃)或二圃(株行圃、原种圃)生产水稻原种的方法。三圃制生产包括单株选择、株行鉴定(株行圃)、株系比较(株系圃)和混系繁殖(原种圃)四个基本步骤(图 1-3)。

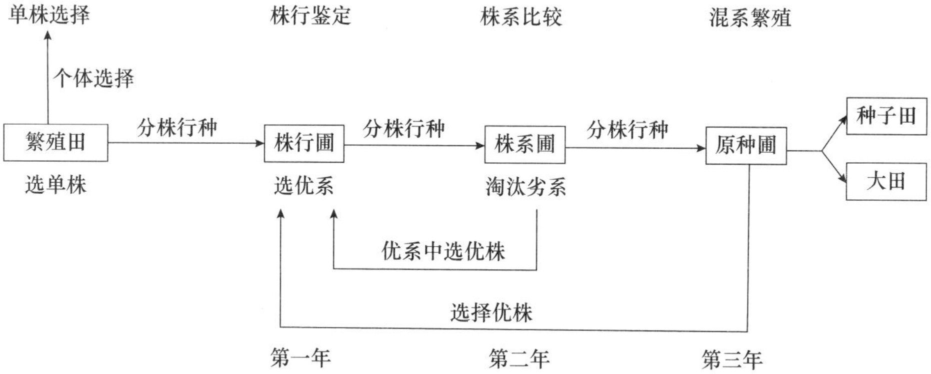

图 1-3　三年三圃制的种子生产流程简图

(一)单株选择

(1)种子来源　在育种家种子繁殖田、株系圃、原种圃或纯度高的种子生产田中选取。有条件的可设置选择圃。

(2)选择时期与标准　在抽穗期进行初选,做好标记。成熟期逐株复选,当选单株的“三性”“四型”“五色”“一期”必须符合原品种的特征特性。所谓“三性”即典型性、一致性、丰产性;“四型”即株型、叶型、穗型、粒型;“五色”即叶色、叶鞘色、颖色、稃尖色、芒色;“一期”即生育期。同时要考虑稻米外观品质等。根据品种的特征特性,在典型性状表现最明显的时期进行单株选择。

(3)选择数量　选株的数量依株行面积而定,田间初选数应比决选数增加 1 倍,以便室内进一步选择。一般每公顷株行圃需 4 500 个株行或 12 000 个穗行。

(4)选择方法

齐穗期初选:主要根据齐穗期株高、株型、叶型、穗型、叶色、叶鞘色、颖色、稃尖色、芒的有无和芒色等进行初选,做好标记,不在边行或缺株周围选择。

成熟期复选:主要根据成熟期、株高、有效穗、整齐度、株型、叶型、穗型、粒型、叶色、颖色、稃尖色、芒的有无和芒色、抗倒性、熟期转色等进行复选。

(5)入选单株的收获　将入选单株连根拔起,每 10 株扎成捆;如果穗选,将中选的单穗摘下,每 50 穗扎成捆。每捆系上 2 个标签,注明品种名称。

(6)室内决选　田间当选的单株收获后,及时干燥挂藏,严防鼠、雀危害。根据原品种的穗部主要特征特性,在室内结合目测剔除不合格单株,再逐株考种,考种项目有株高、穗长、穗粒数、结实率、千粒重、稻米外观品质等,并计算株高和穗粒数的平均数,当选单株的株高应在平均数 1 cm 范围内,穗粒数不低于平均数,然后按单株粒重择优选留。当选单株分别编号、脱粒、干燥、装袋、复晒、收藏,严防株间混杂和鼠、虫危害及霉变。

(二)建立株行圃

(1)种子来源　上季当选的单株种子,对照种子采用同品种育种家种子或原种。

(2)田间设计　选择隔离条件优越、无检疫性病虫害、土壤肥力中等偏上、地力均匀一致、灌排方便、旱涝保收的田块。绘制田间种植图,各单株按编号顺序排列,分区种植,逢 10 设 1 个对照。秧田每个单株各播一个小区,小区间留间隔;本田每个单株种植成一个小区,小区长方形,长宽比为 3∶1 左右,各小区面积、移栽时间、栽插密度应一致,确保相同的营养面积,区间留走道,单本栽插,四周设同品种保护行(不少于 3 行)。田间隔离要求亚种内距离不少于 20 m,亚种间不少于 200 m;时间隔离要求扬花日期错开 15 d 以上。

(3)田间管理　播种前种子应经药剂处理,所有单株种子(包括对照种子)的浸种、催芽、播种,均应在同一天完成;拔秧移栽时,一个单株秧苗扎一个标牌,随秧运到大田,按田间设计图栽插,并按编号顺序插牌标记,各小区应在同一天栽插。本田期肥水运筹、病虫防治等管理措施应一致。

(4)观察记载

①秧田期:播种期、叶姿、叶色、整齐度。

②本田期:分蘖期记载叶色、叶姿、叶鞘色、分蘖力、整齐度、抗逆性;抽穗期记载始穗期、齐穗期、抽穗整齐度、株型、穗型、叶色、叶姿;成熟期记载成熟期、株高、株型、穗数、穗型、粒型、颖色、稃尖色、芒有无、芒的长短、整齐度、抗倒性、熟期转色,目测丰产性。

田间观察记载应固定专人负责，按照 NY/T 1300 观察记载要求按株行进行，做到及时准确。发现有变异的单株要及时去除，有变异的株行要及时淘汰，并做记录。记载标准见表 1-13。

表 1-13　水稻田间性状记载标准

性状		田间记载标准
生育期	播种期	实际播种的日期(以"月/日"表示)
	移栽期	实际移栽的日期(以"月/日"表示)
	始穗期	10%稻穗露出剑叶鞘的日期(以"月/日"表示)
	齐穗期	80%稻穗露出剑叶鞘的日期(以"月/日"表示)
	成熟期	籼稻 85%以上、粳稻 95%以上的实粒黄熟的日期(以"月/日"表示)
形态特征	叶姿	分为披垂、中等、挺直三级。注：披垂指叶片由茎部起弯垂超过半圆形，挺直指叶片直生挺立，中等介于披垂和直立之间
	叶色	分为浓绿、绿、淡绿三级，在移栽前 1～2 d 和本田分蘖盛期各记载一次
	叶鞘色	分为绿、淡红、红、紫色等，在分蘖盛期时记载
	株型	指茎秆集散度，分为紧凑、松散、适中三级
	穗型	一是指小穗和枝梗及枝梗之间的密集程度，分密穗型、半密穗型、疏穗型三类；二是指穗的弯曲程度，分直立、半直立、弯垂三类
	穗长	穗茎节至穗顶(不含芒)的长度，以"cm"表示
	粒型	分为短圆型、阔卵型、椭圆型、细长型四种
	芒	分为无芒、顶芒、短芒、长芒四种。注：无芒指穗顶没有芒或芒极短；顶芒指穗顶有芒，芒长在 10 mm 以下；短芒指部分或全部小穗有芒，芒长在 10～15 mm；长芒指部分或全部小穗有芒，芒长 25 mm 以上
	颖色、稃尖色	分为黄、红、紫色等
	株高	从地面至穗顶(不包括芒)的高度，测量连续的 10 株，以"cm"表示，在收割前田间测定
生物学特性	抗倒性	记载倒伏时期、原因、面积、程度。倒伏程度分直(植株与地面角度为 0°～15°)、斜(15°～45°)、倒(45°至穗部触地)、伏(植株贴地)
	分蘖力	分为强、中、弱三级
	抽穗整齐度	抽穗期目测，分为整齐、中等、不整齐三级
	植株整齐度	目测，植株间的整齐程度，分为整齐、中等、不整齐三级
	熟期转色	成熟期目测，根据叶片、茎秆、谷粒色泽，分为好、中、差三级
	稻米外观品质	观察垩白粒率和垩白度与原品种的品质指标是否一致
经济性状	有效穗	每穗实粒数多于 5 粒者为有效穗(白穗算有效穗)。收获前田间调查两个重复，共 20 穴。计算公式：公顷有效穗＝公顷穴数×每穴有效穗数
	每穗总粒数	包括实粒、半实粒、空壳粒
	结实率	每穗平均实粒数占每穗平均总数的百分率，以"%"表示
	千粒重	1 000 粒实粒(含标准含水量)的重量，以"g"表示
	单株籽粒重	单株总实粒(含标准含水量)的重量，以"g"表示
	丰产性	植株产量性状的好坏，分为好、中、差三级

(5)选择标准　当选株行区应具备本品种的典型性，株行间性状表现一致，齐穗期、成熟期与对照相比，在±1 d范围内；株高与对照相比，在±1 cm范围内，植株、穗型整齐度好。

(6)收获方法　收获前进行田间综合评定，当选株行区确定后，将保护行、对照小区及淘汰株行区先行收割，并逐一对当选株行区进行复核，各行区种子单脱、单晒、单藏，挂上标签，严防鼠、虫等危害及霉变。如采用"二圃制"，则将株行区种子混合收割、脱粒、储藏。

(三)建立株系圃

将上季当选的各株行区种子分区种植，建立株系圃。各株系区的面积、栽插密度均应一致，并采取单本栽插，逢10设1个对照。其他要求、田间观察记载项目和选择要求同株行圃。当选株系应具备本品种的典型性、株系间的一致性，整齐度高，丰产性好。各当选株系混合收割、脱粒、收贮。

(四)建立原种圃(田)

将上季混收的株系(株行)圃种子种植原种圃。原种圃要集中连片。田间隔离要求亚种内距离不少于20 m，亚种间不少于200 m；时间隔离要求扬花日期错开15 d以上。种子播前进行药剂处理；稀播培育壮秧；大田采取单本栽插；增施有机肥，合理施用氮、磷、钾肥，促进秆壮粒饱；及时防治病、虫、草害，防止倒伏。在各生育阶段进行观察，及时拔除病、劣、杂株，并携出田外。原种圃收获的种子即为原种。

当选的原种种子收获后，应在专场及时脱粒、干燥。脱粒前，应将脱粒场地、机械、用具等清扫干净，严防混杂。脱粒后的种子分别装入种子袋，袋内外各附标签，写上品种名称、种子类别、田间编号及日期，按顺序入库挂藏。风干(挂藏)室和仓库要专人负责。储藏期间保持室内干燥，应注意防止混杂和虫蛀霉变以及鼠、雀等危害。

二、株系循环法

(一)单株选择

(1)种子来源　在育种家种子繁殖田、株系圃、原种圃或纯度高的种子生产田中选取。有条件的可设置选择圃。

(2)选择时期与标准　在抽穗期进行初选，做好标记。成熟期逐株复选，当选单株的"三性""四型""五色""一期"必须符合原品种的特征特性。所谓"三性"即典型性、一致性、丰产性；"四型"即株型、叶型、穗型、粒型；"五色"即叶色、叶鞘色、颖色、稃尖色、芒色；"一期"即生育期。同时要考虑稻米外观品质等。根据品种的特征特性，在典型性状表现最明显的时期进行单株选择。

(3)选择数量　选株的数量依株行面积而定，田间初选数应比决选数增加1倍，以便室内进一步选择。一般每公顷株行圃需4 500个株行或12 000个穗行。

(4)选择方法

齐穗期初选：主要根据齐穗期株高、株型、叶型、穗型、叶色、叶鞘色、颖色、稃尖色、芒的有无和芒色等进行初选，做好标记，不在边行或缺株周围选择。

成熟期复选：主要根据成熟期、株高、有效穗、整齐度、株型、叶型、穗型、粒型、叶色、颖色、稃尖色、芒的有无和芒色、抗倒性、熟期转色等进行复选。

(5)入选单株的收获　将入选单株连根拔起，每10株扎成捆；如果穗选，将中选的单穗摘下，每50穗扎成捆。每捆系上2个标签，注明品种名称。

(6)室内决选　田间当选的单株收获后，及时干燥挂藏，严防鼠、雀危害。根据原品种的穗部主要特征特性，在室内结合目测剔除不合格单株，再逐株考种，考种项目有株高、穗长、穗粒数、结实率、千粒重、稻米外观品质等，并计算株高和穗粒数的平均数，当选单株的株高应在平均数 1 cm 范围内，穗粒数不低于平均数，然后按单株粒重择优选留。当选单株分别编号、脱粒、干燥、装袋、复晒、收藏，严防株间混杂和鼠、虫危害及霉变。

(二)株行鉴定

(1)种子来源　上季当选的单株种子，对照种子采用同品种育种家种子或原种。

(2)田间设计　选择隔离条件优越、无检疫性病虫害、土壤肥力中等偏上、地力均匀一致、灌排方便、旱涝保收的田块。绘制田间种植图，各单株按编号顺序排列，分区种植，逢 10 设 1 个对照。秧田每个单株各播一个小区，小区间留间隔；本田每个单株种植成一个小区，小区长方形，长宽比为 3∶1 左右，各小区面积、移栽时间、栽插密度应一致，确保相同的营养面积，区间留走道，单本栽插，四周设同品种保护行(不少于 3 行)。田间隔离要求亚种内距离不少于 20 m，亚种间不少于 200 m；时间隔离要求扬花日期错开 15 d 以上。

(3)田间管理　播种前种子应经药剂处理，所有单株种子(包括对照种子)的浸种、催芽、播种，均应在同一天完成；拔秧移栽时，一个单株秧苗扎一个标牌，随秧运到大田，按田间设计图栽插，并按编号顺序插牌标记，各小区应在同一天栽插。本田期肥水运筹、病虫防治等管理措施应一致。

(4)观察记载

①秧田期。播种期、叶姿、叶色、整齐度。

②本田期。分蘖期记载叶色、叶姿、叶鞘色、分蘖力、整齐度、抗逆性；抽穗期记载始穗期、齐穗期、抽穗整齐度、株型、穗型、叶色、叶姿；成熟期记载成熟期、株高、株型、穗数、穗型、粒型、颖色、稃尖色、芒有无、芒的长短、整齐度、抗倒性、熟期转色，目测丰产性。

田间观察记载应固定专人负责，按照 NY/T 1300 观察记载要求按株行进行，做到及时准确。发现有变异的单株要及时去除，有变异的株行要及时淘汰，并做记录。

(5)选择标准　当选株行区应具备本品种的典型性，株行间性状表现一致，齐穗期、成熟期与对照相比，在±1 d 范围内；株高与对照相比，在±1 cm 范围内，植株、穗型整齐度好。

(6)收获方法　收获前进行田间综合评定，当选株行区确定后，将保护行、对照小区及淘汰株行区先行收割，并逐一对当选株行区进行复核。收获时在当选的株行区中，每个株行选择 5～10 个具备本品种典型性的优良单株(选择单株的数量根据下季株系的种植面积而定)，混合脱粒成为一个种植单位。所有种植单位的种子分别编号、干燥、装袋、收藏。

(三)保种圃

将上季收获的各种植单位的种子分区种植，每个种植单位种成一个株系，建立保种圃。各株系区的面积、栽插密度均应一致，并采取单本栽插。其他要求同改良混合选择法的株系圃。

保种圃中发现有变异的单株要及时去除，发现有变异的株系要及时淘汰。在保留的每个株系区中选择 5～10 个具备本品种典型性的优良单株，混合脱粒成为一个种植单位，下季继续种成一个株系，组成保种圃，实现株系循环。保留的各株系，选择单株后，其余的种子全部混收，成为核心种子，下一季用于种植基础种子田。

如果保种圃中的一部分株系被淘汰，可以增加每个保留株系中选择优良单株的数量，增加种植单位种子量，扩大株系规模，以保持保种圃的面积，即增株不补系。

如果保种圃中被淘汰的株系较多，通过增株难以保持保种圃的面积，则重复做单株选择和株行鉴定工作，补充部分新的株系。

（四）基础种子田

将上一季收获的核心种子种植成为基础种子田。田间隔离要求亚种内距离不少于 20 m，亚种间不少于 200 m；时间隔离要求扬花日期错开 15 d 以上。种子播前进行药剂处理；稀播培育壮秧；大田采取单本栽插；增施有机肥，合理施用氮、磷、钾肥，促进秆壮粒饱；及时防治病、虫、草害，防止倒伏。在各生育阶段进行观察，及时拔除病劣、杂株，并携出田外。

（五）原种圃

将上一季基础种子田收获的种子种植成为原种圃。田间隔离要求亚种内距离不少于 20 m，亚种间不少于 200 m；时间隔离要求扬花日期错开 15 d 以上。种子播前进行药剂处理；稀播培育壮秧；大田采取单本栽插；增施有机肥，合理施用氮、磷、钾肥，促进秆壮粒饱；及时防治病、虫、草害，防止倒伏。在各生育阶段进行观察，及时拔除病劣、杂株，并携出田外。原种圃收获的种子即为原种。

（六）田块安排

保种圃、基础种子田、原种圃的田间安排上，应将保种圃放在中心位置，外围为基础种子田，再外围为原种圃，原种圃的外围安排良种繁殖田，以避免异品种串粉造成混杂。

三、育种家种子繁殖法

以一定数量的育种家种子放入低温库，每年取出一部分，经 1～3 代繁殖遗传性状稳定、特征一致的种子作为原种。在繁殖过程中要注意防杂保纯。

【实施方案】

学生按模拟种子公司的形式组建成工作小组，在种子生产实训基地，采用改良混合选择法进行常规水稻原种的生产，完成原种生产各项任务。具体内容包括：

（1）典型单株选择和考种；

（2）株行圃种植观察和选种；

（3）株系圃种植观察和选种；

（4）原种圃种植观察和选种。

表 1-14　常规水稻原种生产教学实施方案

工作过程	教学步骤	训练要求与标准	训练方法	参考时间
资讯和计划	下达生产任务，设计、讨论	能提出正确的常规水稻原种生产操作要求	以小组为单位查阅文献资料（主要在课外完成），讨论方案，抽查 5 个小组的方案进行答辩	10 min
决策	确定常规水稻原种生产方案，准备各种生产资料	按计划列出生产所需的生产工具和资料并做好准备	主要在课外完成，上课时提交生产工具和资料清单	10 min

续表1-14

工作过程	教学步骤	训练要求与标准	训练方法	参考时间
实施	常规水稻原种生产操作演练	按操作规程要求进行，能独立正确操作、用时短	按小组为单位进行生产操作	120 min
检查	操作结果展示与评价	操作结果符合技术规程要求、用时短	各小组展示操作结果，进行评分（填写评分表）	10 min
总结	撰写技术报告	技术操作规程、生产体会（包括生产中存在的问题以及解决的办法）	教师提出设计、技术报告撰写要求，每位学生独立完成	课外
评估	归纳总结	生产中存在的问题以及解决的办法	各小组进行体会交流、归纳分析总结	10 min

【检查评价】

现场操作检查：学生自检、教师检查任务完成情况（表 1-15）。检查结果可分为 5 个等级：优秀（≥90 分）、良好（80～89 分）、中等（70～79 分）、合格（60～69 分）、不合格（0～59 分）。

表 1-15　常规水稻原种生产任务完成情况检查表

	考核要点		技术操作要点	分值安排	评定得分
考核标准	1. 态度与表现		学习（实训）态度与课堂表现	20	
	2. 技能操作部分	三圃制原种生产	典型单株选择和考种	20	
			株行圃种植观察和选种	20	
			株系圃种植观察和选种	20	
			原种圃种植观察和选种	20	
总分				100	

【问题与思考】

1. 简述单株选择的技术要点。
2. 简述株行圃、株系圃、原种圃特点。

任务二　常规水稻良种生产

【任务目标】

1. 具备常规水稻良种生产知识；
2. 能正确选择种子田；
3. 能科学地进行种子田水肥管理；
4. 能及时进行种子田除杂去劣。

【布置任务】

学生按模拟种子公司的形式组建成工作小组，在种子生产实训基地，按照常规水稻良种生产技术方案进行常规水稻良种的生产，完成良种生产各项任务。

【学习条件】

场地要求：水稻种子生产实训基地。

工具与生产资料准备：常规水稻良种繁殖材料、种子袋、肥料、农药等。

【知识准备】

1. 种子田的选择

用作水稻良种生产田的地块应考虑其具有良好的稻作自然条件和保证种子纯度的隔离条件。即种子田应具备：土壤肥沃，耕作性能好，排灌方便，旱涝保收，光照充足；无检疫性水稻病虫害及不受畜禽危害；其次，制种基地还需交通便利、群众文化素质高等。田间隔离要求亚种内距离不少于 20 m，亚种间不少于 200 m；时间隔离要求扬花日期错开 15 d 以上。

2. 种子田面积确定

种子田面积是由大田播种面积、每公顷播种量和种子田每公顷产种量 3 个因素决定的。一般情况下，水稻种子田面积占大田播种面积的 3%～5%，为保证供种数量，种子田应按估计数字再留有余地。

3. 种子田除杂去劣

严格进行除杂去劣，确保种子纯度是常规水稻种子生产的技术关键。收割前（蜡熟期）由专职检验员对所有种子繁殖田块逐田进行品种纯度、病虫害、混杂度及生长势检验，病、劣、杂株坚决割除。

4. 种子田田间管理

大多数常规水稻均存在分蘖少、长势不旺盛等特点，因此培育多蘖壮秧和合理密植是提高产量的关键环节。移栽后科学水肥管理也是提高产量的重要途径，繁殖田施肥应以农家肥为主，早施追肥，氮、磷、钾合理搭配，严防因施肥不当而引起倒伏和水稻病虫的大量发生；及时中耕除草，防治病虫害，水稻灌溉要掌握勤灌浅灌，后期保持湿润为度。

5. 适时收种

在种子黄熟期及时收获，防止落粒或种子在植株上发芽。做到单脱粒、单晒、单藏，严防混杂。

【实施方案】

学生按模拟种子公司的形式组建成工作小组，在种子生产实训基地，按照常规水稻良种生产技术方案进行常规水稻良种的生产，完成良种生产各项任务（表 1-16）。具体内容包括：

（1）科学合理地选择良种生产基地；

（2）及时做好大田水肥管理；

（3）及时进行田间除杂去劣；

（4）及时做好病虫草害防治；

(5)及时收获、干燥和储藏。

表 1-16　常规水稻良种生产教学实施方案

工作过程	教学步骤	训练要求与标准	训练方法	参考时间
资讯和计划	下达生产任务，设计、讨论	能提出正确的常规水稻良种生产操作要求	以小组为单位查阅文献资料（主要在课外完成），讨论方案，抽查 5 个小组的方案进行答辩	10 min
决策	确定常规水稻良种生产方案，准备各种生产资料	按计划列出生产所需的生产工具和资料并做好准备	主要在课外完成，上课时提交生产工具和资料清单	10 min
实施	常规水稻良种生产操作演练	按操作规程要求进行，能独立正确操作、用时短	按小组为单位进行生产操作	120 min
检查	操作结果展示与评价	操作结果符合技术规程要求、用时短	各小组展示操作结果，进行评分（填写评分表）	10 min
总结	撰写技术报告	技术操作规程、生产体会（包括生产中存在的问题以及解决的办法）	教师提出设计、技术报告撰写要求，每位学生独立完成	课外
评估	归纳总结	生产中存在的问题以及解决的办法	各小组进行体会交流、归纳分析总结	10 min

【检查评价】

现场操作检查：学生自检、教师检查任务完成情况（表 1-17）。检查结果可分为 5 个等级：优秀（≥90 分）、良好（80～89 分）、中等（70～79 分）、合格（60～69 分）、不合格（0～59 分）。

表 1-17　常规水稻良种生产任务完成情况检查表

<table>
<tr><td rowspan="7">考核标准</td><td colspan="2">考核要点</td><td>技术操作要点</td><td>分值安排</td><td>评定得分</td></tr>
<tr><td colspan="2">1. 态度与表现</td><td>学习（实训）态度与课堂表现</td><td>20</td><td></td></tr>
<tr><td rowspan="5">2. 技能操作部分</td><td rowspan="5">常规水稻良种生产</td><td>选择良种生产基地</td><td>20</td><td></td></tr>
<tr><td>做好大田水肥管理</td><td>15</td><td></td></tr>
<tr><td>田间除杂去劣</td><td>15</td><td></td></tr>
<tr><td>病虫草害防治</td><td>15</td><td></td></tr>
<tr><td>收获、干燥和储藏</td><td>15</td><td></td></tr>
<tr><td colspan="4">总分</td><td>100</td><td></td></tr>
</table>

【问题与思考】

1. 常规水稻种子田杂株类型和辨别方法。
2. 简述常规水稻良种生产田间管理的关键措施。

子项目三　三系杂交水稻种子生产

【知识目标】

1. 具备水稻三系开花习性知识；
2. 具备父母本错期播种知识；
3. 具备亲本规格移栽知识；
4. 具备田间水肥管理知识；
5. 具备父母本花期预测与调节知识；
6. 具备种子田间质量检验知识；
7. 具备水稻病虫识别与防治知识；
8. 具备种子收获、干燥及储藏知识。

【技能目标】

1. 能制订水稻制种生产计划；
2. 能根据亲本特性进行错期播种和规格播种；
3. 能根据父母本发育特性进行秧田管理和移栽；
4. 能科学进行制种田间水肥管理；
5. 能及时除杂去劣，并做好质量检查记录；
6. 能正确地开展父母本花期预测与调节；
7. 能科学使用赤霉素；
8. 能及时收获杂交种种子；
9. 能采用科学的方法进行杂交种种子的干燥及储藏。

【素质目标】

1. 培养懂农业、爱农村、爱农民的"三农"情怀；
2. 培养生态安全、健康环保、可持续发展的理念；
3. 培养爱岗敬业、精益求精、刻苦钻研、勇于创新的工匠精神；
4. 培养尊重科学、遵纪守法、诚信友善的社会责任感；
5. 培养自主学习和终身学习的行为习惯；
6. 培养获取和运用新知识、新技术的信息素养。

任务一　建立三系杂交水稻制种基地

【任务目标】

1. 能根据当地实际情况，选择合适的制种基地；

2. 能根据制种基地的基本条件，选择适宜的隔离方法。

【布置任务】

学生模拟种子公司的形式组建工作小组，在教师指导下，研讨和制订三系杂交水稻制种基地建立方案。具体任务：

1. 能根据生产需要正确选择制种基地；
2. 能按照制种田实际情况采用合理的隔离方法；
3. 能准确计算出制种田面积。

【学习条件】

场地要求：水稻种子生产实训基地。

工具与生产资料准备：杂交稻父母本、种子袋、肥料、农药等。

【知识准备】

三系杂交水稻制种就是以雄性不育系作母本，雄性不育恢复系作父本，按照一定的行比相间种植，使双亲花期相遇，不育系接受恢复系的花粉而受精结实，生产杂交种子的过程。所以，杂交水稻的制种又称为水稻的异交栽培。在整个生产过程中，技术性强，操作严格，一切技术措施都主要是为提高母本的异交结实率。制种产量高低和种子质量的好坏，直接关系到杂交水稻的生产和发展。因此，三系杂交水稻制种要获得高产优质的种子，首先要抓好以下两方面。

一、规范制种亲本种源

杂交水稻制种技术成功的前提是选择正规渠道繁殖生产的原原种或原种作亲本。亲本种子的纯度高可以培育出品质优良的水稻种子，并且高纯度亲本种子的使用，还可以减少不必要的田间管理，比如，除杂的过程可以相应缩短。并且有助于防止杂株之间相互授粉情况的发生。这样的种植方式可以使杂交水稻制种的工作效率提高，并且可以培育出高品质的水稻种子。需要注意的是，母本种子的纯度要达到 99.5%，父本种子纯度要达到 99.9%。此外还要注意的是，亲本种子还要经过提纯复壮的处理，这样做的目的就是避免因为同一种源的使用，而造成杂而不优的现象。在制种前要充分了解该组合亲本生育期长短、总叶片数、株高、抽穗开花时间、开花结实习性以及受外界气候、土壤、水分、光照等影响的大小。

二、建立稳定的制种基地

(一)选择适宜的制种基地

三系杂交水稻制种的任务是迅速繁殖杂交稻品种种子、保持杂交稻优良品种种性和纯度、降低杂交稻种子生产成本。特点是技术性强、投入高、风险性较大。因此，在基地选择上应考虑其具有良好的稻作自然地理条件、气候生态条件和保证种子纯度的隔离条件。杂交水稻制种生长需要的自然地理条件和气候生态条件主要包括光照、水分、温度、土壤、灌溉条件、海拔高度、相对湿度、通风条件、地形地势(坡度坡向)等方面条件。杂交水稻制种要求在扬花授粉期田间应具有适宜的温度、湿度条件。

1. **自然与生产条件**

(1)基地隔离条件好,具备空间隔离或天然屏障隔离条件。

(2)基地的无霜期相对较长,能够满足水稻生育期对温度的需求。

(3)土地集中选片、肥沃、排灌方便,无灌溉条件的降雨要充足。

(4)不能在重病地或病虫害常发生地区以及有检疫性病虫害的地区建立水稻种子生产基地。

(5)交通方便,便于开展水稻种子生产工作和种子运输。

(6)基地农业生产水平高,群众有科学种田的经验,又有较好的生产条件。

(7)秧田和制种大田严格要求前茬无水稻种植,避免前茬水稻因落地谷出苗生长带来混杂。

水稻种子产地检疫规程

2. **社会经济条件**

(1)领导重视,群众积极性、主动性高。

(2)技术力量要强,通过培训,主要劳动力都能熟练掌握杂交水稻种子生产的技术,并愿意接受技术指导和监督,按生产技术规程操作。

(3)劳力充足,在杂交水稻种子生产关键期不会发生劳力短缺,贻误时机。劳动者文化素质较高,容易形成当地自己的技术力量。

(4)农户经济条件较好,能及时购买地膜、化肥、农药、种子等生产资料,具备一定的机械作业条件。

我国杂交水稻七大优势生态制种基地

(二)做好制种基地的隔离

杂交水稻制种是靠异花授粉获得种子,因此,种子生产的特点是要重点防止生物学混杂。因此,为获得高纯度的杂交种子,除了采用高纯度的亲本外,还要做到安全隔离。搞好制种田的隔离,是保证杂交种子纯度的一个重要措施。三系杂交水稻制种母本是雄性不育系,即雄性器官不正常,花粉败育,不能自交结实,但其雌性生殖器官仍是正常的,只要有外来水稻的花粉传播到其柱头上,就能受精并结出杂交种子。水稻的花粉粒很小、很轻,能够随风飞扬,传播的距离很远。对水稻花粉隔离试验的结果表明:距离 10 m 的,花粉混杂率为 5.2%;距离 20 m 的,花粉混杂率为 2.3%;距离 30 m 的,花粉混杂率为 1%。因此,一般距离 40 m 以上的,才能杜绝自然杂交。这就是说,在制种田周围 40 m 范围内,除父本品种外,还种有其他水稻品种,而且又与制种田中的不育系同时抽穗扬花的,不育系就有可能接受除父本外的非父本品种的花粉,结出的杂交种子就混杂种子,称之为假杂种。这种种子在生产田种下后,有些能结实,但生育期不同;有些不抽穗,表现为“青棵”。所以必须采取严格的隔离措施,使不育系在开花期间只能够单一地接受到来自父本即恢复系的花粉,而没有其他品种的花粉混杂,防止非父本品种的串粉,以保证杂交种子的纯度。

1. **确定适宜的隔离方法**

目前生产上隔离的方法,主要有空间隔离、时间隔离、父本品种隔离、障碍隔离四种。

(1)空间隔离 即利用空间距离使非父本品种的花粉传播不到制种田的隔离方法。这是目前生产上应用较多也是最有效的隔离方法。隔离距离一般应在 50 m 以上。如在风力较大的地方,隔离距离应扩大到 100 m。即在制种田周围上述距离的范围内,除父本品种和其他不能与水稻杂交的作物品种外,不能再种其他正常水稻品种,才能保证制种安全。

(2)时间隔离 即在上述距离范围内,虽然有非父本的其他正常水稻品种,但与制种田中的不育系不在同一时间抽穗扬花，以避免串粉的一种方法。常规水稻品种，一般是多株种植，抽穗较快而且整齐，全田从始穗到终花只要 15 d 左右。而制种田父母本多是单株种植，尤其是不育系，抽穗持续时间长，全田从始穗到终花需要 20 d 左右。因此，采用时间隔离，如果周围所种的非父本品种先抽穗的，应比制种田不育系的抽穗时间提早 20 d 以上；如果制种田先抽穗的，则应比周围其他非父本品种的抽穗时间提早 25 d 以上。这样，才能避免串粉，起到时间隔离防杂的作用。

(3)父本品种隔离　将制种田四周隔离区 100 m 范围内的田块都种植与制种田父本相同的品种。这样既能起到隔离作用，又增加了父本花粉的来源。但用此法隔离，父本种子必须纯度高，以防父本田中的杂株(异品种)串粉。

(4)障碍隔离　即利用地形地物，如山坡、树林、高秆作物(玉米、甘蔗、红麻)等作障碍物，阻挡非父本水稻品种的花粉传播到制种田的隔离方法。采用这一方法隔离，障碍物的高度应在 2.0 m 以上，同时也要注意制种田与其他水稻品种田之间要保持相当的空间距离，一般不宜少于 30 m，这样才能保证安全。有些地方用塑料薄膜、草帘或麻秆围在制种田四周，作为障碍隔离，由于高度不够，距离又近，非父本的水稻花粉仍然可以随风吹来，散落在制种田中，因此隔离效果很差，大田用种不宜采用。塑料薄膜隔离一般仅仅用于小试验、多组合的制种。

以上四种隔离方法，可以根据当地条件，从严格保证制种纯度这一原则出发，因地制宜采用。有时为了隔离的安全保险，生产上往往因地因时将几种方法综合运用，用得最多、效果最好的是空间、时间双隔离，即制种田四周 100 m 范围内不能种有与父母本同期抽穗扬花的其他水稻品种，两者头花、尾花时间至少要错开 25 d 以上，方能避免串粉、保证安全。

2. 隔离区数目

配制一个三系水稻杂交种所需隔离区主要有不育系繁殖区和杂交制种区两个，见图 1-4。

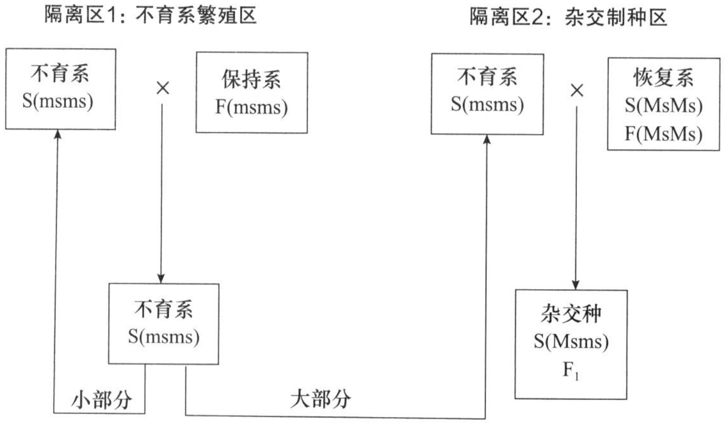

图 1-4　三系杂交水稻制种隔离区示意图

3. 隔离区面积计算

确定隔离区面积大小，要根据生产上需要杂交种种子数量，杂交制种的平均单产水平，以及亲本平均单产水平，按比例安排母本不育系和父本恢复系繁殖和杂交制种面积，做到按计划配制杂交一代种子和繁殖相应的亲本种子。

隔离区面积计算公式：

$$\text{制种田面积}(hm^2)=\frac{\text{计划播种量}(kg/hm^2)\times\text{下年大田播种面积}(hm^2)}{\text{母本的产量水平}(kg/hm^2)\times\text{母本行比例}\times\text{合格种子率}(\%)}$$

$$\text{母本繁殖田面积}(hm^2)=\frac{\text{计划播种量}(kg/hm^2)\times\text{下年制种面积}(hm^2)}{\text{母本的产量水平}(kg/hm^2)\times\text{母本行比例}\times\text{合格种子率}(\%)}$$

$$\text{父本繁殖田面积}(hm^2)=\frac{\text{计划播种量}(kg/hm^2)\times\text{下年制种面积}(hm^2)}{\text{父本的产量水平}(kg/hm^2)\times\text{合格种子率}(\%)}$$

【实施方案】

以学习(工作)小组为单位,在教师指导下获取与三系杂交水稻制种基地选择的相关信息后,研讨并制订三系杂交水稻制种基地选择方案(表1-18)。具体内容要求与实施建议如下:

(1)确定制种基地的条件。

(2)确定安全隔离方法。

(3)计算确定隔离区面积。

(4)根据所提供相关资料,每个学习小组共同完成1份制种基地建设方案。

表1-18 三系杂交稻制种基地建立教学实施方案

工作过程	教学步骤	训练要求与标准	训练方法	参考时间
资讯和计划	下达生产任务,设计、讨论	能提出正确的制种基地条件并能依据实际情况采用合适有效隔离方法,达到安全隔离目的	以小组为单位查阅文献资料(主要在课外完成),讨论方案,抽查5个小组的方案进行答辩	10 min
决策	确定三系杂交水稻制种基地选择及隔离方案	按计划画出隔离区示意图	主要在课外完成,上课时提交生产工具和资料清单	10 min
实施	叙述三系杂交水稻制种基地选择及隔离方法	列出水稻制种基地条件及隔离方法,能独立正确完成、用时短	按小组为单位进行汇报	40 min
检查	方案展示与评价	方案符合技术规程要求、用时短	各小组展示方案并解说,进行评分(填写评分表)	10 min
总结	撰写技术报告	技术操作规程、生产体会(包括生产中存在的问题以及解决的办法)	教师提出设计、技术报告撰写要求,每位学生独立完成	课外
评估	归纳总结	生产中存在的问题以及解决的办法	各小组进行体会交流、归纳分析总结	10 min

【检查评价】

现场操作检查:学生自检、教师检查任务完成情况(表1-19)。检查结果可分为5个等级:优秀(≥90分)、良好(80～89分)、中等(70～79分)、合格(60～69分)、不合格(0～59分)。

表 1-19 三系杂交稻制种基地建立任务完成情况检查表

	考核要点		技术操作要点	分值安排	评定得分
考核标准	1. 态度与表现		学习(实训)态度与课堂表现	20	
	2. 技能操作部分	选择制种基地	能正确说出制种基地基本条件	20	
			根据教学田实际情况,正确采用合适的隔离方法	20	
			正确计算制种田面积	40	
总分				100	

【问题与思考】

1. 水稻雄性不育系的异交性影响因素有哪些?
2. 三系杂交水稻制种基地应具备哪些条件?
3. 如何选择三系杂交水稻制种基地?
4. 怎样确定三系杂交水稻制种田面积?
5. 简述安全隔离的主要措施。

任务二 父母本错期播种

【任务目标】

1. 能掌握父母本花期理想相遇的标准;
2. 能正确推算父母本播差期;
3. 能根据最佳抽穗扬花条件确定播种期;
4. 能进行三系杂交水稻制种父母本错期播种。

【布置任务】

学生模拟种子公司的形式组建工作小组,在教师指导下,研讨和制订三系杂交水稻制种错期播种方案。在种子生产实训基地,按照错期播种方案进行父母本播种,完成三系杂交水稻制种的父母本播种任务。

1. 能根据父母本特性确定父母本的播差期。
2. 能完成秧田整地开厢。
3. 能够掌握父母本播种关键技术。
4. 能够现场指导播种生产操作。
5. 能够进行播种质量的检查及要求。

【学习条件】

场地要求:水稻种子生产实训基地。

工具与生产资料准备：杂交父母本种子、强氯精、肥料、农药、农膜、铁铲、发芽箱等。

【知识准备】

一、确保父母本花期相遇

水稻雄性不育系必须依靠恢复系的花粉才能受精，结出杂交种子。因此，促成制种田的不育系和恢复系在同一时期抽穗开花非常重要。抽穗同步，不育系就能够接受到恢复系的花粉而结出杂交种子。而判断花期相遇的好坏，主要看不育系能否有较多的穗接收到来自恢复系的花粉成为有效穗。有效穗多，说明花期相遇较好；有效穗少，说明花期相遇较差。花期相遇有几种不同情况。如不育系和恢复系同一天抽穗，或者不育系比恢复系提早 1～2 d 或 2～3 d 抽穗，或者恢复系比不育系提早 1～2 d 抽穗，都算花期相遇。哪一种情况更有利于制种高产不能一概而论，要从不育系抽穗速度和集中程度等具体条件考虑。

水稻是开花期较短的作物，开花期一般为 10～15 d。杂交水稻制种要在如此短的花期内完成异交结实，就必须确保父母本花期相遇。父母本花期相遇程度决定制种产量，确保父母本花期相遇是杂交水稻制种的核心技术。主要包括三个方面：第一是父母本播种期安排与播差期的确定，这是保证花期相遇的基础；第二是科学的栽培管理技术，这是花期相遇的保障；第三是花期的预测与调节，这是使花期相遇的辅助措施。

在制种的实际操作过程中，常常以父母本始穗期的早迟来确定花期相遇的程度。花期相遇的程度分为三种基本类型：一是理想花期相遇；二是花期基本相遇；三是花期不遇。

所谓理想花期相遇，是指双亲能达到“头花不空，盛花相逢，尾花不丢”，其关键是盛花期完全相遇。但是不同类型组合理想花期相遇的父母本始穗期相对早迟的标准不同，应根据具体组合双亲的抽穗开花特性决定。据观察，在喷施赤霉素后，V20A、珍汕 97A、协青早 A、优 IA、金 23A 等早籼不育系抽穗开花历期较短，开花历期 8～10 d，见穗后 3～4 d 进入盛花期，盛花期 3～5 d。恢复系测 48-1、R402、辐 26、R974 等生育期短的恢复系开花历期和盛花期与不育系相近。明恢 63、IR26、桂 99 等生育期长的恢复系开花历期 10～14 d，见穗后 3～5 d 进入盛花期，盛花期 5～7 d，测 64、明恢 77、R80 等生育期中等的恢复系的抽穗开花历期与盛花期则介于以上两种恢复系之间。因此理想花期相遇的标准在这 3 种类型恢复系与早籼型不育系制种时有差异。与测 48-2、R402、辐 26、R974 等恢复系配制的早熟杂交组合制种的理想花期相遇为父本始穗期应比母本迟 2～3 d，父本始穗宁迟勿早。与明恢 63、IR26、桂 99 等长生育期恢复系配制的迟熟杂交组合制种的理想花期相遇是父本应比母本早 2～3 d 始穗。测 64、明恢 77、R80 等恢复系配制的中熟杂交组合制种的理想花期是双亲同期始穗。

花期基本相遇则是父本或母本的始穗期比理想花期早或迟 3～5 d，父母本的盛花期只有部分相遇，制种产量受到影响。花期不遇是父本或母本的始穗期比理想花期早或迟 5 d 以上，父母本的盛花期完全不能相遇，花期不遇的制种田制种产量极低甚至失败。因此，理想花期相遇是制种高产的保障。

生产上，影响父母本播始历期的因素主要有以下几个方面：

①气候因素：气温高，光照条件好，则生长发育进度加快，播始历期缩短；气温偏低，阴雨天多，生长发育进程缓慢，播始历期延长

②亲本种子陈旧：一般旧种播始历期要比新种短。同等条件下，新种（上造收、下造用）要

比旧种(隔造或隔年陈种)播始历期长 2 d 以上。

③秧苗素质:秧苗健壮,植后返青快,易于早生快发,播始历期往往缩短;秧苗生长弱且分蘖少,移栽后环境改变,体内营养供应长根、长分蘖,因而播始历期延长。

④育秧方式:秧盘育苗,移栽断根少,移栽后早生快发,播始历期短;大苗洗插断根多,移栽后生长发育缓慢,播始历期延长。

⑤秧苗的秧龄:秧龄以 30 d 为宜,超过 30 d,一般每延长 5 d,播始历期相应延长 3 d 左右。秧龄超过 40～45 d 的要发生早穗现象。

⑥移栽深浅和密度:大田深插生长发育缓慢,播始历期延长;移植过密,通风透光性差,单株分蘖少,分蘖成穗率低,播始历期缩短。

⑦施肥种类及时间:迟施重施氮肥可延长父母本播始历期 2～3 d,重施磷钾肥可以缩短父母本播始历期。施肥越早,N、P、K 越齐全,比例适当,播始历期缩短。

仅以始穗期的早迟判断父母本花期相遇的程度是不全面的,花期相遇应该包括整个开花期、盛花期的相遇程度。许世觉等提出了"花遇指数(index of flowers meeting)"的概念,反映父母本花期相遇的优劣。

花遇指数(IFM)计算公式为:

$$\mathrm{IFM}=\sum_{i=1}^{n}\frac{f_iM+m_iF-|f_iM-m_if|}{2FM}(i=1、2、3、\cdots、n)$$

式中:n 为母本始花至尾花的天数,f_i、m_i 分别为母本开花第 i 天母本和父本的开花数。F、M 分别为母本和父本的开花总数。花遇指数的值域[0、1],当父母本花期完全不遇时取值为 0,当开花期完全吻合时取值为 1。花期不完全相遇时取值在 0 与 1 之间。当 IFM 达到 0.80～0.90 时,说明父母本花期已达到理想相遇程度。

此外,另一种比较简便的花期相遇程度的表示方法是计算出母本盛花期(累计开花率在 10%～90%之间日期)内父本的累计开花率,称为盛花期相遇率。盛花期相遇率在 80%以上时,说明父母本花期达到了理想相遇程度。

父母本始穗期的相差天数、花遇指数、盛花期相遇率等是反映制种父母本花期相遇优劣的指标,在一般情况下,三种数据所反映的花遇程度没有较大的差异。但是,当父本的开花历期相当短或者特别长时,才会出现三者不相吻合的现象。

二、确定父母本播差期

在杂交水稻制种中,由于父母本生育期的差异,制种时父母本不能同时播种。播种差期就是父母本播种期相差的天数,又叫播差期或者播错期。一般把父本先播种,母本后播种,称为顺播差。反之,称倒播差。两期父本以第一期父本播种为准,三期父本以第二期父本播种为准来推算父母本播差期。播差期根据两个亲本的生育期特性和理想花期相遇的标准确定,不同的组合由于亲本的差异,播差期不同。即使是同一组合在不同的季节,不同地域制种,播差期也有差异。要确定一个组合适宜的播差期,首先必须对该组合的亲本进行分期播种试验,了解亲本的生育期和生育特性的变化规律。在此基础上,可采用生育期法、叶龄差法、积温差法确定播差期。

1. 生育期法

也称时差法、播始历期差法,是根据亲本历年分期播种或制种的生育期资料,推算出能达到理想花期相遇父母本播始历期相差的天数，即为父母本播种安排的时差法。水稻生育期是水稻品种特性之一，在同一地区，相同的季节，大体相同的管理条件下，其生育期的长短表现出相对稳定性，特别是在气温比较稳定的季节，生育期的稳定性就更大一些。因此可以利用以下公式计算播差期：

播差期(d)＝父本播始历期－母本播始历期

例如，配制野香优699，夏制父本福恢699播始历期为101 d，母本野香A播始历期为83 d，则播差期为18 d，也就是说当福恢699播种后18 d左右再播野香A，父母本花期可能相遇。

利用生育期法计算父母本的播差期，方法简便，易于掌握，在一定条件下，有较高的可靠性，较适宜于气温变化小的地区和季节，如夏、秋制种。但是该方法有较大的局限性，一是只能适用于气温变化比较稳定的季节；二是不育系和恢复系的播种期最早、最迟有一定的界限，超过这个界限，生育期会发生较大的变化；三是不育系和恢复系的秧龄长短也有一定的限制，秧龄超过一定的天数，生育期也会发生较大的变化。因此，不适用于气温变化大的季节和地区制种，如春季制种，年际气温变化大，早播的父本常受气温的影响，播种至始穗期稳定性较差，而母本播种较迟，气温变化较小，播种至始穗期较稳定，因此，应用此方法常常出现花期不遇。

2. 叶龄差法

亦称叶差法，是以双亲主茎总叶片数及其不同生育时期的出叶速度为依据推算播差期的方法，称为叶龄差法。值得指出的是，父母本主茎叶片数差值并非制种的叶差。叶差包含两个方面的叶龄差值，一是父母本的主茎叶片数差值，二是父母本共生阶段，两个亲本因出叶速度不同而引起各生育时期长出的叶片数差值的累加值。两者之和为父母本能同时达到剑叶全展时的叶龄差值。例如，新香优80春制，母本主茎总叶片数12叶，父本16叶，播种叶龄差不是4叶，而是6叶，在父母本共生阶段，母本生长12叶，父本生长10叶。达到花期理想相遇的叶差值，还要根据父母本剑叶叶枕平至破口见穗经历时期的长短及始穗期标准进行调整。如新香优80制种，母本较父本早始穗2 d为理想花期相遇，因而父母本播种叶差为5.7叶。

稳定的叶龄是确定父母本播期的基础。因为水稻主茎的叶片数也是水稻品种的特征之一。在正常的气候和栽培管理条件下，同一品种在同一地区种植，不同年份而播差期相近时，其主茎叶片数是相对稳定的。不育系与恢复系在较正常的气候条件与栽培管理下，主茎叶片数的多少依生育期的长短而异。籼型三系法杂交水稻的不育系多为早籼类型，生育期短，如V20A、珍汕97A、金23A、新香A等，主茎片数11～13叶。测48-2、R402、辐26、R974等早熟恢复系的主茎叶片数为12～14叶；测64、明恢77、晚3、R80等中熟恢复系的主茎叶片数为15～16叶；明恢63、密阳46、多系1号、桂99、主茎叶片数大致相同，但在温度变化异常的年份可相差1～2叶(表1-20)。

表1-20　部分不育系和恢复系的主茎叶片数(南宁)

不育系	主茎叶片数	恢复系	主茎叶片数
Ⅱ-32A	16(16～17)	IR26	18(17～19)
珍汕97A	13(13～14)	测64-7	16(15～17)
V20A	12.5(12～13)	26窄早	15(14～16)
优IA	12.5(12～13)	R402	15(14～16)

续表1-20

不育系	主茎叶片数	恢复系	主茎叶片数
金 23A	12(11～13)	明恢 63	17(16～18)
协青早 A	13(12～14)	密阳 46	16(15～17)
D 汕 A	12(13～14)	浙大 8220	17(16～18)

水稻的出叶速度在品种间有差异，同一品种在各个生育期阶段出叶速度差异较大。一般在秧田期出叶速度快，3～4 d 长出 1 片叶（0.25～0.3 叶/d），移栽后至幼穗分化期前的大田营养生长阶段出叶速度减慢，4～6 d 长出 1 片叶（0.15～0.25 叶/d），幼穗分化后进入生殖生长阶段出叶速度减慢，最后 3 片叶需 5～9 d 才能长出 1 叶（0.10～0.20 叶/d）。出叶速度还受到温度、肥水等外界因素的影响，其中以温度的影响最为显著。据研究，在日平均气温 14.2 ℃时，出 1 片叶需 6.5 d，在 22.1 ℃需 4.7 d，在 28.1 ℃时只需 3.1 d，随着温度的升高出叶速度加快。因此，叶差法考虑了不同环境条件下的出叶速度，比时差法准确可靠。

叶差法对同一组合在同一地域、同一季节基本相同的栽培条件下，不同年份制种较为准确。同一组合在不同地域、不同季节制种叶差值有差异，特别是感温性、感光性强的亲本更是如此。威优 46 制种，在湘中的隆回春制，叶差为 8.4 叶，但夏制为 6.6 叶，秋制为 6.2 叶；在湘北的临澧作秋制时叶差为 6.0 叶。因此，叶差法的应用要因时因地而异。

3. 积温差法

也称温差法，就是将双亲从播种到始穗的有效积温的差值作为父母本播差期安排的方法。现在生产上应用的不育系和恢复系，大多是感温类型的早、中稻品种，影响其生育期长短的主要因素是温度。对光照则无感或钝感。在正常栽培条件下，生育期间的平均温度高，从播种到始穗的天数少；生育期间平均温度低，则从播种到始穗的天数增多。即生长发育要求有一定的热量数值。有效积温就是衡量温度强度和持续时期对感温类型水稻品种生长发育速度影响的一个热量指标。经有关部门长期观察，同一个感温类型的水稻品种在正常季节种植，不同地区、不同年份间，尽管其生育期天数有较大变化，但其有效积温值则是相当稳定的。因此，可以把有效积温值作为计算不育系和恢复系播差期的指标。但这里有两个前提：一是仅感温类型的水稻品种才具有这个特性。所以只能应用于属感温类型的不育系和恢复系的错期计算。对于感光类型的品种不适用。二是仅在温度对水稻品种生长发育速度起主要作用的季节才具有这个特性。所以只能用于在正常季节种植的不育系和恢复系播种错期的计算，例如春季制种或夏季制种。而秋季制种，则由于在一定程度上受到短日照的干扰，有效积温值的稳定性也就下降。

应用积温差法，首先必须计算出双亲的有效积温值。日平均温度减去生物学下限温度和生物学上限温度后为有效积温。籼稻生物学下限温度为 12 ℃，粳稻为 10 ℃，生物学上限温度为 27 ℃。从播种次日至始穗日的逐日有效温度的累加值为播始历期的有效积温。计算公式是：

$$A=\sum[T-L-(T-H)]$$

式中：A 为有效积温，T 为日平均气温，L 为生物学业下限温度，H 为生物学上限温度。如某日日平均气温为 32 ℃，该日日平均气温在生物学上限温度以上，则此日籼型亲本的有效温度为 32－12－(32－27)＝15 ℃。依此类推，把某个亲本从播种次日至始穗日逐日的有效温度累加，即为该亲本播始历期的有效积温。

如某亲本 3 月 28 日播种，3 月 29 日的日平均气温为 12 ℃，4 月 20 日的日平均气温为 23 ℃，5 月 18 日的日平均气温为 27 ℃，6 月 26 日的日平均气温为 31 ℃，则这 4 d 的有效积温 $A=(12-12-0)+(23-12-0)+(27-12-0)+[31-12-(31-27)]=0+11+15+15=41$ ℃，在计算父母本播始历期有效积温时，一般播种当天不计算进去，从播种第二天开始计算，并把始穗当天计算进去。

积温差法只是单一反映日平均温度对生育期的影响，难以反映出营养水平、秧苗素质、栽插培管理、昼夜温差等因素对生育期的影响，与实际的生育期变化有一定的差距，还有查找或记载气象资料上的麻烦。因此，此法不常使用。但在保持稳定一致的栽培技术或最适的营养状态及基本相似的气候条件下，积温差法较可靠，尤其对新组合、新基地，更换季节制种更合适。

以上三种确定制种父母本播差期的方法，在实际生产中，常常在时间表现上具有不一致性。有时叶差已到，而时差不足；有时时差到，而叶差又未到；温差够了，但时差、叶差未到等。因此，在实际应用上，应综合考虑，以一个方法为主，相互参考，相互校正。在不同季别、地域制种，由于温度条件变化的不同，对三种方法的侧重也不同。在长江流域双季稻区的春制，播种期早，前期与中期气温变化大，确定播差期时应以叶差、温差为主，时差作参考，原则是叶到不等时，时到稍等叶。在夏、秋季制种，处在较稳定的高温季节，生育期间气温变化小，在保证与往年同期播种的前提下，则可以时差为主，叶差作参考。

水稻制种田父母本播差期确定

三、确定制种季节和安全抽穗扬花期

制种季节的安排在不同稻作区域不同。在长江流域双季稻区有三种类型，一是抽穗扬花期在 6 月中旬至 7 月中旬的春制；二是抽穗扬花期在 7 月下旬至 8 月中旬的夏制；三是抽穗扬花期在 8 月下旬至 9 月上旬的秋制。根据抽穗扬花期的具体日期又可分为早春制和迟春制，早夏制和迟夏制，早秋制和迟秋制。在长江以北及四川盆地的稻麦区和北方粳稻区，只宜进行二年一季的夏秋季制种，抽穗扬花期安排在 8 月中下旬。华南双季稻区春、秋两季均可安排制种，但要注意安排春季制种抽穗扬花期在 5 月下旬至 6 月上旬，以避过台风、雨季；秋季制种抽穗扬花期在 8 月下旬至 9 月上旬。海南岛南部以 3 月下旬至 4 月上中旬为开花的良好季节。广西各地不同季节最佳抽穗扬花期见表 1-21。

表 1-21　广西各地水稻最佳抽穗扬花期

制种类型	桂南	桂中	桂北
春制	5 月中下旬	6 月中旬	6 月中下旬
夏制	—	8 月下旬	8 月中下旬
秋制	8 月下旬至 9 月上旬	9 月上旬	—

水稻抽穗扬花的主要影响因素包括温度、湿度、光照、雨量以及风力等。低温影响花药开裂、散粉及花粉的萌发，温度越低，影响越大，甚至不能开花授粉；高温主要影响花粉的生活力，柱头和子房的受精能力，使空壳率显著增加；昼夜温差影响种子营养物质(淀粉)的积累；湿度

过高或过低都会影响花粉、柱头的生活力和开花授粉过程；光照不足(连续 3 d 每天日照小于 3 h)影响花粉发育不良，空秕粒增多；雨水过多，父母本开花困难，甚至不能开花授粉，即使有粉也被雨水冲刷掉了，如果雨日在 3 d 以上或盛花期遇雨 3 d 以上，制种产量将降低 50%以上；大风则影响稻穗开颖、散粉，无风不利于授粉。

相同季节由于不同地域的气候条件有较大差异，因此在同一季节、不同地域的制种基地的抽穗扬花期的安排不同。抽穗扬花期的确定应该选择有利于异交结实的天气条件，使父本有更多的颖外散粉，花粉能顺利传播到母本柱头上，保证花粉与柱头有较长时间的生活力，以及母本较高的午前花率等。不育系和恢复系安全抽穗扬花条件是：①花期内无连续 3 d 以上的阴雨；②最高气温不超过 35 ℃，最低气温不低于 21 ℃，日平均气温 26～30 ℃，开花时穗部温度为 28～32 ℃，昼夜温差 8～9 ℃；③田间相对湿度 70%～90%；④阳光充足且吹微风。因此，各地应根据亲本对温、光、湿等因素的要求，可通过对当地历年各制种季节内气象资料的分析，合理确定最佳的安全抽穗扬花期。

四、确定父母本播种期

(一)确定父本播种期

1. 确定父本播种期

在杂交水稻各种组合中，绝大多数组合的恢复系与不育系的生育期存在着一定的差异，大部分组合的父本生育期比母本长，有的相差天数可达 40～60 d，制种时父本先播，母本后播。也有少数组合的父本生育期比母本短，如Ⅱ-32A 配组的中熟组合和部分早籼组合，制种时则是母本先播，父本后播。还有些组合父本和母本生育期基本一致，制种时双亲同时播种。

父本生育期较母本长或者父母本生育期相近的杂交组合制种，父本播种期的确定则由安全抽穗扬花期和父本本身的播始历期两方面决定，根据安全抽穗扬花期的始穗期和父本的播始历期倒推出父本的具体播种期。因此，父本的播种期应服从安全抽穗扬花期。不同地域的气候条件、稻田类型、耕作制度、肥力水平等因素对父本播始历期的影响较大，在制种时，应以当地各方面的资料综合分析，以确定适宜的父本播种期，保证能安全抽穗扬花。

母本生育期较父本长的组合制种，父本播种期由母本的播种期和父、母本的播差期决定。母本生育期长，制种时母本先播的组合，父母本播差期称为播差“倒挂”，又称为倒播差。

2. 确定父本播种期数

20 世纪 70 年代中期，杂交水稻刚开始制种用一期父本；70 年代后期用二期父本制种；80 年代初期用三期父本制种。80 年代中期，随着赤霉素使用技术与母本群体定向培育技术的形成与完善，母本的抽穗开花历期大大地缩短，由 12～15 d 缩短至 8 d 左右，最长在 10 d 以内，从而又全面推行一期父本制种，从初期的一期父本制种单产 0.67～1.13 t/hm^2 提高到单产稳定达到 3.75～4.5 t/hm^2。

所谓一期父本制种就是父本只需一次播种的制种；二期父本是父本分 2 次播种，2 次播种时间的间隔为 6～8 d，或者叶差 1.2 叶左右，每期播种量为父本总用种量的一半，移栽时两期播种的秧苗各占 50%，相间交错栽插成父本行；三期父本是父本分 3 次播种，相邻两次之间的时间间隔为 5～7 d，或叶差 1.0～1.2 叶。3 次的播种量和移栽量各占 1/3，或者第一次、第三次各占 1/4，第二次占 1/2。3 期父本相间栽插。

一期、二期、三期父本制种，抽穗开花历期和花粉量表现较大的差异，一期父本制种比二期父本制种单位面积总颖花数增加 10%，二期父本比三期父本约多 5%。一期父本抽穗开花历期比二期父本短，二期父本比三期父本短。因此说明，用一期父本制种，其花粉量大，田间花粉密度大，抽穗开花历期较短，开花较集中，在单位时间内增加了母本授粉的概率。用三期父本制种，父本抽穗开花历期较长，可以保证与母本花期的相遇。

(二)确定母本播种期

杂交水稻制种父本生育期比母本长，播差期为正值的组合，母本播种期主要由父本的播种期和播差期决定，在父本播种期的基础上加上播差期的具体天数，即为母本的大致播种期：①叶差与时差吻合好，则按时差播种；如果时差未到，则以叶差为准；若时差到叶差未到，则稍等叶差。②母本是隔年的陈种，则应推迟播种 2～3 d，当年新种则应提早 2～3 d 播种。③父本秧苗素质好，应提早 1～2 d 播母本；若父本秧苗素质差，长势、长相较差，则可推迟 1～2 d 播母本。④父本移栽时秧龄超长(35 d 以上)，母本播种应推迟 3～5 d。⑤预计母本播种时或播种后有低温、阴雨天气，则应提早 1～2 d 播种。⑥母本的用种量多，种子质量好，可推迟 1～2 d 播种。⑦采用一期父本制种时，应比二期父本制种缩短叶差 0.5 叶，或时差 2～3 d。

而对于母本生育期较父本长(即播差期倒挂)的杂交组合制种，母本播种期的确定则由安全抽穗扬花期和母本本身的播始历期两方面决定，根据安全抽穗扬花期的始穗期和母本的播始历期倒推出母本的具体播种期。

五、父母本规格播种

(一)秧田准备

杂交水稻制种父母本秧田，一定要选择肥力中上、排灌方便、背风向阳、易起发的田块。底肥要足，以腐熟的栏肥和人畜粪及各类饼肥为主，一般在翻耕时每 667 m^2 秧田施人畜粪肥 1 500～2 000 kg，或腐熟枯饼 40～50 kg，草木灰 15～20 kg，尿素 7.5～10 kg，氯化钾 5～7 kg，过磷酸钙 30～40 kg。肥料均应深施入泥，泥肥融合。平整秧田，开沟分厢。如在制种田播母本，秧厢宽应与母本厢宽一致，以利于移栽父本。

(二)种子播前处理

1. 晒种

晒种要在选种前结束，趁阳光充足的晴好天气晒 3 d 左右即可。晒种时种子摊铺要薄，定时翻动，做到均匀一致。翻动时防止弄破谷壳，防止几个品种同时翻晒时造成混杂。

2. 选种

通常采用风选筛选、溶液选等几种方法进行选种。风选是通过人工或动力抛掷种子，借助自然风力选种，有条件的地方可用鼓风机或吸风机，借助人工风力进行选种。泥水选种的一般做法是用 50 kg 的水，兑入 20 kg 左右的黏黄泥，充分搅拌后，使黄泥中的胶粒悬浮在水中。当泥水的相对密度达到 1.08～1.13 时，用箩筐装干种置于泥水中搅拌，捞出浮在泥水上面的瘪粒、草籽及其他漂浮物。盐水选种和硫铵水选种时用每 50 kg 水加入 10～12 kg 食盐或硫铵，配制成相对密度为 1.08～1.13 的溶液，其操作方法与泥水选种相同。盐水选好的种子要先用清水洗净附在谷粒表面的盐分再进行浸种。

3. **浸种**

浸种是水稻种子吸水的第一阶段。种子吸水不足或不均匀，不仅发芽不整齐，往往还会有很多种子播种后不能出苗而造成损失。吸足水分的谷壳半透明，腹白分明可见，胚部膨大突起，胚乳变软，否则说明吸水不足。水稻浸种时间长短与浸种水温的高低有关。水温高浸种时间短，水温低浸种时间长。如水温 30 ℃，浸种需 2～3 d；水温 20 ℃，浸种需 3 d；若水温 15 ℃，浸种需 5～6 d；水温 10 ℃时，浸种需 7～8 d。种子吸足水分的特征是：谷壳颜色变深，半透明状，胚部膨大突起，胚乳变软，手碾成粉，折断米粒无响声。

4. **消毒**

消毒方法很多，常用的水稻种子消毒方法有下面几种：

石灰水浸种：即用 1%的生石灰水澄清液浸种 2 d，注意石灰水面要高出谷种 13～16 cm，浸种期间不能搅动，保持水面的石灰膜不被破坏，同时要避免阳光直射。此法可防治恶苗病、胡麻叶斑病、稻瘟病和白叶枯病等病菌。

强氯精浸种：即先将谷种用清水预浸 24 h，然后将种子沥起来，用强氯精药液再浸。防治稻瘟病、恶苗病，药液浓度 400～500 倍，浸种 12～16 h；防治白叶枯病、细菌性条斑病，药液浓度 300～400 倍，浸种 16～24 h。

稻瘟净浸种：即用 50%的稻瘟净乳油 0.1 kg 加水 50 kg，浸种 24 h，可杀死稻瘟病菌。

三环唑浸种：用 50 g 三环唑加水 30～40 kg，浸谷种 15～20 kg，浸种 24 h，以防治稻瘟病。

5. **催芽**

稻谷催芽要达到“快、齐、匀、壮”的目的。“快”指 2 d 之内催好芽；“齐”就是发芽整齐，发芽率达 90%以上；“匀”指芽长整齐一致；“壮”要求幼芽粗壮，根芽比适当，新鲜、没怪味。同时要掌握“高温露白、适温催根、保温促芽、摊凉锻炼”的催芽原则。

(三)规格播种

播种时要稀播匀播，培育多蘖壮秧，提高秧苗素质。稀播、匀播可使秧苗个体有均匀的营养面积和空间，使秧田通风透光、增多日照，提高秧苗的光合速率。这对促进地上部分和地下部分均衡生长，增加养分积累，群体生长整齐一致，减少个体间的差异都有很明显的作用。根据各地经验，制种田亲本育秧的播种量为：按秧田实际利用面积计算，一般每公顷播种子 100～150 kg。在这个幅度内，秧龄短的多播一点，秧龄长的少播一点。播种必须匀播，只有播得匀，才能真正达到稀播培育多蘖壮秧的目的。播后要压种，盖好盖种肥，使畦面不露谷种。并注意防止鸟害、鼠害，避免谷种损失。遇低温天气播种，用薄膜覆盖保温，提高成秧率。

【实施方案】

学生模拟种子公司的形式组建工作小组，在教师指导下获取与三系杂交水稻制种父母本错期播种的相关信息后，研讨并制订三系杂交水稻制种父母本错期播种方案（表 1-22）。在种子生产实训基地，按照方案进行父母本错期播种。具体要求：

(1)算准父母本播差期；

(2)根据最佳抽穗扬花期确定父母本播种期；

(3)能做好种子播前处理；

(4)能进行父母本规格播种。

表 1-22　父母本错期播种教学实施方案

工作过程	教学步骤	训练要求与标准	训练方法	参考时间
资讯和计划	下达生产任务，设计、讨论	能提出正确的秧田准备及错期播种的关键技术操作要求	以小组为单位查阅文献资料（主要在课外完成），讨论方案，抽查 5 个小组的方案进行答辩	10 min
决策	确定三系杂交水稻制种秧田准备和错期播种方案，准备各种生产资料	按计划列出生产所需的生产工具和资料并做好准备	主要在课外完成，上课时提交生产工具和资料清单	10 min
实施	三系杂交水稻制种秧田准备和错期播种操作演练	按操作规程要求进行，能独立正确操作、用时短	按小组为单位进行生产操作	120 min
检查	操作结果展示与评价	操作结果符合技术规程要求、用时短	各小组展示操作结果，进行评分（填写评分表）	10 min
总结	撰写技术报告	技术操作规程、生产体会（包括生产中存在的问题以及解决的办法）	教师提出设计、技术报告撰写要求，每位学生独立完成	课外
评估	归纳总结	生产中存在的问题以及解决的办法	各小组进行体会交流、归纳分析总结	10 min

【检查评价】

现场操作检查：学生自检、教师检查任务完成情况（表 1-23）。检查结果可分为 5 个等级：优秀（≥90 分）、良好（80～89 分）、中等（70～79 分）、合格（60～69 分）、不合格（0～59 分）。

表 1-23　父母本错期播种任务完成情况检查表

	考核要点		技术操作要点	分值安排	评定得分
考核标准	1. 态度与表现		学习（实训）态度与课堂表现	20	
	2. 技能操作部分	父母本错期播种	确定正确的父母本播种错期	20	
			确定正确的父本和母本播种期	20	
			能进行父母本种子播种前处理	20	
			能进行父母本种子规格播种	20	
总分				100	

【问题与思考】

1. 简述花期理想相遇的标准。
2. 说出不同季节父母本播种错期的推算方法。
3. 试述如何根据抽穗扬花条件确定播种期。

4. 简述制种亲本秧田的要求。

5. 种子播前处理的具体要求。

6. 试述如何提高水稻杂交制亲本播种质量。

任务三　父母本秧田管理

【任务目标】

1. 能根据秧田父母本长势，调整肥水管理措施；

2. 能根据不育系和恢复系特征特性进行苗期除杂去劣。

【布置任务】

学生模拟种子公司的形式组建工作小组，在教师指导下，研讨和制订三系杂交水稻制种秧田管理方案。在种子生产实训基地，按照方案进行秧田管理，完成水稻杂交制种的父母本秧田管理任务。

【学习条件】

场地要求：水稻种子生产实训基地。

工具与生产资料准备：杂交父母本、肥料、农药、农膜等。

【知识准备】

一、秧田水肥管理

在秧田水分管理上，秧苗 1 叶 1 心期前，以湿润管理为主，促进扎根立苗，也可防止抑制菌藻类、蚯蚓等危害和防止绵腐病、白叶枯病病菌的感染。晚季制种的育秧阶段，气温较高，湿润管理可以防止高温烧芽。1 叶 1 心期后，可以根据天气情况，交替进行湿润灌和浅灌，促进秧苗根系健壮发育。

秧田追肥上，原则上是：先淡后浓，先农家肥后化肥，由少到多，"少吃多餐"。1 叶 1 心期，早施"开叶肥"；2 叶 1 心期，每公顷秧田施尿素 45～60 kg 作为"断奶肥"；3 叶期时施 50%复合肥（$N-P_2O_5-K_2O$=20-15-15）60～75 kg/hm^2 作促蘖肥，移栽前 3～5 d，每公顷秧田施尿素 37.5～45.0 kg 作"送嫁肥"。要带土移栽，带肥下田。早季制种育秧，追肥时间要根据天气情况来决定。宜多施农家肥和磷、钾肥，以提高秧苗的抗寒能力。寒潮低温来到之前不宜施氮素化肥。寒潮过后，要等秧苗复苏、长出新根之后，才宜追肥。

二、秧田保温管理

早稻播种后一般采用拱架盖塑料薄膜的方法保温，也可用无纺布保温，用竹篾搭起高 40～50 cm 的拱架，然后盖上膜，膜的四周用泥压紧，防备大风掀开。膜内温度不超过 35 ℃不揭膜，超过 35 ℃，要及时揭开两端薄膜通风降温。

三、秧苗除杂去劣

秧田面积较小，秧苗集中，个体间的差异容易区分。因此，在秧苗期进行除杂，可以大幅度降低带杂苗移栽的概率。在秧田期除杂主要识别的性状有：叶鞘色、叶色、叶片的形状、苗的高矮，以叶鞘色为主要识别性状。

四、病虫草害防治

水稻秧苗期，由于组织幼嫩，抗逆力较差，容易遭受病虫草危害，如不及时检查防治，不但影响到秧苗素质，而且会把病虫草带入制种田，扩大危害，造成更大损失。因此，在秧田期及时防治稻飞虱、稻蓟马、卷叶螟、叶稻瘟病等病虫害和杂草，既节省人工，又节省农药成本，是获得制种高产的重要措施。

水稻制种秧田管理档案记载见表 1-24。

表 1-24　水稻制种秧田管理档案记载表

户主姓名		地块名称（编号）	
制种组合		秧田面积	
父本播种期		父本播种量	
母本播种期		母本播种量	
前茬作物			
播前整地情况			
基肥施用量			
保温管理情况			
水分管理情况			
秧田追肥情况			
秧苗病虫发生情况			

【实施方案】

学生模拟种子公司的形式组建工作小组，在教师指导下获取与三系杂交水稻制种秧田管理的相关信息后，研讨并制订三系杂交水稻制种秧田管理方案（表 1-25）。在种子生产实训基地，按照三系杂交水稻种子生产秧田管理要求进行秧田管理，完成各项管理任务。具体内容：

(1)能根据亲本长势长相，确定田间水肥管理；

(2)做好田间病虫害识别与防治；

(3)能够现场指导各项秧田田间管理生产操作；

(4)做好秧田管理质量检查及档案记录。

表 1-25　三系杂交水稻制种秧田管理教学实施方案

工作过程	教学步骤	训练要求与标准	训练方法	参考时间
资讯和计划	下达生产任务，设计、讨论	提出正确的田间水肥管理、病虫草害防治、除杂去劣措施和操作要求	以小组为单位查阅文献资料（主要在课外完成），讨论方案，抽查5个小组的方案进行答辩	10 min
决策	确定三系杂交水稻制种田间管理方案，准备各种生产资料	按计划列出生产所需的生产工具和资料并做好准备	主要在课外完成，上课时提交生产工具和资料清单	10 min
实施	三系杂交水稻制种田间水肥管理、病虫草害防治、除杂去劣操作演练	按操作规程要求进行，能独立正确操作、用时短	按小组为单位进行生产操作	120 min
检查	操作结果展示与评价	操作结果符合技术规程要求、用时短	各小组展示操作结果，进行评分（填写评分表）	10 min
总结	撰写技术报告	技术操作规程、生产体会（包括生产中存在的问题以及解决的办法）	教师提出设计、技术报告撰写要求，每位学生独立完成	课外
评估	归纳总结	生产中存在的问题以及解决的办法	各小组进行体会交流、归纳分析总结	10 min

【检查评价】

现场操作检查：学生自检、教师检查任务完成情况（表 1-26）。检查结果可分为 5 个等级：优秀（≥90 分）、良好（80～89 分）、中等（70～79 分）、合格（60～69 分）、不合格（0～59 分）。

表 1-26　父母本播种和秧田任务完成情况检查表

	考核要点		技术操作要点	分值安排	评定得分
考核标准	1. 态度与表现		学习（实训）态度与课堂表现	20	
	2. 技能操作部分	秧田管理	农膜覆盖科学、揭膜及时	20	
			结合秧苗长势，科学施肥	15	
			结合秧田情况，科学灌水	15	
			查看秧苗，科学病虫害防治	15	
			及时除杂去劣	15	
总分				100	

【问题与思考】

1. 简述三系杂交水稻制种秧田管理包括哪些事项。
2. 试述提高杂交水稻制种秧田管理质量的技术措施。

任务四　父母本规格移栽

【任务目标】

1. 掌握制种大田耕整的具体要求。
2. 能正确掌握父母本移栽的关键技术。

【布置任务】

学生模拟种子公司的形式组建工作小组，在教师指导下获取与三系杂交水稻制种父母本规格移栽的相关信息后，研讨并制订三系杂交水稻制种父母本规格移栽方案。在种子生产实训基地，按照方案进行父母本移栽。具体要求：

(1)能掌握大田耕整的具体要求；

(2)能正确掌握父母本移栽时期；

(3)能掌握父母本移栽行向；

(4)掌握父母本合理行比；

(5)掌握父本的种植方式；

(6)正确掌握父母本的种植规格。

【学习条件】

场地要求：水稻种子生产实训基地。

工具与生产资料准备：水稻不育系和恢复系秧苗、肥料、农膜、拖拉机、锄头、铲、皮尺、绳子等。

【知识准备】

一、大田耕整

杂交水稻制种田在父母本栽插之前，一定要做好田间准备工作。大田耕整通常使用的机械是旋耕机及水田耕整轮等设备，在耕整前放水浸泡 1～2 d，让秸秆和根茬浸湿，旋耕作业时，需浅水层 3～5 cm，旋耕后上水耙田整地。稻田土壤条件以利稻株正常生长发育，整地的质量要求是：深、软、净、平、不漏耕。深是要求适当进行深耕以加厚耕作层，有利于稻根伸展和保水保肥，一般 20 cm 左右。软是要求经犁耕沤田，把土坯耙松碎，田面起浆。净是通过犁耙，掩埋杂草和秸秆。平是要求田面平整，达到“寸水不见泥”“灌水处处到，排水处处干”。不漏耕是要求田边田角均犁耙到。

二、亲本规格移栽

杂交水稻制种是父本与母本在同一田块中按照一定的比例成行相间种植的。在父母本群体构成关系上，确定母本群体占大多数的主导地位与保证一定父本数量具有同等的重要性。

在栽培原则上，应优先保证父本的最佳生长状态，确保充足的父本花粉供应的基础上，尽可能地缩小父本的占地面积，扩大母本占地面积，充分有效利用土地，从而提高制种产量。因此，要根据制种方案做好田间布局，科学移栽父母本。

1. 确定移栽时期

不论恢复系还是不育系秧龄的长短，对移栽后秧苗的生长发育有直接关系。秧龄超过一定界限，抽穗一般有推迟趋势。手工栽插母本叶龄 4.5 叶，早造秧龄 25～30 d，晚造秧龄 18～20 d 为宜；父本 5.5 叶移栽，早造秧龄 30～35 d 为宜；晚造 20～25 d。父母本抛秧或机插秧叶龄为 3～4 叶，早造秧龄 20～25 d，晚造 15～18 d 为宜。

2. 确定父母本行比

父本恢复系与母本不育系在同一田块按照一定的比例相间种植，父本种植行数与母本种植行数之比，即为行比。母本种植行数越多，行比越大。行比的大小基本上决定了单位面积上母本与父本群体构成的数量关系，是决定制种产量的一个重要基础。单位面积母本所占的空间决定母本群体的大小，父本所占空间，决定父本可供花粉总量及田间分布。由于父母本栽插密度不同，因而行比不等于父母本占地比例。但随着行比加大，母本的占地比例相应增加，父本的占地比例相应减少。

杂交水稻制种产量高低与母本群体大小及母本有效穗数有关，在一定条件下，适当扩大制种田不育系的行数比例是增加母本有效穗数的重要方法之一，因此确定父母本行比的原则是在保证父本有足够花粉量的前提下最大限度地增加母本行数。但在具体确定制种田父母本的行比时，要根据父本的生育期长短、父本长势的强弱、父本花粉量的多少、父本植株的高矮、母本的异交能力以及田间管理水平来确定。父本生育期长、长势好、花粉量多、植株较高，母本柱头外露率高、异交能力强的组合，在田间管理水平较高的情况下，母本行比例可以适当增大。另外，确定父母本行比还要考虑制种季节，春季制种父本营养生长期长，生长量较大，母本行比例可适当大些；秋季制种，父本的营养生长期较短，生长量较小，植株较矮，分蘖较少，花粉量也较少，母本行比例可适当小些。目前生产上父母本行比通常为 1∶(8～14)或 2∶(12～18)，一般早、中熟组合行比为 2∶(12～14)、迟熟组合为 2∶(16～18)。如果是超高产制种，早熟组合父母本行比则为 2∶(14～16)，中熟组合为 2∶(16～18)，迟熟组合为 2∶(18～20)。

3. 确定父母本行向

制种田的行向对异交结实有一定的影响。制种行向设计应考虑两方面因素：其一，有利于授粉期借助自然风力授粉；其二，有利于禾苗生长发育。在某一地区或某一制种基地的某一时期(指制种的抽穗开花期)自然风向较稳定，如广西南宁的夏、秋季节，自然风主要是东南风。制种的行向设计东西向，行向与风向呈一定角度，有利于借助风力授粉。阳光照射为东西向，制种行向设计东西向，行向与阳光照射方向平行，有利于禾苗生长发育，减少病虫发生，使父母本建立丰产苗穗结构。因此，从风向和阳光照射方向结合考虑，二者统一，制种行向设计东西向。但是，在山区制种，由于地形影响，风向依山谷变化，形成山谷风，制种行向应根据山谷向设计。在沿海地区，风向依海风而变化，应依海风方向设计行向。在阳光照射方向，自然风向与制种行向不统一时，应相互兼顾，其中以风向为主要因素设计制种行向。

4. 确定父本的栽插方式

生产上父本有三种栽插方式：单行、小双行、大双行。

(1)父本单行栽插　每厢中只栽 1 行父本，行比一般 1∶(8～14)，父母本间距 23.3～26.7 cm，父本占地宽为 46.7～53.3 cm。如下所示：

…××　O　××…××　O　××…××　O　××…
…××　O　××…××　O　××…××　O　××…
…××　O　××…××　O　××…××　O　××…
…××　O　××…××　O　××…××　O　××…

(注：O 为父本，× 为母本)

(2)父本小双行栽插　父本栽插 2 行，行比一般 2∶(10～16)，父母本间距 23.3～26.7 cm，父本间距 13.3～16.7 cm，父本占地宽 50～60 cm。如下所示：

…××　OO　××…××　OO　××…××　OO　××…
…××　OO　××…××　OO　××…××　OO　××…
…××　OO　××…××　OO　××…××　OO　××…
…××　OO　××…××　OO　××…××　OO　××…

(注：O 为父本，× 为母本)

(3)父本大双行栽插　父本栽插 2 行，行比 2∶(12～18)，父母本间距 13.3～20 cm，父本间距 26.7～40 cm，父本占地宽 53.3～80 cm。如下所示：

…××　O O　××…××　O O　××…××　O O　××…
…××　O O　××…××　O O　××…××　O O　××…
…××　O O　××…××　O O　××…××　O O　××…
…××　O O　××…××　O O　××…××　O O　××…

(注：O 为父本，× 为母本)

以上不论何种栽插方式，父本的株距一般为 13.3～20 cm，具体栽插密度应根据恢复系的生育期长短与分蘖成穗能力而定。

5. 确定父母本移栽规格

由于制种田要求父本有较长的抽穗开花历期、充足的花粉量，母本抽穗开花期较短、穗粒数多。因而，栽插时对父母本的要求不同，通常父母本移栽应遵循“父本靠发、母本靠插”的原则。

使用农用无人机授粉制种田父母本种植方式设计

不同不育系移栽规格也不同。通常珍汕 97A、V20A、协青早 A、金 23A 等生育期较短的不育系种植密度以 13.5 cm×13.5 cm 或 16.5 cm×10 cm 为宜；生育期中等的不育系种植密度以 16.5 cm×13.5 cm 为宜；Ⅱ-32A 等营养生长期较长的不育系应适当放宽移栽密度的要求，以 16.5 cm×16.5 cm 或 20 cm×13.5 cm 为好，每丛插 2～3 苗，达 37.5 万～45.0 万苗/hm^2，有效穗 300 万～375 万穗/hm^2。

父本的移栽规格也跟生育期、分蘖等有关。播始历期长、分蘖力强、生长旺盛的父本株距以 23 cm×16.5 cm 为宜，单本插；播始历期中等或中偏长、分蘖力中等的父本，株距以 20 cm×(13.5～16.5)cm 较好，单本插；播始历期短、分蘖力偏弱的父本，栽插密度以 16.5 cm×13.5 cm

较好，每丛插 1～2 苗，达 4.5 万苗/hm^2，有效穗 120 万～150 万穗/hm^2。

二期父本的种植比例一般父 1 和父 2 各占 50%；父 1∶父 2∶父 3 三期父本和种植比例一般为 1∶3∶2，即父 1 占 16.7%，父 2 占 50%，父 3 占 33.3%；或者是 1∶2∶1，即父 1 和父 3 各占 25%，父 2 占 50%。

6. **浅插、匀插**

制种田的插秧要坚持做到浅插、匀插、插直、插稳。不育系插秧深度 1.6 cm 左右，以不倒不浮为原则。恢复系插秧深度也不要超过 3.3 cm。浅插，分蘖节位于 1.6～3.3 cm 深土壤内，通气良好，土温较高，低位芽能够萌发成分蘖，秧苗发得早，发得快，分蘖多。而且，这些低位节的分蘖发生早，营养生长期较长，叶片较多，因而生长粗壮，适时抽穗，穗大粒多，对提高制种产量很有好处。如果秧苗插深了，情况就完全相反。分蘖节位在通气不良、营养状况差、温度低的土层中，低位分蘖发不了，要靠高节位的分蘖。所以，禾苗就长期发不起来，分蘖的数量少、时间迟、质量差、抽穗晚，结果必然是穗小、粒少、产量低。

水稻制种田父母本科学移栽

制种田两期恢复系的秧苗，可以分两次插，先插第一期，插后 7 d 左右再插第二期。也可以两期同时插。插不育系秧前，应将恢复系行间耙松、耙匀，将杂草清除干净，并施一定数量的速效面肥后再插(表 1-27)。

表 1-27　水稻制种父母本移栽档案记载表

户主姓名		地块名称(编号)	
制种组合		制种田面积	
父本移栽日期		父本栽插规格	
母本移栽日期		母本栽插规格	
前茬作物			
移栽前整地情况			
基肥施用种类和用量			
父本栽插方式			
父母本行比例			
栽插深度和整齐情况			

【实施方案】

水稻制种机插秧技术

以工作小组为单位，在教师指导下获取与三系杂交水稻制种父母本移栽的相关信息后，研讨并制订三系杂交水稻制种父母本移栽方案(表 1-28)。在种子生产实训基地，按照方案进行父母本移栽。具体内容包括：

(1)大田机耕和整地；

(2)父本规格移栽；

(3)母本规格移栽。

表 1-28 父母本科学移栽教学实施方案

工作过程	教学步骤	训练要求与标准	训练方法	参考时间
资讯和计划	下达生产任务，设计、讨论	能提出正确的父母本规格移栽关键技术操作要求	以小组为单位查阅文献资料（主要在课外完成），讨论方案，抽查5个小组的方案进行答辩	10 min
决策	确定三系杂交水稻制种父母本规格移栽方案，准备各种生产资料	按计划列出生产所需的生产工具和资料并做好准备	主要在课外完成，上课时提交生产工具和资料清单	10 min
实施	三系杂交水稻制种父母本移栽操作演练	按操作规程要求进行，能独立正确操作、用时短	按小组为单位进行生产操作	120 min
检查	操作结果展示与评价	操作结果符合技术规程要求、用时短	各小组展示操作结果，进行评分（填写评分表）	10 min
总结	撰写技术报告	技术操作规程、生产体会（包括生产中存在的问题以及解决的办法）	教师提出设计、技术报告撰写要求，每位学生独立完成	课外
评估	归纳总结	生产中存在的问题以及解决的办法	各小组进行体会交流、归纳分析总结	10 min

【检查评价】

现场操作检查：学生自检、教师检查任务完成情况（表 1-29）。检查结果可分为5个等级：优秀（≥90 分）、良好（80～89 分）、中等（70～79 分）、合格（60～69 分）、不合格（0～59 分）。

表 1-29 水稻制种父母本移栽任务完成情况检查表

	考核要点		技术操作要点	分值安排	评定得分
考核标准	1. 态度与表现		学习（实训）态度与课堂表现	20	
	2. 技能操作部分	父母本移栽	掌握父母本移栽行向	15	
			掌握父母本行比例	15	
			掌握父本栽插方式	15	
			秧苗均匀、行向整齐、秧苗直立	15	
			掌握父母本株行距及父母本间距	20	
总分				100	

【问题与思考】

1. 画出制种田父母本行比、行向示意图。
2. 简述父母本移栽规格和要求。
3. 试述如何提高水稻杂交制种田移栽质量。

任务五　制种田科学管理

【任务目标】

1. 能正确掌握父母本田间管理具体要求；
2. 能掌握制种田管理的关键技术。

【布置任务】

学生模拟种子公司的形式组建工作小组，在教师指导下获取与三系杂交水稻制种田间管理的相关信息后，研讨并制订三系杂交水稻制种田间管理方案。在种子生产实训基地，按照方案进行父母田间管理。具体要求：

(1)能掌握前期管理的关键技术；

(2)能掌握中期管理的关键技术；

(3)能掌握后期管理的关键技术。

【学习条件】

场地要求：水稻种子生产实训基地。

工具与生产资料准备：水稻不育系和恢复系秧苗、肥料、水、农药等。

【知识准备】

水稻的产量由穗数、每穗总粒数、千粒重和结实率四者构成。因千粒重变化不大，故影响产量的重要因素是穗数、每穗总粒数和结实率。杂交水稻制种也是这样，要获得高产，就必须有一个合理的高产群体，因此在培育分蘖壮秧的基础上，认真搞好制种田田间管理，是夺取制种高产的又一个关键环节。

一、前期攻苗打基础

制种田前期田间管理的主攻目标，是促进父母本早生快发。除恢复系在早季种植生育期较长外，不育系多属早熟或早中熟品种，营养生长期短，如中 9A 从播种到始穗仅 60 d 左右，除去 15～20 d 秧田期，移入本田后很快即进入幼穗分化。恢复系晚季种植，在本田营养生长也不过 30～40 d，幼穗即开始分化。因此，前期肥、水管理上必须着眼于重追猛促，父母本并重，迅速搭起高产架子。插后 20 d 左右，不育系每丛平均达到 10～15 个分蘖，恢复系单株平均也有 15 个左右的分蘖，以保证供应足够的花粉量。具体措施是：早施重施分蘖肥，浅水勤灌促分蘖。插后 3～4 d 追第一次肥，15 d 以内完成两次追肥耘田。前期追肥量应达到总追肥量的 80%左右。绝不能用管理迟熟品种的方法来管理制种田。耘田用手耘，做到肥拌匀、草除净、田摸平、丛丛耘到。发现有插深了的秧苗可随手提一提。耘田后轻露田或覆浅水。有缺苗、死苗的要补齐。如不育系苗数不够，可在幼穗分化前偏施适量氮素化肥，促进父母本均衡生长。施肥时要注意氮、磷、钾肥合理配合。土壤酸性较大的田块，要多施磷、钾肥。在母本秧苗封行前，主要还是防治稻蓟马，从封行到拔节初期重点做好纹枯病和稻螟虫的防治。防治时要抓住适期，选准对口药剂，以保证防效。

二、中期稳长促大穗

禾苗幼穗分化进入中期时，田间管理的主攻方向是促进父、母本稳健生长，达到根旺、秆壮、穗大、粒多。管理措施以水为主，以水调肥，适当露田，特别是施草木灰，对壮秆结实有较好效果。此时一般不宜再施氮素化肥，以免造成贪青徒长，推迟花期，滋生病虫，降低结实率。此后田间宜“干干湿湿”。此时病、虫发生较多，要加强防治，主要抓好螟虫、稻纵卷叶螟、纹枯病、白叶枯病、稻瘟病等病虫害的防治。尤其在幼穗分化 7～8 期时，一定要全面防治病虫，为抽穗扬花授粉做好健身准备。同时还要及时进行花期预测和花期调节。

三、后期攻粒夺高产

父、母本进入抽穗扬花期时，田间管理即进入攻粒阶段。这一时期可以说是制种夺高产的最后阶段。主攻方向是提高异交结实率。措施是加强除杂，管好田间水层，协调父、母本花期，割叶、剥苞，人工辅助授粉，根外追肥等。在制种田抽穗成熟阶段，还要防治好白叶枯病、细菌性条斑病、稻瘟病、纹枯病、稻粒黑粉病、稻曲病、稻纵卷叶螟、螟虫、稻飞虱、稻叶蝉等常见病虫害(表 1-30)。

水稻制种田科学防治稻粒黑粉病

表 1-30　水稻制种田间档案记载表

户主姓名		地块名称(编号)	
制种组合		制种面积	
父本移栽日期		父本栽插规格	
母本移栽日期		母本栽插规格	
前期管理	水分管理		
	父母本禾苗长势		
	追肥种类及用量		
	杂株检查情况		
	病虫发生及用药情况		
中期管理	水分管理		
	父母本长势		
	追肥种类及用量		
	花期相遇情况		
	杂株检查情况		
	病虫发生及用药情况		
后期管理	水分管理		
	父母本长势		
	追肥种类及用量		
	花期相遇情况		
	杂株检查情况		
	人工辅助授粉情况		
	病虫发生及用药情况		

【实施方案】

以工作小组为单位，在教师指导下获取三系杂交水稻制种田间管理的相关信息后，研讨并制订三系杂交水稻制种田间管理方案（表1-31）。在种子生产实训基地，按照方案进行父母本田间管理。具体内容包括：

（1）制种田间前期管理；

（2）制种田间中期管理；

（3）制种田间后期管理。

表1-31 制种田间管理教学实施方案

工作过程	教学步骤	训练要求与标准	训练方法	参考时间
资讯和计划	下达生产任务，设计、讨论	能提出正确的父母本田间管理关键技术操作要求	以小组为单位查阅文献资料（主要在课外完成），讨论方案，抽查5个小组的方案进行答辩	10 min
决策	确定三系杂交水稻制种田间管理方案，准备各种生产资料	按计划列出生产所需的生产工具和资料并做好准备	主要在课外完成，上课时提交生产工具和资料清单	10 min
实施	三系杂交水稻制种田间管理操作演练	按操作规程要求进行，能独立正确操作、用时短	按小组为单位进行生产操作	120 min
检查	操作结果展示与评价	操作结果符合技术规程要求、用时短	各小组展示操作结果，进行评分（填写评分表）	10 min
总结	撰写技术报告	技术操作规程、生产体会（包括生产中存在的问题以及解决的办法）	教师提出设计、技术报告撰写要求，每位学生独立完成	课外
评估	归纳总结	生产中存在的问题以及解决的办法	各小组进行体会交流、归纳分析总结	10 min

【检查评价】

现场操作检查：学生自检、教师检查任务完成情况（表1-32）。检查结果可分为5个等级：优秀（≥90分）、良好（80～89分）、中等（70～79分）、合格（60～69分）、不合格（0～59分）。

表1-32 水稻制种田间管理任务完成情况检查表

<table>
<tr><td rowspan="6">考核标准</td><td colspan="2">考核要点</td><td>技术操作要点</td><td>分值安排</td><td>评定得分</td></tr>
<tr><td colspan="2">1. 态度与表现</td><td>学习（实训）态度与课堂表现</td><td>20</td><td></td></tr>
<tr><td rowspan="4">2. 技能操作部分</td><td rowspan="4">制种田间管理</td><td>完成前期水、肥管理</td><td>20</td><td></td></tr>
<tr><td>完成中期水、肥管理</td><td>20</td><td></td></tr>
<tr><td>完成后期水、肥管理</td><td>20</td><td></td></tr>
<tr><td>做好病虫草害防治</td><td>20</td><td></td></tr>
<tr><td colspan="4">总分</td><td>100</td><td></td></tr>
</table>

【问题与思考】

1. 简述制种田前期田间管理的主攻目标。
2. 简述制种田中期田间管理的关键技术。
3. 简述制种田后期田间管理的技术措施。

任务六　父母本花期预测与调节

【任务目标】

1. 能采用合理的方法对制种田父母本进行花期预测；
2. 根据预测结果进行有效的花期调节。

【布置任务】

学生模拟种子公司的形式组建工作小组，在教师指导下获取与三系杂交水稻制种父母本花期预测和调节的相关信息后，研讨并制订三系杂交水稻制种父母本花期预测和调节方案。在种子生产实训基地，按照方案进行父母本花期预测与调节。具体要求：

(1)能正确地采用幼穗剥检法、叶龄余数法进行花期预测；

(2)能根据花期预测结果正确判断花期相遇情况；

(3)能采用科学的方法进行花期调节。

【学习条件】

场地要求：水稻种子生产实训基地。

工具与生产资料准备：杂交水稻父母本稻株、放大镜、肥料、喷雾器、植物生长调节剂等。

【知识准备】

杂交水稻制种要提高母本的异交结实率，就必须保障父母本花期相遇。然而，水稻生育期的长短，除由品种生育特性决定外，同时还受到气候变化、秧苗素质、秧龄长短、插秧深浅、肥水管理等多种因素的影响，这些都可以引起抽穗期比预定的日期提早或推迟，造成父母本花期不遇或相遇不好。在大面积制种时，即使在正常气候的年份，也有可能在少数或局部田块出现花期不遇，尤其是新组合、新基地的制种，播差期的安排与定向栽培技术对花期相遇的保障系数小，更易造成双亲花期不遇。因此，必须在准确计算父母本播错期的基础上，认真做好花期预测，及早发现问题，采取相应措施，进行花期调节，使父母本同时抽穗，花期相遇，提高制种产量。

一、花期预测

所谓花期预测是通过对父母本长势、长相、叶龄、出叶速度、幼穗分化进度进行调查分析，推测父母本抽穗开花时期的过程。

水稻在抽穗前可分为营养生长期、营养生长与生殖生长转换期、幼穗分化发育期。营养生长期又可分为基本营养生长期与可变营养生长期，基本营养生长期又称最适营养生长期，该生长期对每个水稻品种均较稳定。此外，在实际生产中，由于光、温、营养状态与栽培条件很难达到甚至不可能达到最适合状态。因此，实际的营养生长期比基本营养生长期要长，即存在可变营养生长期，受外界环境条件制约，具有可变性。生长发育转换期是水稻营养生长向生殖生长过渡的时期，时间较短。生殖生长前期是幼穗分化形成期，该时期也较稳定，所以，父母本生育期变化主要是可变营养生长期的变化，花期调节最有效的时期是可变营养生长期。因此，花期预测应越早越好，但早期的准确性较差。花期预测可以从迟播亲本播种时就开始进行，而重点应放在幼穗分化的前期。

花期预测的方法较多，不同的生育阶段可采用不同的方法。常用的方法有幼穗剥检法、叶龄余数法、出叶速度法和播始历期推算法，后两者适合各个生育阶段，但方法比较复杂。幼穗剥检法适宜在幼穗分化期进行，比较简单直观。

1. 幼穗剥检法

幼穗剥检法就是在稻株进入幼穗分化期剥检主茎幼穗，对父母本幼穗分化进度对比分析，判断父母本能否同期始穗的方法。这是最常用的花期预测方法，预测结果准确可靠。但是，预测时期较迟，只能在幼穗分化Ⅱ、Ⅲ期才能确定花期，一旦发现花期相遇不好，调节措施的效果有限。具体做法是：制种田母本插秧后 25～30 d 起，以一穴中叶片最长的主茎穗为剥检对象，每隔 3 d 对不同组合、不同类型的田块选取有代表性的父本和母本各 10～20 株，剥开主茎，鉴别幼穗发育进度。父母本群体的幼穗分化阶段确定以 50%～60%的苗达到某个分化时期为准。由于生产上多数母本不育系属于早熟品种，幼穗分化历程短，而父本恢复系多数为中晚熟品种，幼穗分化历程长，因此该法父母本花期相遇的判断标准一般为：Ⅰ至Ⅲ期父早一，Ⅳ至Ⅵ期父母齐，Ⅶ至Ⅷ期母略早，花期全遇产量高。

根据丁颖教授的划分依据，稻穗的发育可分为八个时期，其中前四期为幼穗形成期（生殖器官形成期），后四期为孕穗期（生殖细胞发育期）。

（1）第一苞分化期　幼穗开始分化时，首先在生长锥基部，剑叶原基的对面分化出环状突起，即为第一苞原基。第一苞分化穗颈节，其上部就是穗轴，所以第一苞分化期又称穗颈节分化期，是生殖生长的起点。第一苞分化有两个明显特征：叶原基分化是在前一叶叶原基遮住了生长点之后才开始发生，而第一苞原基是在剑叶原基还没有遮着生长点时就分化形成；苞原基在生长初期与生长锥中轴的夹角为一钝角；而叶原基小，一般为锐角（图 1-5）。

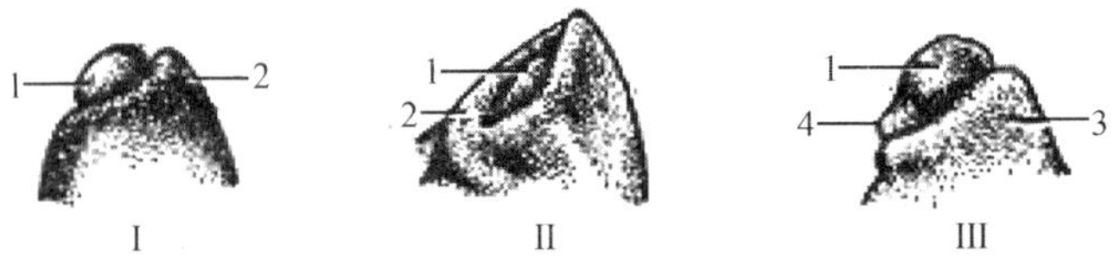

图 1-5　第一苞原基分化与剑叶原基分化模式图

1. 生长锥　2. 叶原基　3. 剑叶原基　4. 第一苞原基

（2）一次枝梗原基分化期　当第一苞原基增大后，在生长锥基部继续分化新的横纹，即为第二苞、第三苞原基。这些苞的出现，标志一次枝梗原基分化开始。接着在这些苞的腋部生出新的圆锥形突起，这些突起就是第一次枝梗原基。一次枝梗原基分化的顺序是由下而上，逐渐向生长锥顶端进行的，当分化达到生长锥顶端时，在苞着生处开始长出白色的苞毛，至此第一次枝梗原基分化结束(图 1-6 和图 1-7)。

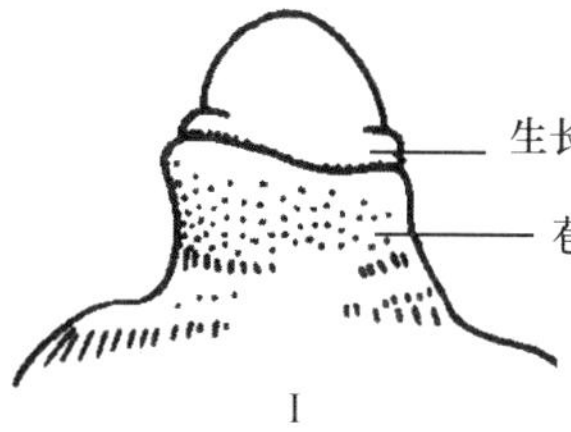

图 1-6　一次枝梗分化初期幼穗外形

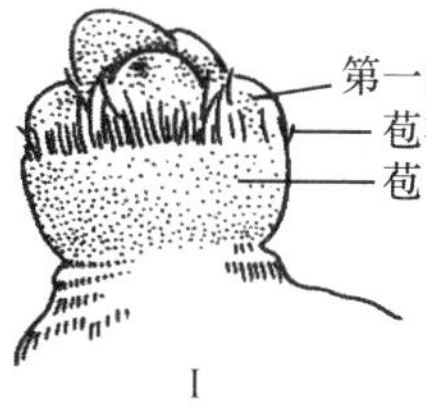

图 1-7　一次枝梗分化后期幼穗外形

(3)二次枝梗及颖花原基分化期　一次枝梗原基分化结束时,位于生长锥顶端最迟分化的一次枝梗原基生长最快,并在基部又分化出苞,在苞的腋部分化出小突起,即为二次枝梗原基。接着,下一个一次枝梗原基也逐渐由下而上在苞腋中分化出二次枝梗原基。依此类推。这时幼穗长 0.5～1.0 mm,全部被苞毛覆盖(图 1-8 至图 1-10)。

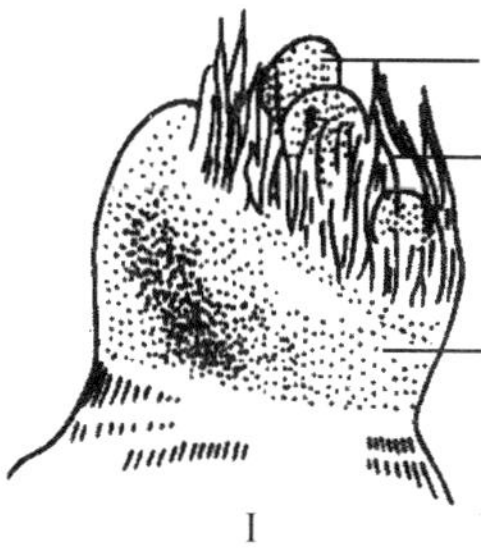

图 1-8　分化初期幼穗外形

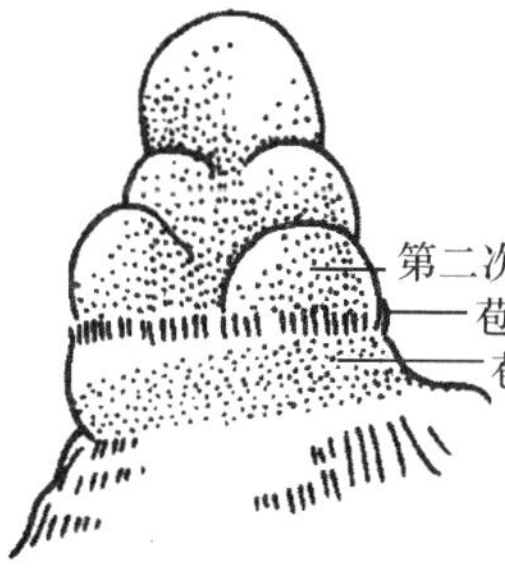

图 1-9　从左幼穗中剥下的一个一次枝梗

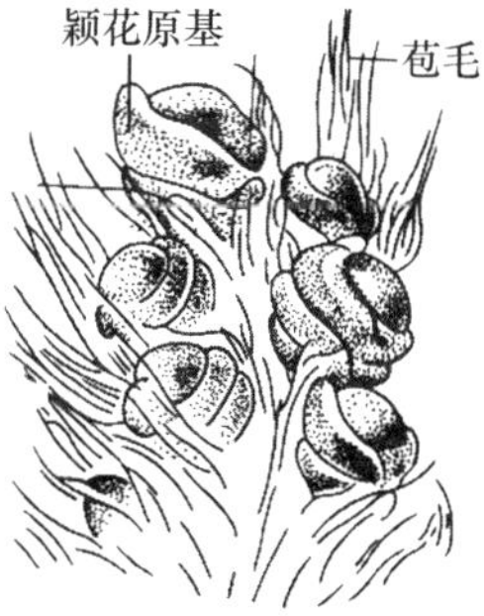

图 1-10　颖花原基分化模式图

(4)雌雄蕊形成期　穗上部发育最快的颖花原基,在其内颖和外颖内又出现一些小突起,即雌雄蕊原基,它们挤在一起,为内颖和外颖所包围,显微镜观察似一窝鸡蛋。这种分化由穗上部的颖花向穗下部的颖花推进。当穗最下部的二次枝梗上的颖花陆续分化完毕时,全穗最高颖花数已定。随后,穗轴、枝梗开始迅速伸长,内外颖也伸长而相互合拢,雄蕊分化出花药和花丝,雌蕊分化出柱头、花柱和子房。至此,穗部各器官全部分化完毕,幼穗雏形已经形成,全穗长 5～10 mm。此后,幼穗发育由分化形成期转入生殖细胞形成期,即孕穗期(图 1-11)。

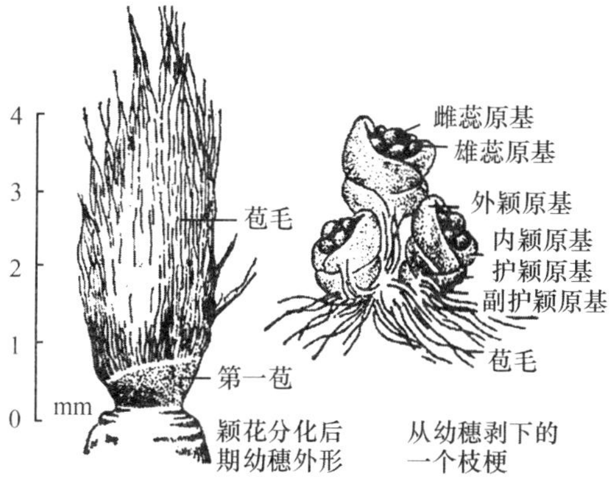

图 1-11　雌雄蕊形成模式图

(5)花粉母细胞形成期　内外颖合拢后不久,雄蕊的花药分化为 4 室,此时将花药取出加以镜检,便可见到体积较大而不规则的花粉母细胞,同时雌蕊原基顶端出现柱头突起。此时剑叶正处在抽出过程中,颖花长度接近 2 mm,约为最终长度的 1/4,幼穗长 1.5～4.0 cm(图 1-12 至图 1-14)。

图 1-12　发育初期的花粉母细胞

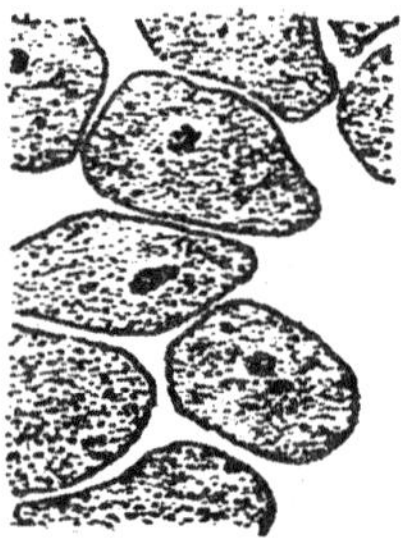
图 1-13　发育后期的花粉母细胞

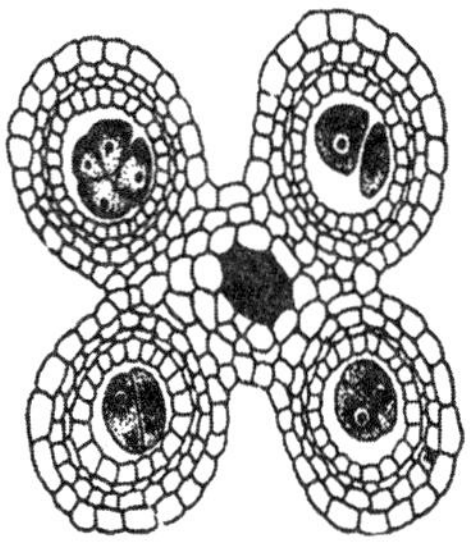
图 1-14　花药横切面模式图

(6)花粉母细胞减数分裂期　花粉母细胞经过连续 2 次的细胞分裂(第一次为减数分裂,后一次为有丝分裂),形成 4 个具有 12 条染色体的子细胞,称为四分体。所有四分体子细胞的染色体数都比母细胞减少一半。此时幼穗伸长最为迅速,一般穗长由 3～4 cm 伸长到 10 cm 以上。颖花长达最终长度的一半,花药变为黄绿色。从外观形态上看,当剑叶叶枕在伸出过程中与其下一叶叶枕平齐时,为减数分裂盛期,此时对环境条件反应十分敏感,是决定颖花能否健全发育及谷粒容积大小的关键时期(图 1-15)。

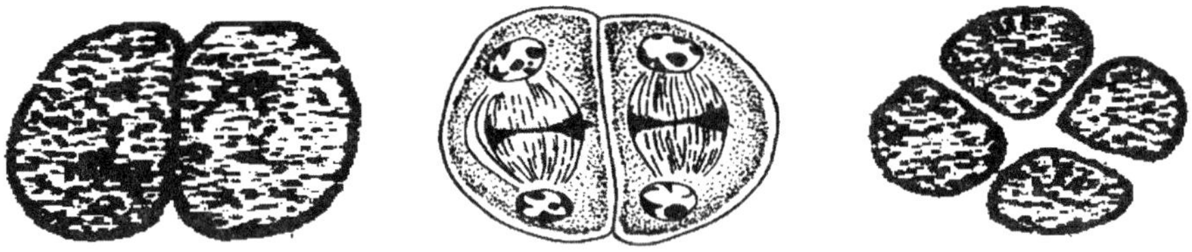

图 1-15　花粉母细胞减数第二次分裂期模式图

(7)花粉内容物充实期　颖花长达最终长的 85%左右时,四分体分散成为单核花粉粒。不久,体积迅速增大,同时形成外壁和发芽孔,花粉内容物不断充实。随着花粉内容物的充实,单核经过分裂,形成一个生殖核和一个营养核,称二核花粉粒。此时颖壳叶绿素开始增加,柱头出现羽状突起(图 1-16)。

(8)花粉完成期　抽穗前 1～2 d,花粉内容物充满,花粉内的生殖核又分裂成 2 个精核,加上 1 个营养核,称为三核花粉粒,至此花粉的发育全部完成,即将抽穗开花。此时,内外颖叶绿素大量增加,花丝迅速伸长,花粉内淀粉含量增多,花药呈黄色(图 1-17)。

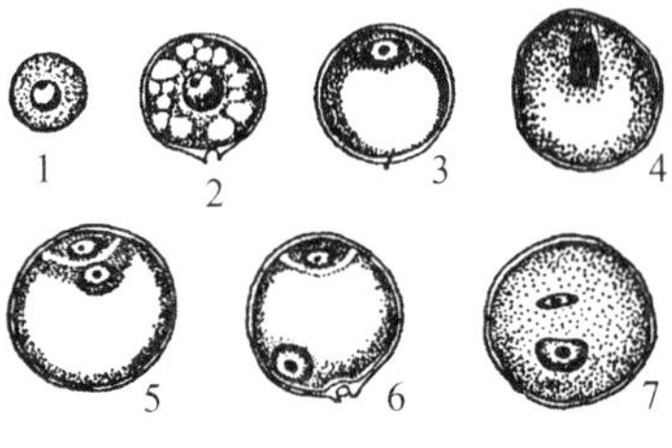

图 1-16　花粉内容物充实期模式图

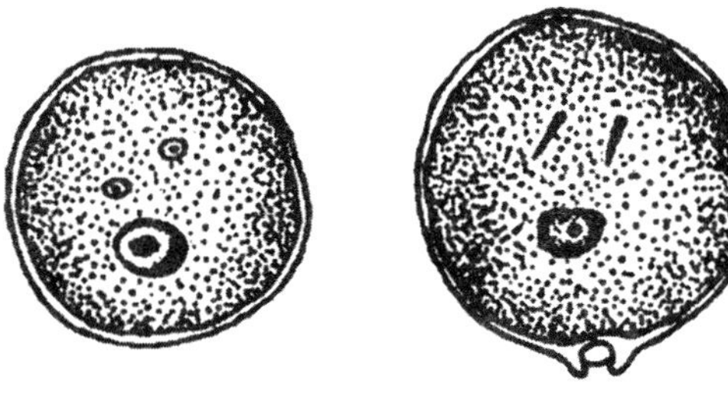
图 1-17　花粉完成期模式图

在生产过程中，各时期幼穗的形态特征被形象地描述为：一期白圆锥、二期苞毛现、三期毛茸茸、四期谷粒现(1 cm，指幼穗长度在 1 cm 左右)、五期颖壳分(1 寸长，指幼穗长度达 3.3 cm 左右)、六期穗半长(叶枕平，剑叶叶枕和下一叶叶枕接近或相平)、七期稻苞现(穗定型，指穗长达全长)、八期穗将伸(即将抽穗)。各期的主要形态特征及田间鉴定方法见表 1-33。

表 1-33　水稻幼穗分化发育各时期形态特征

期号	幼穗分化发育阶段	主要形态特征	距离抽穗天数	叶龄余数
Ⅰ期	第一苞分化期	在显微镜下可见圆锥形生长点	31 d 左右	3 片左右
Ⅱ期	一次枝梗原基分化期	一次枝梗原基在生长锥基部出现并由下而上依次产生，用肉眼可见稀少的白色苞毛	28 d 左右	2.5 片左右
Ⅲ期	二次枝梗原基及颖花分化期	二次枝梗原基在顶端一次枝梗基部开始由下而上产生，肉眼可见大量苞毛；顶小穗出现颖片和稃原基，幼穗长约 1 mm	25 d 左右	2 片左右
Ⅳ期	雌雄蕊形成期	顶小穗出现外稃和内稃原基后出现雄蕊原基和雌蕊原基；雄蕊分化花药和花丝；内外稃逐渐闭合；幼穗长 0.5～1 cm	21 d 左右	1.5 片左右
Ⅴ期	花粉母细胞形成期	花粉母细胞形成；内外稃长度约为退化花外稃长度的 1 倍。小穗长 1～3 mm，幼穗长 1.5～4 cm	15 d 左右	1 片左右
Ⅵ期	花粉母细胞减数分裂期	花粉母细胞减数分裂前期二至四分体形成，小穗长 3～5 mm，幼穗长 5～10 cm	11 d 左右	0.5 片左右
Ⅶ期	内容物充实期	花粉单核，外壁形成，萌发孔出现，花药未转黄，进一步形成二核花粉粒；小穗达全长的 85%左右，稃壳叶绿素增加，幼穗接近全长	7 d 左右	0 片
Ⅷ期	花粉完成期	花粉三核，内含物充实至完全成熟；花药变黄，小穗定形，叶绿素大量增加	3 d 左右	

2. 叶龄余数法

叶龄余数是主茎总叶片数减去当时叶龄的差数。叶龄余数与幼穗分化进度的关系较稳定(图 1-18)，受栽培条件、技术及温度的影响较小。根据这一规律，可用叶龄余数来预测花期。该方法预测结果准确，是制种常用的方法之一。具体做法是：生育期间选取有代表性的父本和母本各 5～10 株用红油漆跟踪标记叶龄，掌握父母本已出现的叶片数，用主茎总叶片数减去已经出现的叶片数，求得叶龄余数，再根据叶龄余数与幼穗分化的相关关系判断父母本的幼穗分化进度，从而预测花期。也可以根据第二双零叶、伸长叶枕距判断新出叶是倒第四叶，还是倒第三叶，然后确定叶龄余数；再根据叶龄余数判断父母本的幼穗分化进度，分析两者的对应关系，估计始穗时间。

3. 出叶速度法

出叶速度法是利用水稻进入幼穗分化后的出叶速度比营养生长期明显减慢的特性来预测

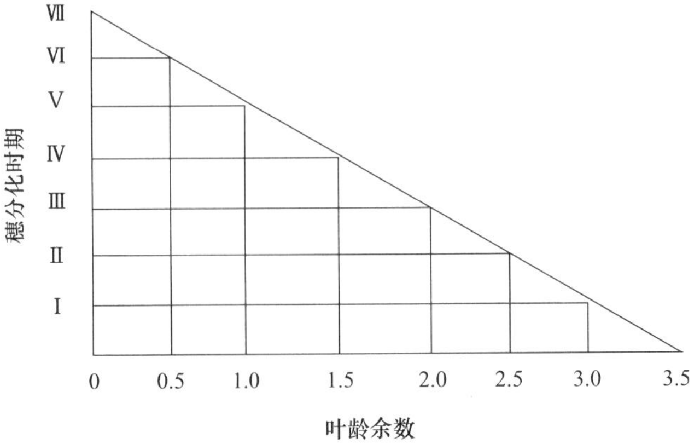

图 1-18 叶龄余数与穗分化时期的关系

花期。在天气正常的情况下，幼穗分化后的生殖生长前期每出一片叶的天数，比营养生长期要多 2～3 d。生育期长的迟熟亲本，进入幼穗分化后 5～7 d 出一片叶，在营养生长期为 3～5 d。因此，稻株从营养生长转入生殖生长时，其出叶速度出现明显的转折点，这个转折点就是幼穗分化的始期。

4. **播始历期推算法**

播始历期推算法是根据亲本播始历期的变化规律推算父母本的始穗期。此法是以一个亲本的播始历期年际间在同地、同季、相同的栽培管理条件下相对稳定为依据。在同一组合、同一基地、同一季节、相同栽培管理技术的基础上，迟播亲本播种前，根据当年的气候特点，依往年播始历期预测父本的播始历期，然后适当调整母本的实际播种期。根据父母本的播始历期和实际播种期以及幼穗分化历期，可以初步推测出父母本进入幼穗分化期日期，并预测始穗期。

水稻制种田父母本花期预测

以上花期预测各种方法，各有长处，也各有局限性。在实际运用时，要综合运用。从田间禾苗的长势长相、叶龄、出叶速度、稻株的外观特征、幼穗分化等各方面进行详细观察记载(表 1-34)，与整个生育阶段中的气温变化、栽培管理条件、土壤性质等因素进行综合分析，使花期预测达到早而准之目的。一旦发现花期相遇有问题，要根据不同的生育时期的生长发育规律采取相应措施调控，使父母本花期相遇理想。

表 1-34 水稻制种田花期预测记录表

<table>
<tr><td>户主姓名</td><td colspan="2"></td><td>日期</td><td></td></tr>
<tr><td>地块名称</td><td colspan="2"></td><td>制种面积</td><td></td></tr>
<tr><td>制种组合</td><td colspan="2"></td><td>取样方法</td><td></td></tr>
<tr><td>取样点数</td><td colspan="2"></td><td>每点株数</td><td></td></tr>
<tr><td rowspan="2">株号</td><td colspan="2">幼穗剥检法</td><td colspan="2">叶龄余数法</td></tr>
<tr><td>父本幼穗发育进度/期</td><td>母本幼穗发育进度/期</td><td>父本叶龄余数/叶</td><td>母本叶龄余数/叶</td></tr>
<tr><td>1</td><td></td><td></td><td></td><td></td></tr>
</table>

续表 1-34

2				
3				
4				
5				
⋮				
n				
平均值				
花期预测结果				

二、花期调节

花期相遇良好是实现杂交水稻制种高产的关键。而花期是否相遇，在于及早预测并及时采取调节技术措施，因此花期调节是杂交水稻制种中重要的技术环节。花期调节就是在花期预测的基础上，对花期不遇或者相遇程度差的制种田块，采取栽培管理措施或其他方法，促进或延缓父母本的生长发育进度，达到父母本花期相遇的目的。花期调节只是花期不遇的补救措施，因此，不能把保证父母本花期相遇的希望完全寄托在花期调节上。父母本花期不遇表现为两种情况：一是父本比母本早始穗，即父早母迟；二是父本比母本迟始穗，父迟母早。至于父母本花期相差的程度如何，则由父母本理想花期相遇的始穗期标准决定。与父母本始穗期标准相差 3 d 以上的应进行花期调节。

花期调节应遵循以促为主、促控结合、早促早控、以父本为主、父母本相结合的原则。尽可能做到不削弱亲本的生长势，不减少穗数，不增加颖花退化率，以争取制种有较高的产量。花期调节的作用，一是促进生长发育，提早抽穗或缩短开花历期；二是延缓生长发育，推迟抽穗或延长开花历期。对花期早的亲本采取起延缓作用的调节措施，对花期迟的亲本则采取起促进作用的调节措施。调节花期宜早不宜迟，以幼穗分化Ⅲ期前采取措施效果最好。

（一）农艺措施调节法

农艺措施调节有密度调节法、秧龄调节法、中耕调节法、肥料调节法和水分调节法等多种方法。但是父母本进入幼穗分化后发现花期不遇的制种田，通常采用的方法是肥料调节法和水分调节法。

1. 密度（基本苗）调节法

在不同的栽培密度下，亲本的抽穗期与花期表现有差异。密植和多本移栽会增加单位面积的基本苗数，表现抽穗期提早，群体抽穗整齐，花期集中，花期缩短；稀植和单本栽，则单位面积的基本苗数减少，抽穗期推迟，群体抽穗分散，花期延长，一般可延长 3～4 d。生育期长的亲本分蘖能力较强，调节效果较好；反之，则效果较差。使用密度调节法时，要在保证母本具有高产苗、穗结构和父本花粉量充足的前提下进行。母本过稀栽植时常导致穗数不足，且抽穗分散，开花不集中。父本适当稀植、高肥可延迟和延长花期。父本密植或多本栽插导致花期短，父母本花期不能全遇。

2. 秧龄调节法

秧龄的长短对始穗期影响较大，其作用大小与亲本的生育期和秧苗素质有关。例如IR26，25 d秧龄的比40 d的始穗期可提早7 d左右，30 d秧龄的比40 d的早6 d左右，秧龄超过40 d，抽穗不整齐。又如珍汕97A，13 d秧龄的比28 d的始穗期早4 d左右，18 d秧龄的比28 d的始穗期仅早1 d，秧龄超过35 d则出现早穗，抽穗不整齐。对秧苗素质中等或较差的秧苗，调节作用大；对秧苗素质好的调节作用小。

3. 中耕调节法

中耕并结合施用一定量的氮素肥料可以明显延迟始穗期和延长开花历期。对苗数多、早发的田块效果小，特别是对禾苗长势旺的田块中耕施肥效果不好，所以使用此法需看苗而定。在没能达到预期苗数，田间禾苗未封行时采用此法效果好，对禾苗长势好的田块不宜采用。

4. 肥料调节法

氮肥和磷、钾肥均能调节亲本的花期。磷、钾肥对花期有促进作用，整个生育期均可施用，前期以根部追施为主，中、后期则以叶面喷施为宜，可调节花期1～2 d。在幼穗分化期以后用肥料调节，效果不明显，尤其是对长势长相好的田块不宜采用此法，否则会恶化群体苗穗结构，加剧病虫危害，降低母本异交能力。长势长相好的水稻如在生育中、后期重施氮素化肥，会使禾苗贪青迟熟，这在水稻栽培中是不宜采用的，对水稻产量的形成有害。但在制种中，可以利用偏施氮肥造成水稻贪青迟熟而化害为利，用于延迟生育快的亲本的花期。根据水稻幼穗分化初期偏施氮肥会贪青迟熟而施用磷、钾肥能促进幼穗发育的原理，对发育快的亲本偏施尿素：母本为105～150 kg/hm^2，父本为30～45 kg/hm^2，可推迟亲本始穗3～4 d；对发育快的亲本叶面喷施磷酸二氢钾1.5～2.5 kg/hm^2，兑水1 350 kg，连喷3次，可提早亲本始穗1～2 d。

5. 水分调节法

根据父母本对水分的敏感性不同而采取的调节方法。籼型三系法生育期较长的恢复系，如IR24、IR26、明恢63等对水分反应敏感，灌深水的比浅水勤灌的提早抽穗；浅水勤灌的比干干湿湿管理的，抽穗期又稍有提前；在幼穗分化前期进行晒田的，轻晒（晒至田间土不陷脚，有小裂缝）可推迟抽穗2～3 d，重晒（晒至田土发白，出现龟裂）可推迟抽穗5～7 d。不育系对水分反应不敏感。如果恢复系发育得比不育系快了，可排水晒田控制恢复系生长速度，延迟抽穗。

（二）植物生长调节剂调节法

用于花期调节的植物生长调节剂主要有赤霉素、多效唑以及一些复合型植物生长调节剂。植物生长调节剂调节必须把握好施用的时间和用量，才有好的调节效果，否则不但无益，反而会造成对父母本高产群体的破坏和异交能力的降低。

1. 赤霉素调节

赤霉素是杂交水稻制种不可缺少的植物激素，具有促进生长的作用，可用于父母本的花期调节。在见穗前低剂量施用赤霉素（母本15～30 g/hm^2，父本7.5 g/hm^2左右），可提早抽穗1～2 d。此外，若发现母本比父本早抽穗3～5 d，在母本盛花期连续喷施赤霉素3～4 d，每天每公顷喷15～30 g，可提高柱头外露率与柱头生活力，使柱头的授粉期限达到4 d以上。

2. 多效唑调节

多效唑是一种高活性植物生长调节剂,能抑制植物体内赤霉素的合成。在水稻秧田期施用,具有缩短节间、矮化株型、促进分蘖的作用,能培育多蘖壮秧。在水稻制种上,多效唑用量不同,其效果则有差异。无论父本或母本,随着用量的加大,推迟抽穗的天数则增多。母本每公顷用多效唑 1 500～2 250 g,兑水 1 500 L 喷施,可延迟抽穗 4～5 d;喷施时期以幼穗分化 4～6 期为佳。父本每公顷用多效唑 1 125～1 500 g,兑水 1 500 L,可推迟 2 d 抽穗,每公顷用 1 800～2 250 g 多效唑,可推迟 3 d 抽穗,每公顷用 2 550～3 000 g 多效唑喷雾,可推迟 4 d 抽穗;喷施时期以幼穗分化 4～5 期为佳。具体施用时,根据其父母本生育进程差异天数多少而确定喷施多效唑剂量,以喷施后达到花期相遇良好为准。要注意的是,使用多效唑的制种田,在幼穗分化Ⅷ期要喷施 15 g/hm^2 赤霉素来解除多效唑的抑制作用。

3. 复合型植物生长调节剂调节

该类物质大多数是用植物激素、营养元素、微量元素及其能量物质配制而成,主要有青鲜素、调花宝、花信灵等。在幼穗分化Ⅴ至Ⅶ期喷施,母本用 45 g/hm^2 左右,兑水 450 kg,或父本用 15 g/hm^2,兑水 200 kg,叶面喷施,能提早 2～3 d 见穗,且抽穗整齐,促进水稻花器的发育,使开花集中,花时提早,提高异交结实率。

(三)拔苞拔穗法

花期预测发现父母本始穗期相差 5～10 d,可以在早亲本的幼穗分化Ⅷ期和见穗期采取拔苞穗的方法,促使早抽穗亲本的迟发分蘖成穗,从而推迟花期。拔苞拔穗应及时,以便使稻株的营养供应尽早地转移到迟发分蘖穗上,从而保证更多的迟发蘖成穗。被拔去的稻穗一般是比迟亲本的始穗期早 5 d 以上的稻穗,主要是主茎穗与第一次分蘖穗。若采用拔苞拔穗措施,必须在幼穗分化前期重施肥料,培育出较多的迟发分蘖。

【实施方案】

学生模拟种子公司的形式组建工作小组,在教师指导下获取与三系杂交水稻制种父母本花期预测和调节相关的信息后,研讨并制订三系杂交水稻制种父母本花期预测和调节方案(表 1-35)。在种子生产实训基地,按照方案进行父母本花期预测与调节。具体内容包括:

水稻制种田父母本花期调节

(1)采用幼穗剥检法、叶龄余数法进行花期预测;

(2)判断花期相遇程度,并制定科学的花期调节方案;

(3)及时进行花期调节。

表 1-35 父母本花期预测及调节教学实施方案

工作过程	教学步骤	训练要求与标准	训练方法	参考时间
资讯和计划	下达生产任务,设计、讨论	能提出正确的花期预测和调节关键技术操作要求	以小组为单位查阅文献资料(主要在课外完成),讨论方案,抽查 5 个小组的方案进行答辩	10 min

续表1-35

工作过程	教学步骤	训练要求与标准	训练方法	参考时间
决策	确定三系杂交水稻制种父母本花期预测和调节方案，准备各种生产资料	按计划列出生产所需的生产工具和资料并做好准备	主要在课外完成，上课时提交生产工具和资料清单	10 min
实施	三系杂交水稻制种花期预测和调节操作演练	按操作规程要求进行，能独立正确操作、用时短	按小组为单位进行生产操作	120 min
检查	操作结果展示与评价	操作结果符合技术规程要求、用时短	各小组展示操作结果，进行评分（填写评分表）	10 min
总结	撰写技术报告	技术操作规程、生产体会（包括生产中存在的问题以及解决的办法）	教师提出设计、技术报告撰写要求，每位学生独立完成	课外
评估	归纳总结	生产中存在的问题以及解决的办法	各小组进行体会交流、归纳分析总结	10 min

【检查评价】

现场操作检查：学生自检、教师检查任务完成情况（表1-36）。检查结果可分为5个等级：优秀（≥90分）、良好（80～89分）、中等（70～79分）、合格（60～69分）、不合格（0～59分）。

表1-36　父母本花期预测与调节任务完成情况检查表

	考核要点		技术操作要点	分值安排	评定得分
考核标准	1. 态度与表现		学习（实训）态度与课堂表现	20	
	2. 技能操作部分	花期预测与调节技术	能采用正确的花期预测方法	20	
			能根据地形，正确选择取样方式	15	
			能根据制种田面积大小来确定取样点数	15	
			正确判断父母本生长发育情况	15	
			能根据预测结果拟定合理的调节方案	15	
总分				100	

【问题与思考】

1. 叙述幼穗剥检法和叶龄余数法的主要区别。
2. 试述母本比父本快3 d或慢3 d的花期调节方案。
3. 叙述农艺措施调节的具体方法及要求。

任务七　父母本花时协调

【任务目标】

1. 能掌握制种田父母本开花习性；
2. 能采用适宜的方法进行父母本花期协调。

【布置任务】

学生模拟种子公司的形式组建工作小组，在教师指导下获取与三系杂交水稻制种父母本花时协调相关的信息后，研讨并制订三系杂交水稻制种父母本花时协调方案。在种子生产实训基地，按照方案进行父母本花时协调。具体要求：

(1)能采用科学的方法促进不育系提早开花；

(2)能采用科学的方法推迟恢复系开花时间。

【学习条件】

场地要求：水稻种子生产实训基地。

工具与生产资料准备：杂交水稻父母本稻株、喷雾器、植物生长调节剂等。

【知识准备】

杂交水稻制种核心的技术就是确保父母本花期相遇，花时协调，完成父本花粉在母本柱头上顺利萌发异交结实的过程。然而在制种过程中，有时会遇到不育系和恢复系田间生长得不错，具有高产的苗架，花期相遇也较好，但是制种产量却不高。分析其原因，主要是因为不育系和恢复系尽管花期相遇，但花时不协调。也就是在一天当中，不育系和恢复系不在同一时间开花。多数是恢复系开花过早，即恢复系已开花散粉了，不育系尚未开颖，不能很好接受来自恢复系的花粉，因而异交结实率很低。这种在一天中恢复系和不育系不在同一时间开花，恢复系开花早而集中，不育系开花迟而分散，使不育系不能很好接受来自恢复系的花粉而导致异交结实率偏低的现象，称为花时不遇。掌握父母本开花的一般规律，采取措施协调父母本的花时，是夺取杂交水稻制种高产的重要一环。

1. 不育系和恢复系的花时习性

水稻开花期每天开花的具体时间称为花时。一天内不同时间的开花率分布称为花时动态。花时动态以始花时间、盛花时间和末花时间表示。始花时间是群体中一天内开始开花的时间。末花时间是群体中一天内结束开花时间。盛花时间是指一天内开花率最高时的时间。不育系和恢复系在一天当中开花的花时各有特点，但都随不同的天气条件而有较大变化。在一般正常情况下，恢复系一天内的开花时间短，集中在午前 10:00～12:00 开花，如恢复系 IR24 在盛花时间开花的朵数，占总开花朵数的 91.6%。水稻雄性不育系花时分散，从早到晚均能开花，有些不育系甚至夜间还能开花。开花比较集中的时间在午后(13:00～15:30)。在不育系中，花时相对集中一些的有 V41A 等，不育系的盛花时均为 11:00～14:00，在这 3 h 内的开花朵数，占当天开花数的57.5%。珍汕97A的花时较为分散，盛花时为10:30～14:00，在这3.5 h的开花朵数，占当天开花数的61.0%。Ⅱ-32A的盛花时为10:00～13:00，在这3 h中的开花朵数占当天开花数的54.5%。

遇到低温、阴雨天气，不育系和恢复系的花时都会发生变化。尤其是不育系，花时大为推迟，开花极为分散，而且都无一定规律。据观察，晚季制种，当气温为21.5 ℃左右时，Ⅱ-32A的盛花时推迟到14:00～15:00，比正常天气推迟3 h；而恢复系IR24的盛花时比正常天气推迟1 h左右。

父母本花时相遇程度可以用不育系午前花率、父母本花时相遇率以及父母本花时全遇率来衡量。不育系午前花率通常指13:00以前不育系开花的累计颖花数占全天总开花数的百分率。午前花率高说明不育系开花早，花时习性好。父母本花时相遇率：对某个具体制种组合而言，父本当天末花前母本不育系的累计开花率，反映父母本花时相遇的程度。父母本花时全遇率：母本一天内各时段开花率与相对应时段的父本开花率的乘积之和，反映父母本花时相遇的数量，而且能反映相遇时间的长短，是一个综合指标。

2. 父母本花时不遇的影响因素

一是内在因素：不育系颖花浆片中的螺旋级导管不如恢复系发达，浆片吸水慢，浆片张力不强，且浆片失水也慢，导致开花不如恢复系早而集中，开颖慢，闭颖也慢，一天中，盛花比恢复系迟30～90 min，开花高峰期不如恢复系显著。

二是外界因素：主要是受温度、湿度及喷施赤霉素的影响。不同天气条件不育系的花时影响较大，尤以温度和降雨影响最大。制种适宜的开花天气条件是田间最高气温不超过35 ℃，最低气温不低于21 ℃，日平均气温在28 ℃左右，相对湿度在70%～90%，无连续阴雨天气。气温过高或过低，都将推迟不育系的花时，增加闭颖率。降雨将使不育系开花显著减少并推迟。使恢复系推迟开花，但开花数减少不明显。不育系在始穗期喷施赤霉素，在解除包颈提高穗外粒率的同时，还能提早不育系的花时0.5～1 h，提高父母本花时相遇率10%左右。在栽培上保证生育中期(孕穗期和开花期)最佳营养状态，适当补充全价肥及其他含多种养分的叶面肥也有利于不育系花时的提早。此外，适当割叶、赶露水、采用东西行向栽插等，也有利于制种父母本花时状态的改良。

3. 协调父母本花时的措施

(1)安排好制种田的安全抽穗期　制种田双亲，尤其是母本开花受温、湿度的影响很大，如果温、湿度条件不适合，会造成父母本花时不遇，制种产量大为下降。因此，应根据本地区的气候条件，安排好制种田父母本的安全抽穗期，对于提高制种产量极为重要。制种田父母本的抽穗期，必须要避开高温、多雨低温天气。

(2)采取农业措施，改善田间小气候　据各地经验，采用农业措施可以局部改变制种田的田间小气候，对协调父母本花时、提高异交结实率有一定效果。

①抽穗扬花期“干干湿湿”灌溉。制种田中、后期采用“干干湿湿”的灌溉方法，有利于保根养叶，这对促进亲本抽穗扬花和结实以及减少病虫危害有积极作用。而且还有调节田间温湿度和协调父母本花时的作用。据观察，抽穗扬花期如田间积水，田间相对湿度可增高10%左右，不育系开花时间因而推迟；相反，田间过干，湿度过低，既不利于亲本生长，也不利于正常抽穗扬花。

②晴天早晨赶去母本叶面露水。在晴天早晨，制种田亲本叶面会积有大量露水，田间湿度增大，而且因水分的蒸发消耗大量热量，对提高田间温度不利。因此，在晴天早晨，用竹竿赶去

制种田母本叶片上的露水，有降低湿度、提高温度、促进母本开花的作用。据湖南省种子公司调查，赶露水比不赶露水的母本，开花时间提早 1 h 左右，不育系与恢复系花时相遇时间也有了延长(表 1-37)。

表 1-37　赶露水对 V20A 花时及结实率的影响

处理	始花时间（时:分）	盛花时间（时:分）	与父本相遇时间/h	母本异交结实率/%
赶露水	9:30	11:30—13:30	3.0	36.5
不赶露水	11:30	12:00—15:30	1.5	31.9

③高温低湿期间田间喷水。高温低湿期间，制种田往往出现恢复系提早开花散粉，花时缩短，而不育系则开花延迟，开花朵数减少，因而父母本花时不遇。头天傍晚在田间进行喷水处理，有协调花时的作用。据试验，喷水的比不喷水的不育系始花时间和盛花时间均提早 1 h 左右，与恢复系花时相遇的时间也延长超过 1 h(表 1-38)。

表 1-38　喷水调节田间湿度对不育系珍汕 97A 花时的影响

处理	始花时间（时:分）	盛花时间（时:分）	单穗开花数/朵	与恢复系花时遇时间
头天傍晚喷水	9:30	10:00—12:00	10.2	2 h
当天上午 7:00 喷水	10:00	10:30—13:00	8.0	1 h 30 min
不喷水(对照)	10:40	11:30—13:10	4.5	50 min

④晴天早上父母本喷冷水。在开花期间，一般在每天 6:00—7:00 对父本穗部每公顷喷冷水 375 kg 左右，可以增加父本植株湿度，起到降低穗部气温、抑制开花的作用，延迟父本开花时间，促进父母本花时相遇。

⑤母本喷施硼肥。硼肥能使植株生长迅速，生育期提前，对花粉萌发和花粉管的生长有重要作用，能促进花器官的分化，增加颖花数，提早开花，提高母本的异交结实率和种子饱满度。用法：每公顷用 750～1 500 g 硼砂，先用少量温水溶化后，再兑水 600～750 kg，15:00 后喷母本，每隔 3 d 喷一次，直到母本花期结束为止。喷硼肥一般能使母本提早花时 20～40 min，提高母本异交结实率 15%左右。

【实施方案】

学生模拟种子公司的形式组建工作小组，在教师指导下获取与三系杂交水稻制种父母本花时协调相关的信息后，研讨并制订三系杂交水稻制种父母本花时协调具体方案(表 1-39)。在种子生产实训基地，按照方案进行父母本花时协调。具体内容包括：

(1)抽穗扬花期“干干湿湿”灌溉；

(2)母本赶去叶面露水；

(3)父本清晨喷冷水；

(4)干燥季节田间喷水；

(5)母本喷施硼肥。

表 1-39 父母本花时协调教学实施方案

工作过程	教学步骤	训练要求与标准	训练方法	参考时间
资讯和计划	下达生产任务，设计、讨论	能提出正确的花时协调关键技术操作要求	以小组为单位查阅文献资料（主要在课外完成），讨论方案，抽查5个小组的方案进行答辩	10 min
决策	确定三系杂交水稻制种父母本花时协调方案，准备各种生产资料	按计划列出生产所需的生产工具和资料并做好准备	主要在课外完成，上课时提交生产工具和资料清单	10 min
实施	三系杂交水稻制种父母本花时协调操作演练	按操作规程要求进行，能独立正确操作、用时短	按小组为单位进行生产操作	120 min
检查	操作结果展示与评价	操作结果符合技术规程要求、用时短	各小组展示操作结果，进行评分（填写评分表）	10 min
总结	撰写技术报告	技术操作规程、生产体会（包括生产中存在的问题以及解决的办法）	教师提出设计、技术报告撰写要求，每位学生独立完成	课外
评估	归纳总结	生产中存在的问题以及解决的办法	各小组进行体会交流、归纳分析总结	10 min

【检查评价】

现场操作检查：学生自检、教师检查任务完成情况（表1-40）。检查结果可分为5个等级：优秀（≥90分）、良好（80～89分）、中等（70～79分）、合格（60～69分）、不合格（0～59分）。

表 1-40 父母本花期预测与调节任务完成情况检查表

	考核要点		技术操作要点	分值安排	评定得分
考核标准	1. 态度与表现		学习（实训）态度与课堂表现	20	
	2. 技能操作部分	父母本花时协调	能采用正确的灌溉方法协调花时	20	
			能正确进行母本赶露水促进提早开花	20	
			能对母本进行科学喷施硼肥促进提早开花	20	
			能正确进行父本喷冷水延迟开花	20	
总分				100	

【问题与思考】

1. 叙述不育系和恢复系的开花习性。
2. 叙述导致父母本花时不遇的原因。

3. 简述农业措施调节花时的具体方法及要求。

任务八　制种田除杂去劣

【任务目标】

1. 能辨别制种田父本行中的杂株类型；
2. 能辨别制种田母本行中的杂株类型；
3. 能根据不同时期采用合理的方法进行除杂。

【布置任务】

学生模拟种子公司的形式组建工作小组，在教师指导下获取与三系杂交水稻制种田间除杂去劣相关的信息后，研讨并制订三系杂交水稻制种田间除杂去劣方案。在种子生产实训基地，按照方案进行制种田除杂去劣工作，完成除杂去劣任务。具体要求：

(1)能辨别制种田父本行中的杂株类型；

(2)能辨别制种田母本行中的杂株类型；

(3)能根据不同时期采用合理的方法进行除杂。

【学习条件】

场地要求：水稻种子生产实训基地。

工具与生产资料准备：水稻制种父母本稻株、杂株。

【知识准备】

三系杂交水稻种子的纯度直接影响杂种优势的发挥。在杂交水稻和不育系中，混杂的各种类型的育性分离株、大青棵都是生物学混杂的结果。因此在搞好亲本提纯复壮工作的同时，在整个繁殖制种过程中必须认真落实防杂保纯措施。

一、杂株的类型及其特征特性

根据亲本中杂株来源的不同，一般可将杂株分为机械混杂株、生物学混杂株、自然变异株三种类型，其中以机械混杂株为主，生物学混杂株比较少，自然变异株更少。

三系法的不育系中的机械混杂株主要是其保持系，其他异品种株很少。保持系植株的株、叶、穗粒形态特征与不育系相同，从植株的外部形态上难以区分。不育系与保持系植株有三个明显的差异，最显著的区别是花药。以典败和无花粉型为主的不育系的花药乳白色，水渍状，花药瘦小，不能开裂散粉；以圆败和染败花粉为主的不育系的花药为淡黄色或黄色，比较饱满，呈棒状，不开裂散粉。保持系的花药为黄色，饱满肥大，能正常开裂散粉。第二个区别是不育系抽穗卡颈，保持系抽穗正常，不卡颈，且一般比不育系早抽穗 2～3 d。第三个区别是开花习性的差异。不育系柱头外露率较高，保持系柱头外露颖花少。其他异品种的杂株一般是正常可育株，在株型、叶色、叶鞘色、生育期、穗粒型等各个方面与不育系有明显的区别，在花期、花时、花药性状、结实率、柱头外露方面与保持系相同。因此，更易于辨认。

不育系中的生物学混杂株是不育系繁殖时因隔离不严和杂株清除不及时串粉而形成。这些杂株在植株的外部形态特征与生育特征上与不育系有明显区别。在花药性状上，不同的杂株表现不一，有些是正常可育，也有些表现为半不育，甚至不育。因此，对这类杂株要从各种性状辨别，只要凭一两个比较明显的特征就可以判定为杂株。

恢复系中机械混杂株主要是异品种株，在植株外部形态特征上，一般与恢复系品种有明显的区别。恢复系中的生物学混杂株极少。

自然变异株在不育系恢复系群体中所占比例很低，因为水稻品种产生自然变异的概率本来就相当低。这些变异株在植株的高矮，叶片的长短大小，叶色和生育特征上变化多样，但与正常的不育系和恢复系植株存在明显的区别。在不育系中常常会有半不育的变异株出现。

水稻制种田间除杂去劣

二、田间除杂的时期与杂株的识别方法

杂交水稻制种的田间除杂工作应该贯穿整个制种的全过程，不论何时发现有与亲本存在明显性状区别的杂株均应及时除去，除杂越早越好。一般在五个时期进行除杂工作，即秧田期、大田始蘖期、始穗期、抽穗期和黄熟期（表 1-41），其中除杂最关键的时期是在始穗期。由于杂株的各种特征特性和表现具有时间性，因此不同的除杂时期识别杂株的方法也不同。

表 1-41　水稻制种田除杂质量检查记录

户主姓名		地块名称	
制种组合		制种面积	
除杂时期	母本	父本	检查具体日期
分蘖期杂株率			年　月　日
始穗期杂株率			年　月　日
抽穗期杂株率			年　月　日
黄熟期杂株率			年　月　日

在分蘖期除杂主要识别的性状有：叶鞘色、叶色、叶片的形状、苗的高矮、分蘖的时间和分蘖的数量，以叶鞘色和分蘖时间为主要识别性状。

在始穗期和抽穗期除杂识别的性状有：抽穗的早迟与卡颈与否、花药性状、稃尖颜色、开花习性、柱头特征、花药性状和叶片形状大小。以抽穗的早迟、卡颈与否、花药性状、稃尖颜色为主要识别性状。只要有一两个性状有明显的差别，定为杂株，此期的除杂工作是杂交水稻制种防杂保纯的重点。此期未能把杂株除去，因杂株传粉的母本结实，造成杂交种子的生物学混杂。故必须在人工赶粉前把能辨别的杂株除净，保证田间含杂率在 1‰以下。

在黄熟期除杂识别的性状有：结实率、柱头外露率和稃尖颜色，以结实率为主结合柱头外露识别杂株。此期除杂只对母本群体进行，母本的异交结实率一般较低，而杂株一般是正常可育，自交结实率在 70%以上，因此结实率较高且颖花的柱头外露率很低的植株均应除杂除杂。

如果是在灌浆期和成熟期，发现母本行里有 1 株杂株结实时，周围 1 m 内母本应作为可疑株拔除，避免因串粉而引起生物学混杂。

【实施方案】

学生模拟种子公司的形式组建工作小组，在教师指导下获取与三系杂交水稻制种田间除杂去劣相关的信息后，研讨并制订三系杂交水稻制种田间除杂去劣方案(表 1-42)。在种子生产实训基地，按照方案进行制种田除杂去劣工作，完成除杂去劣任务。具体内容包括：

(1)苗期父母本厢中杂株识别和除杂；

(2)始蘖期父母本行杂株识别和除杂；

(3)始穗期和抽穗期父母本行杂株识别和除杂；

(4)黄熟期母本行杂株识别和除杂。

表 1-42　制种田除杂去劣教学实施方案

工作过程	教学步骤	训练要求与标准	训练方法	参考时间
资讯和计划	下达生产任务，设计、讨论	能提出正确的制种田除杂去劣关键技术操作要求	以小组为单位查阅文献资料(主要在课外完成)，讨论方案，抽查 5 个小组的方案进行答辩	10 min
决策	确定三系杂交水稻制种父母本除杂去劣方案，准备各种生产资料	按计划列出生产所需的生产工具和资料并做好准备	主要在课外完成，上课时提交生产工具和资料清单	10 min
实施	三系杂交水稻制种除杂去劣操作演练	按操作规程要求进行，能独立正确操作、用时短	以小组为单位进行生产操作	120 min
检查	操作结果展示与评价	操作结果符合技术规程要求、用时短	各小组展示操作结果，进行评分(填写评分表)	10 min
总结	撰写技术报告	技术操作规程、生产体会(包括生产中存在的问题以及解决的办法)	教师提出设计、技术报告撰写要求，每位学生独立完成	课外
评估	归纳总结	生产中存在的问题以及解决的办法	各小组进行体会交流、归纳分析总结	10 min

【检查评价】

现场操作检查：学生自检、教师检查任务完成情况(表 1-43)。检查结果可分为 5 个等级：优秀(≥90 分)、良好(80～89 分)、中等(70～79 分)、合格(60～69 分)、不合格(0～59 分)。

表 1-43 制种田除杂去劣任务完成情况检查表

	考核要点		技术操作要点	分值安排	评定得分
考核标准	1. 态度与表现		学习(实训)态度与课堂表现	20	
	2. 技能操作部分	制种田除杂	除杂时期和识别依据	20	
			识别父本行中的杂株	15	
			识别母本行中的杂株	15	
			除杂方法科学	15	
			除杂干净、彻底	15	
总分				100	

【问题与思考】

1. 叙述亲本中杂株来源和类型。
2. 如何区别母本行中的保持系和其他异品种株?
3. 试述始穗期和抽穗期杂株的识别方法和除杂要求。

任务九　制种田科学喷施赤霉素

【任务目标】

1. 能正确选择赤霉素的喷施时期;
2. 能确定赤霉素的喷施浓度;
3. 学会赤霉素的喷施方法。

【布置任务】

学生模拟种子公司的形式组建工作小组,在教师指导下获取与三系杂交水稻制种田科学喷施赤霉素相关的信息后,研讨并制订三系杂交水稻制种赤霉素喷施方案。在种子生产实训基地,按照方案进行制种田赤霉素喷施工作,完成赤霉素科学喷施任务。

【学习条件】

场地要求:水稻种子生产实训基地。

工具与生产资料准备:水稻制种田、赤霉素、磷酸二氢钾、喷雾器等。

【知识准备】

水稻雄性不育系在抽穗期植株体内的赤霉素含量水平明显低于雄性正常品种,穗颈节不能正常伸长,约有 1/4 的稻穗不能抽出,而出现抽穗卡颈现象。穗颈节节间短是不育系抽穗卡颈的内在原因。在抽穗前喷施外源赤霉素(商品名“九二 O”),提高植株体内赤霉素的含量,可以促进穗颈节伸长，解除卡颈，达到穗粒正常外露，改良异交态势。此外，在不育系始穗期前后喷施赤霉素还可以使柱头外露率提高和花时提早，柱头外露率提高 10%～20%，提早盛花时和开花高峰时间 0.5～1 h。提高父母本花时相遇率 15%～20%，可使制种单产大幅度提高。所以，赤霉素的施用已成为杂交水稻制种高产的最关键的技术。喷施赤霉素应掌握“适时、适量、适法”的原则。具体技术要求如下：

1. 适时

不育系抽穗时由穗颈下节间居间分生组织细胞的分裂和伸长，使节间不断伸长，其中以幼穗分化第八期伸长最为显著，而始穗期多数个体处于幼穗分化 7～8 期。因此，赤霉素喷施的适宜时期在群体见穗前 1～2 d 至见穗 50%，最佳喷施时期是见穗 5%～10%。一天中的最适喷施时间在上午 9:00 前或下午 16:00 后，中午阳光强烈时不宜喷施；遇阴雨天气，可在全天任何时间抢晴喷施，喷施后 3 h 内遇降雨，应补喷或在下次喷施时增加用量。此外，确定喷施时期还应考虑以下因素：

一是父母本花期相遇程度。父母本花期相遇好，母本见穗 5%～10%为最佳喷施期。花期相遇不好，早抽穗的一方要等迟抽穗的一方，达到起始喷施期(见穗前 2～3 d)以后才开始喷施。但早抽穗的一方也只能等到本身喷施终止期前 1～2 d。在母早父迟，相差 3～5 d 的情况下，也应先单独在母本最佳喷施期喷施母本，父本达到起始喷施期再喷施。

二是群体稻穗整齐度。母本群体抽穗整齐的田块，可在最佳喷施期开始喷施。抽穗欠整齐的田块，要推迟到群体中大多数的稻穗达到最佳喷施期时才开始喷施。

三是稻穗发育成熟的程度。稻穗破口见穗时，稻穗内各器官完全发育成熟。由于天气与栽培条件的影响，有时表现不一致，特别在低温或干旱条件下，稻穗内各器官已成熟，但不一定能破口见穗。应从颖壳的颜色上判断，破口见穗时颖壳已呈绿色，表明完全发育成熟。破口见穗时，颖壳呈浅绿色或白色，表明稻穗尚未完全发育成熟。对颖壳呈绿色、发育成熟的田块，可以适当提早喷施，而颖壳呈浅绿色或白色，应适当推迟喷施。

2. 适量

(1)不同的不育系所需的赤霉素剂量不同　以染色败育为主的粳型质核互作型不育系，抽穗几乎没有卡颈现象，喷施赤霉素为改良穗层结构，所需赤霉素的剂量较小，一般用 90～120 g/hm^2；典败与无花粉型败育的籼型质核互作型不育系，抽穗卡颈程度较重，穗粒外露率在 70%左右，所需赤霉素的剂量大。对赤霉素反应敏感的不育系，如金 23A、新香 A，用量为 150～180 g/hm^2；对赤霉素反应不敏感的不育系，如珍汕 97A 等，用量为 225～300 g/hm^2。

最佳用量的确定还应考虑如下情况：提早喷施时剂量减少，推迟喷施时剂量增加；苗穗多的应增加用量，苗穗少的减少用量；遇低温天气应增加剂量。

(2)赤霉素的喷施次数　赤霉素的效应期一般只有四五天，最大效应期一般出现在喷施后的第三天或第四天。因此，喷施赤霉素的次数不宜过多，每次间隔的时间宜短不宜长，一般以喷施 2～3 次，在 2～3 d 内连续喷的效果最佳。抽穗整齐的田块喷施次数少，有 2 次即可；抽穗不整齐的田块喷施次数多，需喷施 3～4 次。喷施时期提早的应增加次数，推迟的则减少次数。分次喷施赤霉素时，其剂量是不同的，原则是“前轻、中重、后少”，要根据不育系群体的抽穗动态决定。如分 2 次喷施，每次的用量比为 2∶8 或 3∶7；分 3 次喷施，每次的用量比为 2∶6∶2 或 2∶5∶3；分 4 次喷施，每次的用量比为 1∶4∶3∶2 或 1∶3∶4∶2。

植保无人机喷施赤霉素

3. 适法

喷施赤霉素最好选择晴朗无风天气进行，要求田间有 6 cm 左右的水层，喷雾器的喷头离穗层 30 cm 左右，雾点要细，喷洒均匀，要求叶面布满水珠而不滴水为好。用背负式喷雾器喷施，兑水量为 180～300 kg/hm^2；用手持式电动喷雾器喷施，兑水量只需 22.5～30 kg/hm^2；使用农用无人机对杂交水稻制种母本喷施赤霉素有广泛的实用性。

4. 对恢复系的喷施

对父母本异交姿态改良，要求父比母本高 5～10 cm，形成适当的父母本株高差，有利于花粉飞扬与均匀传播，提高花粉的利用率，使母本厢中的饱和结实区间增宽。由于喷施赤霉素是获得父母本适当株高差的唯一途径，然而父母本同时喷施的剂量，往往不能使父本株高高于母本，因而有必要增加对父本的喷施剂量。当父本始穗期比母本早，母本在最佳喷施期，父本已过了最佳喷施期甚至已接近终止喷施期，需在第一次或第二次对父母本同喷时重喷父本。若父本对赤霉素反应不敏感，还需要单独对父本增加一定的剂量（表 1-44）。

表 1-44　水稻制种田喷施赤霉素记录表

户主姓名			地块名称	
制种组合			制种面积	
喷施日期	喷施时间	喷施用具	母本用量/(g/hm^2)	父本用量/(g/hm^2)
年　月　日				
年　月　日				
年　月　日				

使用赤霉素时要注意：一是不能与纯碱、氨水、石硫合剂等碱性物质混合，可与尿素、过磷酸钙以及敌百虫等混合。如果与激素混合使用，还有相互补充作用，一般比单用效果好。二是赤霉素溶液要随配随用，不可久存，以免赤霉素失去活性，影响使用效果。

【实施方案】

水稻制种田科学喷施赤霉素

学生模拟种子公司的形式组建工作小组，在教师指导下获取与三系杂交水稻制种田科学喷施赤霉素相关的信息后，研讨并制订三系杂交水稻制种赤霉素喷施方案（表 1-45）。在种子生产实训基地，按照方案进行制种田赤霉素喷施工作，完成赤霉素科学喷施任务。具体内容包括：

（1）确定赤霉素的喷施时期；

（2）确定赤霉素的喷施浓度；

（3）确定赤霉素的喷施方法，科学喷施。

表 1-45　制种田喷施赤霉素教学实施方案

工作过程	教学步骤	训练要求与标准	训练方法	参考时间
资讯和计划	下达生产任务，设计、讨论	能提出正确的制种田科学喷施赤霉素关键技术操作要求	以小组为单位查阅文献资料（主要在课外完成），讨论方案，抽查 5 个小组的方案进行答辩	10 min
决策	确定三系杂交水稻制种田喷施赤霉素方案，准备各种生产资料	按计划列出生产所需的生产工具和资料并做好准备	主要在课外完成，上课时提交生产工具和资料清单	10 min
实施	三系杂交水稻制种田喷施赤霉素操作演练	按操作规程要求进行，能独立正确操作、用时短	按小组为单位进行生产操作	120 min
检查	操作结果展示与评价	操作结果符合技术规程要求、用时短	各小组展示操作结果，进行评分（填写评分表）	10 min
总结	撰写技术报告	技术操作规程、生产体会（包括生产中存在的问题以及解决的办法）	教师提出设计、技术报告撰写要求，每位学生独立完成	课外
评估	归纳总结	生产中存在的问题以及解决的办法	各小组进行体会交流、归纳分析总结	10 min

【检查评价】

现场操作检查：学生自检、教师检查任务完成情况（表 1-46）。检查结果可分为 5 个等级：优秀（≥90 分）、良好（80～89 分）、中等（70～79 分）、合格（60～69 分）、不合格（0～59 分）。

表 1-46　科学喷施赤霉素任务完成情况检查表

	考核要点		技术操作要点	分值安排	评定得分
考核标准	1. 态度与表现		学习（实训）态度与课堂表现	20	
	2. 技能操作部分	赤霉素喷施技术	合理的赤霉素喷施时间	20	
			采用适当的喷施浓度	20	
			赤霉素喷施方法合理	20	
			方法正确、喷施均匀	20	
总分				100	

【问题与思考】

1. 简述水稻制种田赤霉素的作用。
2. 叙述赤霉素喷施的具体要求。
3. 试述赤霉素喷施的注意事项。

任务十　制种田人工辅助授粉

【任务目标】

1. 掌握制种田人工辅助授粉方法；
2. 掌握授粉时间和次数。

【布置任务】

学生模拟种子公司的形式组建工作小组，在教师指导下获取与三系杂交水稻制种田人工辅助授粉相关的信息后，研讨并制订三系杂交水稻制种人工辅助授粉方案。在种子生产实训基地，按照方案进行制种田人工辅助授粉工作，完成人工辅助授粉教学任务。

【学习条件】

场地要求：水稻种子生产实训基地。

工具与生产资料准备：水稻制种父母本、绳索、竹竿等。

【知识准备】

水稻属于自花授粉作物，在生殖器官的进化过程中形成了利于自交而不利于异交的结构特点和开花习性。与异交授粉作物相比，在异交性能方面存在许多严重缺陷，如父本开颖后花粉寿命短、传播效果低，母本柱头面积小、外露少、活力低，父母本花期不稳定，花时不同步，穗粒不协调等。所以，一定要通过人工辅助授粉来达到母本柱头上有足够的可萌发的花粉粒数量，促使授粉受精结实。人工辅助授粉就是指抽穗扬花期人为地改变父本花粉粒离开花药的时间、速度、飞扬高度、方向和距离，促使花粉均匀散落在母本穗层上的技术措施。

(一)人工辅助授粉的方法

目前主要使用三种人工辅助授粉方法：一是绳索拉粉法；二是单竿赶粉法；三是双竿推粉法。

(1)绳索拉粉法　是用一长绳(绳索直径约 0.5 cm，表面光滑)，由两人各持一端沿与行向垂直的方向拉绳奔跑，让绳索在父母本穗层上迅速滑过，振动穗层，使父本花粉向母本厢中飞散。该法的优点是速度快、效率高，能在父本散粉高峰时及时赶粉。但是，对父本的振动力较小，不能使父本的花粉充分散出。另一方面花粉单向传播，沿绳索滑动方向花粉量大，造成田间花粉分布不均匀，花粉的利用率较低；其次，绳索在母本穗层上拉过，对母本花器有伤害作用。

(2)单竿赶粉法　是一人手握一长竿(3～4 m)的一端，置于父本穗层下部，向左右成扇形扫动，振动父本的稻穗，使父本花粉飞向母本厢中。该法比绳索拉粉速度慢，但对父本的振动力较大，能使父本的花粉从花药中充分散出，传播的距离较远。但该法仍存在花粉单向传播、不均匀的缺点。适合单行和小双行父本栽插方式的制种田采用。

(3)双竿推粉法　是一人双手各握一短竿(1.5～2.0 m)，在父本行中间行走，两竿分别放置于父本植株的中上部，用力向两边振动父本 2～3 次。使父本花粉从花药中充分散出，并向两边的母本厢中传播。此法的动作要点是“轻推、重摇、慢回手”。该法的优点是父本花粉更能充分散出，花药中花粉残留极少，且传播的距离较远，花粉散布均匀。但是赶粉速度慢，劳动强度大，难以保证在父本开花高峰时及时赶粉。此法只适宜在大双行父本栽插方式的制种田采用。

在相同的条件下，单竿赶粉的母本异交结实率比绳索拉粉高 5%左右，而双竿推粉比绳索拉粉的母本异交结率高 10%左右。因此，对父本花粉的利用率，以双竿推粉法最高，单竿赶粉次之，绳索拉粉法最低。在制种中，如果劳力充裕，应尽可能采用双竿推粉或单竿赶粉的授粉方法。

（二）授粉的次数与时间

水稻不仅花期短，而且一天内开花时间也较短，一天内只有 1.5～2 h 的开花时间，且主要在上午、中午。但是，不同恢复系一天内的开花时间有差异，有些开花早，在上午 9:00～11:00 开花，有些较迟，在中午 11:00～13:00 开花。粳型恢复系开花较籼型恢复系迟。因此，赶粉时间各异，每天的人工授粉次数大体相同，一般为 3～4 次，原则是有粉赶到无粉止。根据父母本花时的差异确定赶粉的时间。在母本盛开期（始花后 4～5 d）前，每天第一次赶粉的时间要以母本花时为准，即看母不看父。因为这一段时期内母本开花的颖花不多，柱头外露的颖花少，母本受精结实主要靠父母本花时相遇的及时花粉。在母本进入盛花期后，每天第一次赶粉的时间则以父本花时为准，即看父不看母。因为母本进入盛花期后，已有较多的颖花开花，柱头外露的颖花较多，母本依靠外露柱头，接受父本花粉结实逐渐增多。既充分利用父本的开花高峰花粉量提高田间花粉密度，又使母本外露柱头结实。赶完第一次后，父本第二次开花高峰时再赶粉，两次之间间隔 20 min 左右。父本闭颖时赶最后一次。在父本盛花期的数天内，每次赶粉均能形成可见的花粉尘雾，田间花粉密度高，使母本当时正开颖和柱头外露的颖花都有获得较多花粉的机会。所以赶粉次数不一定在多，而是赶准时机（表 1-47）。

表 1-47　水稻制种田人工辅助授粉记录表

户主姓名			地块名称	
制种组合			制种面积	
授粉日期	天气情况	授粉起止时间	授粉方法	授粉次数
年　月　日				
年　月　日				
年　月　日				
年　月　日				
年　月　日				
年　月　日				
年　月　日				

【实施方案】

学生模拟种子公司的形式组建工作小组，在教师指导下获取与三系杂交水稻制种田人工辅助授粉相关的信息后，研讨并制订三系杂交水稻制种人工辅助授粉方案（表1-48）。在种子生产实训基地，按照方案进行制种田人工辅助授粉工作，完成人工辅助授粉教学任务。具体内容包括：

（1）根据田间父母本开花情况确定授粉时间和次数；

（2）采用不同的方法进行人工辅助授粉；

（3）调查母本异交结实率以检查授粉效果。

农用植保无人机辅助授粉

飞机授粉现场欣赏

表1-48　制种田人工辅助授粉教学实施方案

工作过程	教学步骤	训练要求与标准	训练方法	参考时间
资讯和计划	下达生产任务，设计、讨论	能提出正确的制种田人工辅助授粉关键技术操作要求	以小组为单位查阅文献资料（主要在课外完成），讨论方案，抽查5个小组的方案进行答辩	10 min
决策	确定三系杂交水稻制种田人工辅助授粉方案，准备各种生产资料	按计划列出生产所需的生产工具和资料并做好准备	主要在课外完成，上课时提交生产工具和资料清单	10 min
实施	三系杂交水稻制种田人工辅助授粉操作演练	按操作规程要求进行，能独立正确操作、用时短	按小组为单位进行生产操作	120 min
检查	操作结果展示与评价	操作结果符合技术规程要求、用时短	各小组展示操作结果，进行评分（填写评分表）	10 min
总结	撰写技术报告	技术操作规程、生产体会（包括生产中存在的问题以及解决的办法）	教师提出设计、技术报告撰写要求，每位学生独立完成	课外
评估	归纳总结	生产中存在的问题以及解决的办法	各小组进行体会交流、归纳分析总结	10 min

【检查评价】

现场操作检查：学生自检、教师检查任务完成情况（表1-49）。检查结果可分为5个等级：优秀（≥90分）、良好（80～89分）、中等（70～79分）、合格（60～69分）、不合格（0～59分）。

表1-49　人工辅助授粉任务完成情况检查表

<table>
<tr><td rowspan="6">考核标准</td><td colspan="2">考核要点</td><td>技术操作要点</td><td>分值安排</td><td>评定得分</td></tr>
<tr><td colspan="2">1. 态度与表现</td><td>学习（实训）态度与课堂表现</td><td>20</td><td></td></tr>
<tr><td rowspan="4">2. 技能操作部分</td><td rowspan="4">人工辅助授粉</td><td>授粉时间</td><td>20</td><td></td></tr>
<tr><td>授粉次数</td><td>20</td><td></td></tr>
<tr><td>授粉方法</td><td>20</td><td></td></tr>
<tr><td>授粉效果、考查结实率</td><td>20</td><td></td></tr>
<tr><td colspan="4">总分</td><td>100</td><td></td></tr>
</table>

【问题与思考】

1. 简述在制种过程中进行人工辅助授粉的作用。
2. 如何根据制种田父母本抽穗扬花情况确定授粉时间和次数?
3. 试述三种人工辅助授粉方法的优缺点和适用范围。

任务十一　杂交种子收获

【任务目标】

1. 能根据父母本长势长相进行适时收获;
2. 掌握父母本的收获次序及具体方法;
3. 掌握为防止机械混杂父母本脱粒、晾晒、包装要求。

【布置任务】

学生模拟种子公司的形式组建工作小组,在教师指导下获取与三系杂交水稻制种杂交种子收获相关的信息后,研讨并制订三系杂交水稻制种杂交种子收获方案。在种子生产实训基地,按照方案进行杂交种子收获工作,完成杂交种子收获教学任务。

【学习条件】

场地要求:水稻种子生产实训基地。

工具与生产资料准备:水稻父母本稻株、镰刀、簸箕、脱粒机、晒场、种子袋等。

【知识准备】

一、适时收获

杂交水稻制种由于使用激素较多,不育系尤其是博A、枝A等种子颖壳闭合不紧,容易吸湿导致穗上芽,影响种子质量。相关研究表明,水稻授粉结束后的18 d左右,种子成熟度超过80%,第20～25 d为最适收割期,此时应关注天气变化,趁晴天及时收割,确保种子质量和产量,避免损失。收割时应先割父本及杂株,确定无杂株后再收割母本。

二、及时处理

割后的种子要及时干燥,降低含水量,为储藏和保管创造良好条件。如果收获时遇到雨季,则应采用循环式低温谷物烘干机等设备进行种子干燥,要求在收割后的3 d内完成,种子烘干温度控制在38～45 ℃为宜,烘时取样检测水分,当水分降至12.5%时停止烘干(表1-50)。

表 1-50　水稻杂交种质量标准(GB 4404.1—2008)　%

种子类别	纯度不低于	净度不低于	发芽率不低于	水分不高于
杂交种	96.0	98.0	80	13.0(籼)14.5(粳)

三、严防机械混杂

在水稻种子收、晒、运、贮过程中，要严格遵守操作规程，做到单收、单打、单晒、单藏。种子晒干后及时包装并写明标签，不同批或不同组合种子应分开存放，层层把好防杂保纯关。

【实施方案】

以工作小组为单位，在教师指导下按照三系杂交水稻种子生产技术方案进行制种田收获(表 1-51)，具体内容包括：

(1)根据父母本长势长相进行适时收获；

(2)先割父本及杂株再收割母本；

(3)母本单收、单打、单晒、单藏。

表 1-51　制种田杂交种子收获教学实施方案

工作过程	教学步骤	训练要求与标准	训练方法	参考时间
资讯和计划	下达生产任务，设计、讨论	能提出正确的制种田杂交种子收获关键技术操作要求	以小组为单位查阅文献资料(主要在课外完成)，讨论方案，抽查 5 个小组的方案进行答辩	10 min
决策	确定三系杂交水稻制种田杂交种子收获方案，准备各种生产资料	按计划列出生产所需的生产工具和资料并做好准备	主要在课外完成，上课时提交生产工具和资料清单	10 min
实施	三系杂交水稻制种田杂交种子收获操作演练	按操作规程要求进行，能独立正确操作、用时短	以小组为单位进行生产操作	120 min
检查	操作结果展示与评价	操作结果符合技术规程要求、用时短	各小组展示操作结果，进行评分(填写评分表)	10 min
总结	撰写技术报告	技术操作规程、生产体会(包括生产中存在的问题以及解决的办法)	教师提出设计、技术报告撰写要求，每位学生独立完成	课外
评估	归纳总结	生产中存在的问题以及解决的办法	各小组进行体会交流、归纳分析总结	10 min

【检查评价】

现场操作检查：学生自检、教师检查任务完成情况(表 1-52)。检查结果可分为 5 个等级：

优秀(≥90 分)、良好(80～89 分)、中等(70～79 分)、合格(60～69 分)、不合格(0～59 分)。

表 1-52　收获种子任务完成情况检查表

	考核要点		技术操作要点	分值安排	评定得分
考核标准	1. 态度与表现		学习(实训)态度与课堂表现	20	
	2. 技能操作部分	杂交种子收获	判断谷粒成熟标准	20	
			适时收获	15	
			父本处理方法	15	
			杂交种子收获方法	15	
			杂交种子脱粒、晾晒、包装要求	15	
总分				100	

【问题与思考】

1. 简述杂交水稻种子成熟的标准。
2. 试述父母本的收获次序及具体方法。
3. 试述为防机械混杂父母本脱粒、晾晒及包装要求。

杂交水稻储藏与处理技术

【典型人物案例】

袁隆平的创新人格与卓越贡献

1930 年 9 月 1 日，袁隆平出生于北平的一个知识分子家庭，在弟兄五个中，排行第二。袁隆平祖籍江西德安，家族有重视教育的传统。父亲袁兴烈为人正直，讲究礼仪，严肃寡言，崇尚知识，任过高等小学校长、督学。母亲华静是扬州人，自幼在英国教会学校读书，知书达理，能讲一口流利的英语，喜欢尼采的著作，高中毕业后当过教师，婚后在家操持家务，教育孩子。

1942 年，袁隆平毕业于重庆市龙门浩小学，进入复兴初级中学学习。他生性活泼调皮，喜欢琢磨、提问，对大自然充满好奇心，在他身上有着许多闪光的、独特的、有利于创新的人格特征，这成为他创新成就的重要基石。1943 年，袁隆平转学到博学中学。这期间，他每天早上 6 点钟起床，10 min 后洗漱完毕到操场集合做操，养成了干事利索、遵守时间的作风。1949 年，袁隆平不顾父亲的反对，考入重庆相辉学院农学系，主修遗传育种学。1953 年，袁隆平从西南农学院农学系毕业后，任教于湖南省安江农校。在安江农校，他开始了育种科研，起初主要做红薯、西红柿等的嫁接育种研究。

1960 年，袁隆平发现了水稻天然杂交植株，产生了利用水稻杂种优势来育种的念头。后来，他把科研的突破口选在利用天然雄性不育株上。1964 年，袁隆平在国内首次发现天然雄性不育株，正式开始杂交水稻的研究。1966 年，袁隆平发表第一篇论文《水稻的雄性不孕性》，引起国家科委高层的关注。1970 年，袁隆平带领助手李必湖和冯克珊在海南发现了野生雄性不育稻株，成为“三系法”杂交水稻成功的突破口。1973 年，袁隆平团队实现“三系配套”，1974 年育成第一个杂交水稻强优组合“南优 2 号”，1975 年，攻克杂交水稻制种技术难关，从而奠定了大面积推广杂交水稻的基础。1984 年，袁隆平领衔的湖南杂交水稻研究中心成立。1985 年，他提出杂交水稻育种的战略设想，即从“三系法”过渡到“两系法”，再向“一系法”发展。1987 年，袁隆平任“863”计划“两系”杂交稻专题的责任专家，1995 年，研制成功“两系法”杂交水稻。1997 年，袁隆平提出超级杂交稻育种技术路线。2000 年实现了农业部制定的“中国超级稻计划”的第一期目标，2004 年提前 1 年实现了超级稻第二期目标，第三期目标在 2010 年完成，2015 年超级杂交水稻组合“Y 两优 900”达到第四期育种目标（每公顷 15 t）。2017 年，袁隆平团队的超级杂交稻“超优千号”在河北邯郸创造了单季平均亩产 1 149.02 kg 的水稻单产世界纪录。2019 年 10 月，第三代超级杂交水稻在湖南省衡南县验收，平均亩产 1 046.3 kg。2020 年 11 月，袁隆平团队在湖南省衡南县青竹村种植超级稻，双季稻亩产达到 1 530.76 kg，实现了“1 500 kg 高产攻关目标”。

1981 年 6 月，以袁隆平为首的全国籼型杂交水稻科研协作组荣获我国第一个特等发明奖。1992 年 9 月，中共湖南省委、湖南省人民政府授予袁隆平“功勋科学家”称号。1995 年 5 月，袁隆平当选为中国工程院院士。1999 年 10 月，中国科学院北京天文台施密特 CCD 小行星项目组将一颗小行星命名为“袁隆平星”，并授予袁隆平“小行星命名证书”。1999 年 11 月，袁隆平获得“杰出专业技术人才”金质奖章。2001 年 2 月，在国家科学技术奖励大会上，袁隆平和吴文俊获得首届“国家最高科学技术奖”，国家领导为其颁发奖励证书和奖金。2011 年，“后期功能性超级杂交稻育种技术及应用”获 2011 年度国家技术发明奖二等奖。2013 年，袁隆平主持的“两系法杂交水稻技术研究与应用”获国家科技进步特等奖。2014 年，“超级稻高产栽培关键技术与区域化集成应用”获国家科技进步奖二等奖。2017 年，袁隆平领导的杂交水稻创新团队荣获 2017 年度“国家科学技术进步奖——创新团队奖”。2018 年 9 月，袁隆平获得“未来科学大奖”的“生命科学奖”。2018 年 12 月，党中央、国务院授予袁隆平“改革先锋”称号，颁授“改革先锋”奖章。2019 年 9 月，袁隆平被授予“共和国勋章”，习近平总书记亲自给袁隆平等八人佩戴“共和国勋章”。

1982 年，在国际水稻研究所举行的国际水稻会议上，袁隆平被称为“杂交水稻之父”。1987 年 11 月，袁隆平荣获联合国教科文组织颁发的 1986—1987 年度科学奖。1988 年 3 月，袁隆平获得英国让克基金会“农学与营养”奖。1993 年 4 月，袁隆平获美国菲因斯坦基金会“拯救世界饥饿（研究）荣誉奖”。1995 年 10 月，袁隆平获联合国粮农组织颁发的“粮食安全保障荣誉奖章”。1996 年 5 月，袁隆平获日本“日经亚洲奖”。1997 年 8 月，袁隆平被授予国际农作物杂种优势利用“先驱科学家”称号。1998 年 11 月，袁隆平获日本“越光国际水稻奖”。2001 年 8 月，袁隆平荣获菲律宾拉蒙・麦格赛赛基金会的“拉蒙・麦格赛赛奖”。2002 年 5 月，袁隆平获得越南政府授予的“越南农业和农村发展”荣誉徽章。2004 年 3 月，袁隆平获 2004 年度“世界粮食奖”。2004 年 5 月，袁隆平获以色列沃尔夫基金会“沃尔夫奖”。2004 年 9 月，袁隆平获泰国“金镰刀奖”。2010 年 3 月，袁隆平荣获法国政府颁发的“法兰西共和国最高农业成就勋章”。2020 年 11 月，袁隆平获智利“麦哲伦海峡奖”。

袁隆平把自己毕生的精力都献给了杂交水稻育种工作，为中国的水稻生产做出了杰出的贡献。袁隆平的成就也影响了整个世界，联合国教科文组织总干事姆博称袁隆平的科研成果继20世纪70年代国际培育半矮秆水稻之后，掀起了"第二次绿色革命"。

资料来源：

[1]刘大椿．育种大师：袁隆平李振声．北京：中国科学技术出版社，2012.

[2]毛昌祥．恩师袁隆平——袁隆平的亲笔信．青岛：青岛出版社，2021.

典型人物事迹感想：

典型人物工匠精神总结凝练：

子项目四　两系杂交水稻种子生产

【知识目标】

1. 具备两系杂交水稻种子生产知识；
2. 具备两系杂交水稻制种三个安全期知识；
3. 具备两系杂交水稻育性监测和育性安全知识；
4. 具备两系杂交水稻种子留高稻桩收割知识。

【技能目标】

1. 能选择好适宜的两系制种基地；
2. 能根据光温敏核不育系的"三期"确定父母本的播种期；
3. 能进行花期预测和通过技术措施调节花期；
4. 能严格进行育性监测，防止光温敏核不育系自交结实；
5. 能正确预防和去除制种田母本自交结实粒。

【素质目标】

1. 培养懂农业、爱农村、爱农民的"三农"情怀；
2. 培养生态安全、健康环保、可持续发展的理念；
3. 培养爱岗敬业、精益求精、刻苦钻研、勇于创新的工匠精神；
4. 培养尊重科学、遵纪守法、诚信友善的社会责任感；
5. 培养自主学习和终身学习的行为习惯；
6. 培养获取和运用新知识、新技术的信息素养。

【布置任务】

学生模拟种子公司的形式组建成工作小组，在种子生产实训基地，按照两系杂交水稻种子生产技术方案进行两系杂交稻种子的生产。具体要求：

1. 能选择好两系安全制种基地；
2. 能选用育性稳定、来源正规的光温敏核不育系作母本；
3. 能选择适宜制种季节，安排好父母本的播种期；
4. 能进行花期预测和调节；
5. 能进行制种田育性监测，预防母本自交结实；
6. 能进行制种田除杂与纯度检测。

【学习条件】

场地要求：水稻种子生产实训基地。

生产工具与生产资料准备：水稻光温敏核不育系和恢复系种子、肥料、喷雾器、赤霉素、竹竿等。

【知识准备】

一、两系制种的概念、与三系制种的差别

“两系法”是指利用水稻光温敏核不育系与水稻恢复系杂交配制杂交组合，以获得杂种优势的方法。两系法杂交水稻技术是继三系法杂交水稻技术研究成功后，我国农业科技领域又一伟大创新，确保了我国杂交水稻技术研究的世界领先地位，引领了全球水稻杂种优势利用的发展方向。利用光温敏核不育系作母本，恢复系作父本，按一定行比相间种植，使光温敏核不育系接受恢复系的花粉受精结实，生产杂种一代的过程，叫两系法杂交制种(简称两系制种)。

两系制种与三系制种最大差别在于不育系的差别。两系制种的不育系育性受一定的光、温条件控制，目前所用的光温敏核不育系，一般在大于 13.45 h 的长日照和日平均温度高于 24 ℃的条件下表现为雄性不育；当日照长度小于 13.45 h 和日平均温度低于 24 ℃时，不育系的育性发生变化，由不育转为可育自交结实，不能制种，只能用于繁殖。光温敏核不育系因受光、温的严格限制，一般只能在气候适宜的季节制种，而不能像“三系”那样，春、夏、秋季都可以制种。但两系制种和三系制种母本都是靠异交结实，其制种原理是一样的，所以两系制种完全可以借用三系制种的技术和成功经验。

相对于三系杂交稻而言，两系杂交水稻以生产程序简化、杂交配组自由、能够克服三系不育细胞质负效应和容易实现籼粳亚种间杂种优势利用等特点而得到广泛应用。近 20 年来，以光温敏两用雄性核不育系为基础的两系杂交稻在水稻生产中占据越来越重要的地位。

二、两系杂交稻种子生产的关键技术

在两系制种时，根据光温敏核不育系的特点，抓好以下技术措施：

1. 选择好两系安全制种基地

水稻光温敏核不育系对于光照以及温度十分敏感，因此选择制种基地应考虑母本育性敏感安全期、抽穗开花安全期和收获成熟安全期的气温、天气、灌溉水温、光照及雨量等。这是关

系到制种成败和种子质量的前提。

（1）制种基地育性敏感安全期要求　收集目标制种基地自有气象观测以来的日平均气温资料，同时分析该基地在制种预期育种敏感期内的日长。预防育性敏感期低气温，即在光温敏核不育系育性敏感期（通常为抽穗前 10～20 d）内不能出现日平均气温低于 24 ℃或日最低气温低于 20 ℃的低气温。

（2）制种安全抽穗开花期的天气要求　要防花期高温和低温多雨，杂交制种一般要求日平均气温在 24～30 ℃（最好能在 25～29 ℃），同时日最高气温不能高于 35 ℃，日最低温不能低于 21 ℃，相对湿度 75%～90%，以利于父母本正常开花和授粉。花期高温和低温多雨都不利于异交结实。

（3）制种基地田块要求　制种基地通常选择光照充足，集中连片，肥力水平中上，排灌方便，旱涝保收，昼夜温差相对稳定，地势开阔，海拔在 400 m 以下，非冷浸田或冷水灌溉田制种。育性敏感期灌溉水温应高于不育系的起点温度 1 ℃以上，即制种基地在母本育性敏感期内不能用 24 ℃以下的冷水灌溉，否则水温太低也易造成不育系转可育。

（4）制种基地隔离条件要求

空间隔离：制种田隔离平原地区间距≥100 m（籼稻）或≥500 m（粳稻），或有山丘、树林、村庄房屋作为屏障隔离，或者隔离区内种植制种父本。

时间隔离：隔离区内种植的非父本水稻与制种母本的抽穗期相差≥25 d。

（5）收割期天气要求　成熟收割期连续 2 d 以上降雨天气的概率应小于 20%。如果某地在保证不育系不育的前提下，不能通过合理安排播种期来避开收获期遇上多雨天气，造成穗发芽或收后无晴天晒种而发芽，也难以保证种子质量，也不是理想的两系制种基地。

2. 选用育性稳定、来源正规的光温敏核不育系

两系制种时，首先要考虑不育系的育性稳定性，选用在长日照条件下不育的下限温度较低，短日照条件下可育的上限温度较高，光敏温度范围较宽的光温敏核不育系作母本。另外，光温敏核不育系的来源也必须正规合法，由于水稻两用核不育系繁殖不需要保持系而只需要低温自交即可结实，部分不法生产商通过上年度的制种获取生产用不育系后进行自繁留种。亦有不育系育种人员和科研单位缺乏种子经营资质，农业行政主管部门无法对其生产的不育系进行监管，在不育系严重缺乏的情况下，部分不合格亲本也应用于制种从而导致种子质量问题。

3. 选择适宜制种季节，安排好父母本的播种期

（1）两系法杂交水稻制种季节安排通常有四种　一是迟春制。将光温敏核不育系的育性转换敏感期安排在 6 月下旬，授粉期安排在 7 月 5 日以后。在北纬 23°～24°的区域，7 月上旬温度一般介于 27～30 ℃，空气相对湿度也基本达 80%～90%，有利于授粉。二是夏制。根据制种组合亲本生育期安排播种时期，4～5 月播种，7 月下旬至 8 月中旬抽穗授粉，8 月中旬至 9 月上旬收割。在北纬 23°～28°的区域，海拔 350～450 m 适宜种植一季稻的丘陵、山区都比较适宜。三是早秋制。将光温敏核不育系的育性转换敏感期安排在 8 月 15～25 日，授粉期安排在 9 月上旬。在北纬 23°～24°的区域，9 月上旬温度一般介于 26～29 ℃，湿度也较高，适宜授粉。四是海南春制。根据制种组合亲本生育期安排播种时期，12 月至翌年 1 月播种，3 月下旬至 4 月中旬抽穗授粉，4 月下旬至 5 月上旬收割。但在海南制种成本高，抽穗授粉至种子成熟期，可能遇不良天气条件，制种产量与种子质量风险较大。

(2)光温敏核不育系的三个安全期　育性转换安全期、扬花授粉安全期以及收获安全期。第一安全期关系到制种纯度，是两系杂交制种成败的关键时期；第二安全期关系到制种产量的高低，是两系制种夺高产稳产的前提；第三安全期则关系到杂交种的质量（如穗上发芽导致种子变劣等）。因此，在确定播种期的时候要先考虑安全育性敏感期，再考虑安全的抽穗扬花期和安全收获期，最后根据播始历期和播差期确定光温敏核不育系和恢复系的播种期。

4. 播种与秧田管理

(1)父母本用种量　制种父本用种量早稻适当增加，晚造适当减少。一般早稻大田用种量为 0.75～1.0 kg/亩；中、晚稻类型用种量为 0.35～0.5 kg/亩。

制种母本大田制种用种应使用按国家标准规定程序生产的合格两系不育系种子。一般千粒重 25 g 左右的不育系用种量为 2.0～2.5 kg/亩，根据种子千粒重、发芽率、生育期、分蘖能力及育秧方式做适当调整。发芽率低或千粒重大或生育期短或分蘖能力弱的用种量增加，反之减小。

(2)育秧

a. 浸种催芽。父母本种子均用消毒药剂处理防治恶苗病等病害，如强氯精、咪鲜胺等。种子催芽要达到“快、齐、匀、壮”。

b. 播种。播种时稀播匀播，培育多蘖壮秧，提高秧苗素质。遇低温天气播种，用薄膜覆盖保温，提高成秧率。

c. 育秧方式。父母本播差期≥15 d 的父本宜采用两段育秧，父母本播差期－1～15 d 的父本宜采用湿润育秧，父母本播差期－5 d 以上的父本宜采用旱育秧或塑料软盘育秧。母本宜采用湿润育秧。

(3)秧田管理　旱育秧与塑料软盘育秧的采用喷淋方法保持土壤湿润。湿润育秧的秧苗 2 叶前保持厢面湿润，2 叶至移栽前保持浅水。秧苗 3 叶期人工除草和除去明显异形、异色秧苗。及时防治秧田病虫。

5. 父母本移栽及田间管理

(1)移栽时期　手工栽插母本叶龄 4.5～5.0 叶，早造秧龄 25～30 d，晚造秧龄 18～20 d 为宜；父本 5.0～5.5 叶移栽，早造秧龄 30～35 d 为宜，晚造秧龄 20～25 d。父母本抛秧或机插秧叶龄为 3.0～4.0 叶，早造秧龄 20～25 d，晚造 15～18 d 为宜。

(2)父母本行比、行向　确定行比的原则是在保证父本有足够花粉量的前提下最大限度地增加母本行数。目前生产上父母本行比通常为 1∶(8～14)或 2∶(12～18)，一般早、中熟组合行比为 2∶(12～14)、迟熟组合为 2∶(16～18)。如果是超高产制种，早熟组合父母本行比则为 2∶(1[illegible]～16)，中熟组合为 2∶(16～18)，迟熟组合为 2∶(18～20)。

确定行向的原则是与当地抽穗开花期的盛行风向基本垂直，同时兼顾阳光照射方向，行向与阳光照射方向平行，有利于禾苗生长发育，减少病虫发生，使父母本建立丰产苗穗结构。风向和阳光照射方向结合考虑，二者统一。

(3)田间肥水管理　肥料施用以多元复合肥为主，单一元素肥料为辅，以基肥为主，追肥为辅；母本采用前重、中控、后补的施肥方法；在父本生育中期单施深施肥。$N:P_2O_5:K_2O=1:0.5:1$，每亩施纯 N 总量 10.0～20.0 kg，P_2O_5 总量为 5.0～10.0 kg，K_2O 总量为 10.0～20.0 kg。基肥占 70%～80%，追肥占 20%～30%。具体用肥量和施用时期根据制种田土壤类型和肥力水平、父母本的分蘖能力和耐肥能力(株型、抗倒性)及苗情确定。幼穗分化第Ⅴ期视母本苗情、叶色每亩施钾肥 5.0～10.0 kg,适当补施尿素 0～8.0 kg。在父本移栽后 7～10 d 在父本株(行)间每亩父本单独深施尿素 3.0～6.0 kg、氯化钾 2.5～3.0 kg。

母本移栽后深水返青,返青后排水露田,其后湿润灌溉。在幼穗分化始期前后晒田或露田。孕穗期至抽穗开花期 5～10 cm 深水灌溉,授粉结束至种子成熟期保持湿润状态,收获前 5～7 d 排干水。

6. 花期预测与调节

(1)花期预测　花期预测方法主要有幼穗剥检法、叶龄余数法和对应叶龄法。

①幼穗剥检法。幼穗剥检法就是在稻株进入幼穗分化期剥检主茎幼穗,对父母本幼穗分化进度对比分析,判断父母本能否同期始穗。从预期始穗期前 30 d 左右和预计叶龄余数 3.5～3.0 叶时开始,每 2～3 d,在有代表性的制种田,随机定点连续取父母本各 10 株,剥开主茎,鉴别幼穗发育进度。

②叶龄余数法。叶龄余数是主茎总叶片数减去当时叶龄的差数。根据定点观察记载的叶龄和父母本预计的主茎总叶片数推断幼穗分化时期。在有代表性的制种田随机定点,连续取父母本各 10 株,用主茎总叶片数减去已经出现的叶片数,求得叶龄余数。用公式表示为:

叶龄余数＝主茎总叶片数－伸出叶片数

③对应叶龄法。根据历年同地同季同组合父母本各发育时期的对应叶龄和花期相遇程度,对照当时父母本的叶龄推测父母本花期相遇程度。

(2)花期调节

①调节原则。前期(幼穗分化Ⅲ期前)调节为主,后期调节为辅;以促为主,促控结合;以调节父本为主,调节母本为辅。

②调节措施。

a. 推迟抽穗和延长花期措施。移栽后控肥控水,分蘖中后期重施氮肥,母本每亩施尿素 7.0～15.0 kg,父本每亩施尿素 5.0～10.0 kg,可推迟抽穗和延长花期 2～5 d。

幼穗分化前期重施氮肥,可推迟抽穗 1～2 d,适用于父本,母本慎用。

幼穗分化Ⅳ期重晒田,可推迟父本抽穗 1～3 d。

幼穗分化Ⅲ期前喷施多效唑结合重施氮肥可推迟抽穗和延长花期 2～3 d。

b. 提早抽穗和缩短花期措施。幼穗分化期灌深水(10 cm 以上),能加快父本发育进度,可提早抽穗 1～3 d,幼穗分化中期施钾肥(每亩对父本施氯化钾 3～5 kg、对母本施氯化钾 10～12 kg),可提早花期 1～2 d。

幼穗分化Ⅵ期,喷施赤霉素(每亩父本每次 0.2 g,母本 0.8 g,施用 3 次,每次间隔 1～2 d),可提早 1～2 d 抽穗和缩短花期 2～3 d。

c. 调节措施的确定。具体调节措施可根据当时的禾苗长势长相、生长发育进程、土壤肥力水平、病虫发生状况和需调节的天数等综合因素确定。

7. 科学喷施赤霉素

(1)喷施用量与始喷抽穗指标　根据母本对赤霉素的敏感性确定总用量和始喷的抽穗指标,见表 1-53。

表 1-53　不育系喷施赤霉素用量与始喷抽穗指标

母本类型	总用量/(g/亩)	始喷时的抽穗指标/%
敏感型	10～15	30～40
中度敏感型	20～30	10～15
钝感型	50～60	0～5

注 1:赤霉素有效成分达到 8.5×10^5 U/g 以上。
2:花期相遇好的制种田,父母本同时喷施。花期相遇差的田,父母本应分开喷施。
3:根据父母本的苗穗基础和喷施时天气调整赤霉素的总用量(群体生物量大和气温偏低时需增加用量)。
4:根据母本苗穗发育的整齐度调整始喷时间(发育不整齐的田块,适当推迟始喷时间,加大喷施间隔时间)。

(2)喷施次数　分 2～3 次喷施,分 2 次喷施的各次用量比为 2∶8 或 3∶7,分 3 次喷施的各次用量比为 2∶5∶3。

(3)喷施时间　每天 7:00～10:00 或 17:00～19:00,用普通背负式喷雾器喷施,用水量为 15～20 kg/亩。

(4)对父本单独喷施　在父母本同时喷施的基础上,对赤霉素反应中度敏感的父本,在父本抽穗 20%～30%时单独喷施一次,用量为 2～6 g/亩;对赤霉素钝感的父本与敏感型的母本制种时,父本加喷 6～10 g/亩;对赤霉素敏感的父本与钝感的母本制种时,父本不加喷,在和母本同时喷施时父本少喷。

(5)特殊情况下的喷施　遇连续阴雨低温天气,赤霉素量增加 50%～100%,在停雨时或小雨时喷施。遇高温干热风天气,始喷期提早 1～2 d,在早、晚无风或微风时喷施。对用多效唑调节母本花期的制种田,在母本幼穗发育Ⅳ期末喷施赤霉素 1～2 g/亩。

(6)赤霉素养花　母本盛花期,每天对母本用赤霉素 1～2 g/亩,兑水 20 kg 左右喷施,连续喷 3～4 d,母本抽穗比父本早 3 d 以上的制种田尤为重要。

8. **母本育性监控与种子纯度估算**

(1)母本育性监控

①制种田育性监测,预防母本自交结实。自交结实是两系杂交制种的最大风险。育性敏感期内遇到连续低温(日均温低于不育起点温度)以及制种后期高位分蘖遇短日低温都会导致光温敏核不育系自交结实。因此,在两系杂交制种过程中,要及时进行母本育性监测,确保母本育性安全。母本育性监测的具体措施是进行温度观察记载,即在制种母本育性敏感期(幼穗分化 3～6 期,即抽穗前 10～20 d),密切关注制种基地天气的变化,如果有低温天气,对当地气象站低温时段的日平均气温进行分析。对比母本的育性转换临界温度值,来确定低温对母本的育性是否将产生育性波动。如籼稻母本在抽穗前 5～15 d、粳稻母本在 10～20 d 范围内遇日平均气温 24 ℃以下天气时,可用高于 25 ℃的水深灌 15 cm 以上保护母本,低温过后排水。同时及早晒田,防止高位分蘖遇短日低温导致自交结实。

②母本花粉镜检。从母本始花期起,在整个制种基地根据母本生育期的迟早、田块的肥力水平、灌溉水源、田块地形等因素,选择取样田,采用 5 点取样法取样进行花粉镜检。由于母本同一穗内不同部位的颖花,花粉发育不同期,花粉育性是在发育敏感期因温度而变化,因而不宜在某一天镜检同一穗的上、中、下部颖花,而应取当天能开花的颖花进行镜检。每天每点取当天能开花的颖花 10 朵,取出全部花药,镜检花粉育性,观察记录花粉类型,以判定不育系的

不育性是否稳定，是否受气温影响。

③母本移蔸隔离和田间套袋。在花粉育性镜检取样田内，喷施赤霉素前一天，采用5点取样，每点取一厢内的一横行所有植株或随机取10穴植株，带泥移至绝对隔离区，并同取样田一样喷施赤霉素，防止畜禽危害，齐穗后20 d考查自交结实率。种子成熟期，在同一取样制种田内5点取样，每点取一横行或取10穴植株，调查母本结实率。

(2)种子纯度估算　根据同一取样田取样的母本隔离自交结实率、制种田母本结实率和制种田间父母本含杂率的调查结果，估算所制种子的纯度。纯度估算公式如下：

$$X=[100-(a+n/m\times 100)]\times 100\%$$

式中：X——为种子纯度估算值，%；

a——为非育性波动引起的杂株率，包括亲本中杂株和杂株串粉株、其他杂株，由田间花检结果推算，%；

n——为母本完全隔离栽培下的自交结实率，%；

m——为制种田母本结实率，%。

例如，隔离自交结实率为2%，取样田母本结实率为40%，所制种子纯度约为95%。

9. **人工辅助授粉**

人工授粉能提高制种结实率，时间从父本始花期至终花期8～12 d。每天在父本开花高峰时开始人工辅助授粉，授粉3～4次，每次间隔20～30 min。使用的方法有单杆授粉法、双杆推粉法、绳索拉粉法等。

10. **病虫害防治**

参照水稻大田栽培防治病虫害的方法。稻粒黑粉病和稻瘟病是杂交水稻制种重点防治病害，以药剂防治为主，结合其他防治方法。

11. **制种田除杂**

制种田杂株的识别与清除：两系杂交制种田混杂类型没有保持系，但有自交结实株/穗，因此除杂的重点除了杂株之外，去除自交混杂的种子也是必不可缺的工作内容。全程及时拔除杂株，重点在始穗期至齐穗期，要求齐穗期田间杂株率≤0.2%，成熟收割前田间杂株率≤0.1%。

父本杂株主要是机械混杂株和变异株，根据株型、叶色、叶型、粒型、顶芒、生育期等特征判断。母本杂株分三类：

①同型可育株，植株形态与不育系基本一致，但花药黄色肥大，裂药散粉，花粉正常可育，结实率高；

②高温敏株，齐穗后表现为穗颈明显伸长、花药略大、少量花药裂药散粉、结实率偏高；

③异品种，根据株型、叶色、叶型、粒型、顶芒、生育期等特征判断。

一株内的穗间，一穗内的不同部位颖花都可能因育性敏感期的气温变化而存在育性差异，而且这些差异有可能只在抽穗开花期某1 d或2 d内表现，从株叶形态和抽穗特性上不易被区别，因而常被忽视。由此可见，两系法制种的田间识杂更应加强除杂的技术指导，及时清除各类杂株。具体做法是适时收获，防高位蘖自交结实谷粒灌浆成熟；收获时留高稻桩，将高位蘖穗留在田间；收获后及时清选种子，将后期灌浆结实的种子去除。

12. **收获**

收割时对父本与母本严格分别收割。应先收割父本，割后清除漏割父本、掉落父本和倒入母本行中的父本以免混杂。在收割前彻底清理脱粒机和装种用具。以母本籽粒黄熟 80%以上时收割为宜。晒前清理干净晒坪或晒垫以及装种用具。

收割脱粒后的种子要及时清除杂质和晒干，干燥至含水量 13%（籼稻）或 14%（粳稻）以下。

【实施方案】

以工作小组为单位，在教师指导下按照两系杂交水稻种子生产技术方案进行两系杂交水稻种子生产（表 1-54），具体内容包括：

（1）选择好两系安全制种基地；

（2）选用育性稳定、来源正规的光温敏核不育系作母本；

（3）选择适宜制种季节，安排好父母本的播种期；

（4）能进行花期预测和调节；

（5）进行制种田育性监测，预防母本自交结实；

（6）进行制种田除杂与纯度检测。

表 1-54　两系杂交水稻种子生产教学实施方案

工作过程	教学步骤	训练要求与标准	训练方法	参考时间
资讯和计划	下达生产任务，设计、讨论	能提出正确的两系杂交水稻种子生产操作要求	以小组为单位查阅文献资料（主要在课外完成），讨论方案，抽查 5 个小组的方案进行答辩	40 min
决策	确定两系杂交水稻种子生产方案，准备各种生产资料	按计划列出生产所需的生产工具和资料并做好准备	主要在课外完成，上课时提交生产工具和资料清单	20 min
实施	两系杂交水稻种子生产操作演练	按操作规程要求进行，能独立正确操作、用时短	按小组为单位进行生产操作	200 min
检查	操作结果展示与评价	操作结果符合技术规程要求、用时短	各小组展示操作结果，进行评分（填写评分表）	20 min
总结	撰写技术报告	技术操作规程、生产体会（包括生产中存在的问题以及解决的办法）	教师提出设计、技术报告撰写要求，每位学生独立完成	课外
评估	归纳总结	生产中存在的问题以及解决的办法	各小组进行体会交流、归纳分析总结	40 min

【检查评价】

现场操作检查：学生自检、教师检查任务完成情况（表 1-55）。检查结果可分为 5 个等级：优秀（≥90 分）、良好（80～89 分）、中等（70～79 分）、合格（60～69 分）、不合格（0～59 分）。

表 1-55 两系杂交水稻种子生产任务完成情况检查表

	考核要点		技术操作要点	分值安排	评定得分
考核标准	1. 态度与表现		学习(实训)态度与课堂表现	20	
	2. 技能操作部分	两系杂交水稻种子生产	能正确选择安全制种基地、制种季节、播种期	20	
			能根据母本特性选择制种季节和播种期	15	
			能进行花期预测和调节	10	
			能及时进行制种田育性监测	15	
			能正确进行制种田除杂	10	
			能采用科学的方法进行种子田纯度检测	10	
总分				100	

【问题与思考】

1. 简述两系制种与三系制种的异同点。
2. 叙述两系制种的关键技术。
3. 试述如何提高两系杂交制种田种子质量。

【典型人物案例】

石明松:著名的两系水稻育种家

“两系”法利用杂种优势

1938 年,石明松出生于江苏省如皋市石庄镇。全国“五一劳动奖章”和“国家级有突出贡献的科学技术专家”荣誉称号的获得者。被誉为“摘下水稻科研皇冠上第三颗明珠的人”。2014 年 1 月 10 日,“两系法杂交水稻技术”荣获 2013 年国家科学技术奖特等奖。在 50 个获奖人名单中,“杂交水稻之父”袁隆平排第一,石明松排第二。

1956 年 9 月,初中刚毕业的石明松和一帮南通老乡来到湖北荆州求学。在荆州农校中专部农作物系的 3 年学习经历让他明白,只有掌握了农业科技知识,才能更好解决广大群众的吃饭问题,这笃定了他立志从农的信念。从荆州农校毕业后,石明松放弃了农展馆的舒适工作,主动提出到沔阳县(今仙桃市)从事农技推广工作,从此一头扎进绿浪舒卷的稻田中。

1970 年 11 月,袁隆平研究小组在海南岛崖县的野生稻中发现了花粉败育的雄性不育野生稻(简称野败),使三系法杂交水稻育种取得重大突破。石明松在袁隆平发现野败的启发下,也在水稻生产田中寻找雄性不育材料。于1973年在一季晚粳稻品种农垦58的大田中，根据自然不育株结实少、老来青、不低头的特点，选择了三株自然不育株。1974年分株行单本移栽比较，其中1个株行有48株，没有形态变异、没有杂种优势、表现早熟整齐，但表现为不育株（小花药）和可育株（大花药）两种类型，部分不育株有少量的结实现象，收获种子。

1975—1979年每年选择小花药植株和大花药植株进行姊妹交，利用育性分离，保持不育株和可育株的同时存在。但是，年度之间不育株的比例和不育度表现出差异，主要是由于播种期不同造成的，迟播的不育株少、有少量结实，不育株割蔸再生时结实率更高。收获不育株上自交结实的种子，第二年种植时，表现出高度不育。据此推测，这种材料的育性表现与播种期相关，分期播种实验结果表明，5月20日前播种，9月3日前抽穗的均表现不育，不育株率98%以上、不育度100%；而6月10日以后播种或早播割蔸再生的植株，在9月8—20日抽穗、结实率在70%以上。对30多个测配组合的优势鉴定表明，具有一定的杂种优势，用迟播或割蔸再生收获的种子进行制种，纯度可以达到生产要求。总结以上的实验结果，石明松于1981年在《湖北农业科学》上发表了题为“晚粳自然两用系选育及应用初报”的论文，首次提出了用农垦58大田中发现的自然不育株，进行一系两用的水稻杂种优势途径。

1982—1985年，湖北省农业科学院、华中农学院（华中农业大学的前身）和武汉大学的相关研究人员，对石明松发现的农垦58自然不育株进行了生理、生态、遗传和育种研究，结果表明光照长度是调控育性转换的主要因素，温度起辅助作用。1985年10月，湖北省科学技术委员会（湖北科学技术厅的前身）、湖北省农业厅组织专家对农垦58不育材料进行了技术鉴定，正式命名为“湖北光敏感核不育水稻”，并建议用于培育两系法杂交水稻。为了有别于三系杂交水稻的不育系A，袁隆平建议两系不育系用S表示，因而将农垦58不育材料定名为农垦58S。“光敏感核不育水稻”被列入全国自然科学基金委员会重大项目、国家攻关项目和“863”高技术研究计划。由于“光敏感核不育水稻”比三系法杂交水稻有更多优势，1986年，袁隆平提出杂交水稻发展由三系到两系甚至到一系的战略思想。

1988年，时任市农技推广中心副主任、湖北省光敏感核不育水稻研究中心主任的石明松在洗澡时意外触电身亡，年仅50岁，不幸英年早逝。

资料来源：

①石明松：和袁隆平齐名的水稻专家．南通新闻网，2019年1月02日

②牟同敏．中国两系法杂交水稻研究进展和展望．科学通报，2016,61(35):3761-3769

典型人物事迹感想：

典型人物工匠精神总结凝练：

子项目五　杂交水稻不育系繁殖

【知识目标】

1. 具备三系不育系繁殖知识；
2. 具备光温敏核不育系繁殖知识。

【技能目标】

1. 能进行三系不育系繁殖；
2. 能进行光温敏核不育系繁殖。

【素质目标】

1. 培养懂农业、爱农村、爱农民的“三农”情怀；
2. 培养生态安全、健康环保、可持续发展的理念；
3. 培养爱岗敬业、精益求精、刻苦钻研、勇于创新的工匠精神；
4. 培养尊重科学、遵纪守法、诚信友善的社会责任感；
5. 培养自主学习和终身学习的行为习惯；
6. 培养获取和运用新知识、新技术的信息素养。

任务一　三系不育系繁殖

【任务目标】

1. 能准确推算父母本播错期和播种期；
2. 能规格移栽父母本并确定适宜行比；
3. 能强化栽培父本；
4. 能及时进行繁殖田除杂去劣；
5. 能科学喷施赤霉素；
6. 能人工辅助授粉；
7. 能及时收获种子。

【布置任务】

学生模拟种子公司的形式组建成工作小组，在种子生产实训基地，按照三系不育系(A)繁殖技术方案进行不育系种子的繁殖。具体要求：

(1)能准确推算父母本播错期和播种期；

(2)能规格移栽父母本并确定适宜行比；

(3)能强化栽培父本；

(4)能及时进行繁殖田除杂去劣；
(5)能科学喷施赤霉素；
(6)能人工辅助授粉；
(7)能及时收获种子。

【学习条件】

场地要求：种子生产实训基地。

工具与生产资料准备：三系杂交水稻不育系、保持系种子、农膜、锄头、铲、秧盘、水桶、喷雾器、竹签、肥料、放大镜、竹竿等。

【知识准备】

一、三系不育系繁殖与三系制种的区别

雄性不育系繁殖就是用不育系作母本，保持系作父本，按一定行比相间种在同一块田里，采用人工辅助授粉，使不育系接受保持系的花粉受精结实，生产出下一代不育系种子的过程。繁殖出的不育系种子除少部分用于继续繁殖不育系新种外，大部分用于杂交制种，是杂交水稻制种的基础。因此，不育系繁殖不仅要提高单位面积产量，而且要保证生产出的种子纯度达到99.8%以上。

不育系的繁殖技术与三系制种技术基本相同，均是母本依靠父本的花粉受精结实。其不同点在于：不育系和保持系属姊妹系，株高、生育期等都差别不大，而制种的父本恢复系比不育系繁殖的父本保持系植株高大、分蘖力强、成穗率高、穗大、花粉量充足、生育期长。因此，制种父本栽插的穴数宜少些，父母本的行比宜大些，母本栽插的穴数多些。其他技术措施则大同小异，可以通用。

二、三系不育系繁殖的主要技术措施

1. 选好繁殖基地，进行严格隔离

不育系繁殖对基地的选择要求较高，最忌外来水稻花粉的影响，因此，选择繁种基地首先要考虑隔离条件。空间隔离：繁殖田四周 200 m 以上，顺风则要 300 m 以上不得种植非父本水稻品种。时间隔离：繁殖田四周必须与其他水稻品种花期错开 25 d 以上。基地耕层深厚，土壤肥沃，保水保肥，排灌方便。大气、水、土壤无污染，生态环境条件良好。

2. 适时分期播种，确保花期相遇

(1)适时播种　选择最佳的抽穗扬花期和确定最佳的播种季节。要注意避开幼穗分化期遇低温和抽穗扬花期遇梅雨或高温。不育系繁殖的播期差比制种的播期差小得多，而且父母本在播种顺序上正好相反，制种时是先播父本，而繁殖时是先播母本(不育系)。

(2)父本分期播种　不育系从播种到始穗的时间一般比保持系(父本)长 3 d 左右，而且不育系的花期分散从始花到终花需要 9～12 d，而保持系的花期集中，只需要 5～7 d。因此，为了使父母本花期相遇，父本应分两期播种，第一期父本比母本迟播 3～4 d，叶差 0.8 叶；第二期父本比母本迟播 6～7 d，叶差为 1.5 叶。粳稻不育系和保持系生育期相近，抽穗期也相近，第一期不育系与保持系可同时播种，第二期保持系比第一期保持系迟 5～7 d 播种。不育系和保持

系可同期抽穗。

3. 适宜行比与行向

在隔离区内，不育系和保持系以 4∶1 或 8∶2 行比种植。移栽时应预留父本空行，两期父本按一定的株数相间栽插，以利于散粉均匀。同时，为防止父本苗小受影响，父母本行间距离应保持 26 cm 左右。保持系和不育系种植的行向既要考虑行间光照充足，又要考虑风向。行向最好与风向垂直，或有一定的角度，以利风力传粉，提高母本结实率。

三系不育系繁殖移栽

4. 合理密植

为了保证不育系有足够的穗数，必须保证其较高的密度，一般株行距为 10 cm×(13.2～16.5) cm。单本插植，便于除杂去劣。如果不育系生育期较长，繁殖田较肥沃，施肥水平较高，其株行距可采用(13.2～16.5) cm×(16.5～20) cm。

5. 强化栽培措施

为了便于除杂，不育系和保持系往往需要单株种植，应该强化栽培管理，保证足够的营养条件，特别是要注意使保持系的营养充分。因为不育系本身是杂交后代，具有杂种优势，而保持系同一般品种一样，普通栽培技术下往往长势不好，所以必须加强管理，使之均衡生长。若保持系生长不好，花粉不多，或植株矮于母本，就会影响母本的结实率。

6. 适量喷施赤霉素、解除包颈现象

一般不育系抽穗仍有包颈现象，适时适量适法喷施赤霉素可解除包颈。

7. 除杂去劣、确保种子纯度

除注意严格隔离外，要多次进行除杂去劣，防止发生生物学混杂。特别是在抽穗开花期间，要反复检查，拔除父母本行内混入或分离的杂株。在收获前，再次逐行检查，拔除不育系行中的保持系植株。

8. 收获

收获时通常先收保持系，再对不育系群体全面逐株检查，彻底清除变异株及漏网的杂株、保持系株，然后单收、单打、单晒、单藏。不育系种子收获时还要注意观察，去除夹在其中的保持系稻穗。

【实施方案】

以工作小组为单位，在教师指导下按照三系杂交水稻种子生产技术方案进行播种前工作准备(表 1-56)，具体内容包括：

(1)正确推算父母本播错期和播种期；

(2)规格移栽父母本并确定适宜行比；

(3)强化栽培父本；

(4)及时进行繁殖田除杂去劣；

(5)科学喷施赤霉素；

(6)人工辅助授粉；

(7)及时收获种子。

表 1-56　三系不育系繁殖教学实施方案

工作过程	教学步骤	训练要求与标准	训练方法	参考时间
资讯和计划	下达生产任务，设计、讨论	能提出正确的三系不育系繁殖操作要求	以小组为单位查阅文献资料（主要在课外完成），讨论方案，抽查 5 个小组的方案进行答辩	10 min
决策	确定三系不育系繁殖方案，准备各种生产资料	按计划列出生产所需的生产工具和资料并做好准备	主要在课外完成，上课时提交生产工具和资料清单	10 min
实施	三系不育系繁殖操作演练	按操作规程要求进行，能独立正确操作、用时短	按小组为单位进行生产操作	120 min
检查	操作结果展示与评价	操作结果符合技术规程要求、用时短	各小组展示操作结果，进行评分（填写评分表）	10 min
总结	撰写技术报告	技术操作规程、生产体会（包括生产中存在的问题以及解决的办法）	教师提出设计、技术报告撰写要求，每位学生独立完成	课外
评估	归纳总结	生产中存在的问题以及解决的办法	各小组进行体会交流、归纳分析总结	10 min

【检查评价】

现场操作检查：学生自检、教师检查任务完成情况（表 1-57）。检查结果可分为 5 个等级：优秀（≥90 分）、良好（80～89 分）、中等（70～79 分）、合格（60～69 分）、不合格（0～59 分）。

表 1-57　三系不育系繁殖任务完成情况检查表

	考核要点		技术操作要点	分值安排	评定得分
考核标准	1. 态度与表现		学习（实训）态度与课堂表现	20	
	2. 技能操作部分	三系不育系繁殖相关技术	错期播种	15	
			规格移栽	15	
			赤霉素喷施	15	
			除杂、去劣及授粉	15	
			人工辅助授粉	20	
总分				100	

【问题与思考】

1. 简述三系不育系繁殖与三系制种的异同点。
2. 试述如何提高三系不育系繁殖种子的产量和质量。

任务二　光温敏核不育系繁殖

【任务目标】

1. 掌握光温敏核不育系的特征特性；
2. 了解掌握光温敏核不育系的繁殖方法；
3. 掌握冷灌繁殖技术。

【布置任务】

学生模拟种子公司的形式组建成工作小组，在种子生产实训基地，按照光温敏核不育系繁殖技术方案进行冷灌繁殖。具体要求：

1. 能正确地采用幼穗剥检法、叶龄余数法进行花期预测；
2. 能根据花期预测结果正确判断花期相遇情况；
3. 能采用科学的方法进行花期调节。

【学习条件】

场地要求：水稻种子生产实训基地。

工具与生产资料准备：光温敏核不育系、农药、化肥、赤霉素等。

【知识准备】

一、光温敏核不育系的繁殖特点和方法

光温敏核不育系繁殖就是利用其在长日照和低温条件下自交结实这一特性来繁殖种子。虽然光温敏核不育系繁殖属于自交结实，但是却不可按照常规水稻种子繁殖技术进行。原因是在光温敏核不育系繁殖时，育性敏感期与抽穗扬花期对温度的要求相互矛盾。在一般的条件下，绝大多数的光温敏核不育系，难以做到在敏感期内满足其育性转换对低温（<24 ℃）的要求，而在抽穗扬花期内又能保证有适宜的温度（25～30 ℃）安全扬花授粉，即“两期”相互矛盾，这已经成为制约两系杂交稻大面积推广应用的瓶颈。因此要进行光温敏核不育系的安全繁殖，必须采取一定的技术措施。

光温敏核不育系繁殖常用的方法包括：冷灌繁殖技术、人工气候室繁殖、异地繁殖（海南）、本地秋季繁殖/再生稻繁殖、中低纬度高海拔地区繁殖等。

二、光温敏核不育系的繁殖方法

1. 光温敏核不育系冷灌繁殖

冷灌繁殖就是指在光温敏核不育系的繁殖阶段，在育性敏感期内通过灌冷水以达到育性转换对低温的要求，过后排掉冷水使繁殖田温度回升，而不影响其正常抽穗扬花的一种繁殖方法。冷灌繁殖是目前生产上应用最多、技术最成熟的一项光温敏核不育系繁殖技术。主要技

术环节包括以下几个方面：

(1)冷灌繁殖基地的选择和隔离　选择适宜的繁殖基地是夺取高产的前提。冷灌基地选择的首要出发点是必须有充足的低温水资源。主要利用水库底层低温水源或高山地区地下阴河水源，要求水温 16～22 ℃。繁殖田要求土壤肥力中上，排灌方便，阳光充足。

光温敏核不育系在繁殖时，虽然可育花粉比较高，但毕竟不是百分之百，在有外来花粉条件下，异交结实率是很高的。因此，必须严格防杂保纯。如果采用空间隔离，一般丘陵地区在距离繁殖田四周 100 m，平坝地区距离繁殖田四周 200 m 以内不能种植与繁殖田同期抽穗的其他水稻品种。采用时间隔离则要求不育系繁殖与异品种的花期要相差 25 d 以上。

(2)合理安排"三期"　光温敏核不育系繁殖需要安排好"三期"，即适时播期、育性转换安全敏感期、理想扬花期，其中育性转换安全敏感期是核心，决定繁殖的成败。目前生产上所利用的光温敏核不育系的育性转换临界温度为 24 ℃，低于育性转换临界温度则恢复育性。在繁殖光温敏核不育系种子时，应掌握育性转换安全敏感期的低温范围为 20～23 ℃，这样既达到低温恢复育性获得高产，又不因低温而造成冷害或生理不育。由此可见，适宜的播期不但决定育性转换安全敏感期，也决定理想扬花期，是夺取繁殖高产的关键步骤。因此，必须根据当地多年的实践经验和气象资料，确定合理的播种期。

(3)冷水科学灌溉　光温敏核不育系对温度反应的敏感部位不仅在茎端生长点，还在根尖生长点，而根尖埋在深泥之中，须冷灌后几天才能达到冷处理效果。因此，冷灌必须在育性转换敏感期前 1～2 d 进行，特别是夏季高温天气条件下，冷灌时间应适当延长到 20 d 以上。采用 22 ℃左右的低温水灌溉，深度由 10 cm 逐步加深到 17 cm，使幼穗生长点和根尖生长点在育性转换期自始至终都处于低温状态。在灌溉方式上宜采用较快的水流速度和较大的水流量昼夜连续串灌。由于气温和繁殖田的田间小气候对水温的影响，势必造成水温从进水口到出水口呈梯级上升的趋势，从而结实率也是梯级下降。为克服这种现象，每块繁殖田还要建立专用灌排渠道，要尽量减少空气温度对灌溉冷水的影响，多口进水，多口出水，漏筛或串灌，使全田水温基本平衡，植株群体结实平衡。

(4)做好田间管理和病虫害防治　插足基本苗，早施重施分蘖肥，促进低位分蘖早生快发，保证足够的有效穗。增施有机肥和磷钾肥，有利于高质量群体的形成和发育平稳正常。后期适当根外喷施叶面肥，有利于提高结实率和增加粒重。浅水分蘖，够苗晒田，有水孕穗，活水扬花，湿润灌浆。

病虫害参照水稻大田栽培防治病虫害的方法综合防治病虫害；催芽时要用强氯精等消毒，苗期注意防治稻蓟马，大田及时防治稻纵卷叶螟、二化螟、三化螟、稻飞虱等病虫害，孕穗后期及抽穗期预防稻曲病、纹枯病及白叶枯病等，确保丰产丰收。

(5)科学喷施赤霉素　光温敏核不育系可育时期，抽穗仍有包颈现象，适时适量适法喷施赤霉素，可改善穗层通风透光，增加穗长，疏散枝梗和着粒，提高结实率，减轻黑粉病发生。通常情况下，破口期用浓度为 12.5～15 mg/L 的赤霉素溶液喷施 1 次，抽穗达到 30%时用浓度为 50～60 mg/L 的赤霉素溶液再喷施 1 次。

(6)除杂去劣　从光温敏核不育系分蘖盛期至收获，要反复进行除杂，确保始穗期田间杂株率控制在 0.05%以内、齐穗期在 0.03%以内、收获期在 0.02%以下。此外，严格防止收割、运输、晒种过程的机械混杂，确保种子的纯度。

(7)及时收种　现有育性转换起点温度低的籼型水稻光温敏核不育系在黄熟后较易落粒，

如遇持续阴雨天气，易穗上发芽，不宜熟透才收割，而应及时收获。

2. **海南冬季繁殖**

海南地处热带地区，属热带海洋性气候，春、秋两季温度变化平缓且相对稳定，冬季温暖，可供水稻全年生长，成为全国最为理想的作物南繁育种基地。湖南杂交水稻研究中心多年来对培矮64S在海南三亚的冬繁研究证明，利用海南南端1月底到2月初的低温，是不育系繁殖的有效途径之一。

冬季海南繁殖需要注意以下几点：①合理安排好播种期、育性转换敏感期和抽穗扬花期。②选择合适的水稻产田并做好田间管理。产田要具备良好的自然隔离条件，以背风向阳、排灌方便的成片产田最为适宜，做到时间、空间隔离；设计丰产苗架，做好肥水管理，务必保证病虫害防治及除杂等。③结合各种辅助措施，增加繁殖产量。如适时适量喷施赤霉素，在抽穗扬花期可以选择人工赶粉等。

3. **低纬度高海拔繁殖**

低纬高海拔地区气候凉爽，昼夜温差大，是温敏型两用核不育系的理想繁殖基地。通常不育系繁殖最佳海拔高度为890～920 m，当海拔低于890 m或高于920 m时，繁殖产量开始降低。

利用高海拔低产田繁殖光温敏核不育系时，需要注意以下几个技术要点：①利用高海拔自然低温条件进行夏繁，当水稻两用不育系幼穗分化进入Ⅳ期，保持灌深水7～10 d，是提高结实率的关键；②适当推迟移栽时期，合理密植，保证充足的基本苗，必须保证不育系抽穗扬花期避开连秋雨、倒秋寒的时段；③搞好田间管理（特别是中后期病虫害的防治）和药剂辅助。扬花散粉时用长竹竿辅助赶粉2～3次，可提高自交结实率。

【实施方案】

以工作小组为单位，在教师指导下按照光温敏核不育系种子冷灌繁殖技术方案进行光温敏核不育系种子的生产（表1-58），具体内容包括：

（1）冷灌繁殖基地的选择和隔离；

（2）合理安排“三期”；

（3）冷水科学灌溉；

（4）科学喷施赤霉素；

（5）及时收种。

表1-58　光温敏核不育系繁殖教学实施方案

工作过程	教学步骤	训练要求与标准	训练方法	参考时间
资讯和计划	下达生产任务，设计、讨论	能提出正确的光温敏核不育系繁殖操作要求	以小组为单位查阅文献资料（主要在课外完成），讨论方案，抽查5个小组的方案进行答辩	10 min
决策	确定光温敏核不育系繁殖方案，准备各种生产资料	按计划列出生产所需的生产工具和资料并做好准备	主要在课外完成，上课时提交生产工具和资料清单	10 min

续表1-58

工作过程	教学步骤	训练要求与标准	训练方法	参考时间
实施	光温敏核不育系繁殖操作演练	按操作规程要求进行，能独立正确操作、用时短	按小组为单位进行生产操作	120 min
检查	操作结果展示与评价	操作结果符合技术规程要求、用时短	各小组展示操作结果，进行评分（填写评分表）	10 min
总结	撰写技术报告	技术操作规程、生产体会（包括生产中存在的问题以及解决的办法）	教师提出设计、技术报告撰写要求，每位学生独立完成	课外
评估	归纳总结	生产中存在的问题以及解决的办法	各小组进行体会交流、归纳分析总结	10 min

【检查评价】

现场操作检查：学生自检、教师检查任务完成情况（表1-59）。检查结果可分为5个等级：优秀（≥90分）、良好（80～89分）、中等（70～79分）、合格（60～69分）、不合格（0～59分）。

表1-59　光温敏核不育系繁殖任务完成情况检查表

	考核要点		技术操作要点	分值安排	评定得分
考核标准	1. 态度与表现		学习（实训）态度与课堂表现	20	
	2. 技能操作部分	光温敏核不育系冷灌繁殖	繁殖基地选择和隔离	20	
			合理安排“三期”	15	
			冷水灌溉（时间、深度和方法）	15	
			喷施赤霉素	15	
			除杂去劣	15	
总分				100	

【问题与思考】

1. 简述光温敏核不育系繁殖的特点和常见方法。
2. 简述光温敏核不育系冷灌繁殖的主要技术措施。
3. 试述如何提高光温敏核不育系繁殖的产量和质量。

项目二
玉米种子生产技术

【知识目标】

1. 了解玉米的花器构造、开花习性及种子的形成；
2. 知道玉米杂交种类别和种子分类；
3. 掌握玉米杂交制种的方法；
4. 掌握玉米自交系原种及亲本种子的生产程序及方法。

【技能目标】

1. 学会玉米人工去雄杂交制种技术及田间质量控制技术；
2. 学会玉米自交系原种及自交系亲本种子的生产技术；
3. 学会玉米种子生产实验、实训常见仪器设备的使用，能规范操作及简单维护；
4. 对玉米种子生产中的一些突发事件，能提出针对性的应对措施；
5. 具有文献检索及信息技术应用能力。

【素质目标】

1. 培养懂农业、爱农村、爱农民的“三农”情怀；
2. 培养行业认知，生态优先、绿色生产种子的理念；
3. 培养爱岗敬业、精益求精、刻苦钻研、勇于创新的工匠精神；
4. 培养尊重科学、遵纪守法、诚信友善的社会责任感；
5. 培养自主学习和终身学习的行为习惯；
6. 培养获取和运用新知识、新技术的信息素养。

子项目一　玉米种子生产基本认知

【知识目标】

1. 了解玉米花器构造及开花结实性；

2. 了解我国玉米制种现状;
3. 理解玉米种子形成;
4. 掌握玉米品种主要性状及识别技术;
5. 掌握玉米品种混杂的原因及防杂保纯措施。

【技能目标】

1. 能根据玉米相关生物学特性进行各性状识别与记载;
2. 能规范操作玉米果穗主要性状室内考种。

【素质目标】

1. 培养懂农业、爱农村、爱农民的“三农”情怀;
2. 培养行业认知,生态优先、绿色生产种子的理念;
3. 培养爱岗敬业、精益求精、刻苦钻研、勇于创新的工匠精神;
4. 培养尊重科学、遵纪守法、诚信友善的社会责任感;
5. 培养自主学习和终身学习的行为习惯;
6. 培养获取和运用新知识、新技术的信息素养。

【布置任务】

学生模拟种子公司的形式组建成学习(工作)小组,在教师指导下,通过线上线下自主学习相关资料,掌握玉米种子形成及其相关生物学特性、玉米品种性状识别等。完成玉米果穗主要性状室内考种任务。

【学习条件】

场地要求:图书馆、理实一体教室。

工具与生产资料准备:杂志期刊、图书、网页等。

【知识准备】

种子是农业的“芯片”。一粒种子,关系着中国人的饭碗安全。习近平总书记高度重视种业问题,强调要下决心把民族种业搞上去。2021 年中央一号文件提出,打好种业翻身仗,让种业装上更多“中国芯”。

玉米是雌雄同株异花授粉作物,是世界上总产和单产第一、贸易量第二、面积第三的“四元”(粮食、饲料、经作、蔬果)综合利用的谷类作物。20 世纪 50 年代末育成我国首批双交种,开创了我国玉米杂交育种的新纪元。60 年代中期我国生产上杂交种种植面积不足 100 万 hm^2,仅为玉米总种植面积的 4%;60 年代中期后,由于育成和引入一批优良自交系,组配一批玉米杂交种,1975 年杂交种种植面积占玉米总种植面积 50%左右。此后,随着玉米杂交育种研究工作的加强,全国玉米杂交种种植面积不断扩大,至今已发展到 99%以上,其中绝大部分是单交种。玉米种子生产是前承品种选育,后接大田生产的重要环节,是种植业获得高产、优质、高效的基础。因此,生产玉米杂交种子及其自交系种子是保障玉米产业稳定发展的首要任务。

一、中国玉米制种概况

1. 玉米制种生产现状

玉米是世界上总产和单产第一，贸易量第二，面积第三的“四元”(粮食、饲料、经作、蔬果)综合利用的谷类作物。2019 年世界玉米种植面积 1.92 亿 hm^2，总产量 11.12 亿 t，单产 5.84 t/hm^2。其中，美国种植面积 0.36 亿 hm^2，总产 3.48 亿 t，单产 11.24 t/hm^2；中国种植面积为 0.41 亿 hm^2，总产 2.60 亿 t，单产 6.32 t/hm^2。中国玉米单产水平略高于世界平均水平，比美国单产水平少 43.70%，差距很大，但也意味着增产潜力也很大(中国玉米种植面积居世界第一，单产排名第八)。

2019 年我国杂交玉米落实制种面积 17.07 万 hm^2，比 2018 年增加 1.27 万 hm^2，增幅 8%，生产种子 99 万 t。玉米制种面积在连续两年大幅度调减后，综合用种面积回升、市场需求回暖、库存压力减轻等有利因素，促使企业理性调增了制种面积。制种结构继续呈现品种数量增多、品种平均制种面积下降趋势，抗热性差的美系血缘品种制种面积调减，同时制种万亩以上的品种数量回升，郑单 958 等经受住市场检验的大品种、宜籽粒机收品种制种面积调增。

2. 玉米制种技术发展

玉米原产于美洲，原始玉米育种追溯到 5 000 多年前印第安人把野生玉米驯化栽培开始。当欧洲人早期到北美时，他们带着印第安人培育的‘北方硬粒种’玉米向内地迁移，在中西部一带与另一个‘南部马齿种’相串粉，经过混合选择，在 1850 年前后产生了现在玉米马齿品种。达尔文(1876)曾以自己的实验结果，首先报道了自交和异交对玉米生长的明显差异。W. J. Beal(1880)最早用隔离区和摘除雄穗的方法产生了玉米品种间杂交的种子，观察一代杂交种的产量有比亲本品种高 51%的结果。

20 世纪 G. H. Shull 进行了玉米粒行数的遗传研究，先后于 1908 年和 1909 年发表了揭示玉米自交导致衰退、杂交产生优势的现象，从而奠定了近代玉米杂交育种方法的基础，并提出超显性学说。根据 D. F. Jones(1918)的建议，在生产上改用了双交种子，把玉米杂交优势利用引向蓬勃发展。美国到 20 世纪 30 年代初，第一批商用杂交种问世，很快被农民接受。到了 1960 年玉米杂交种几乎遍及全美。

1926 年王绶等开始进行自交系选育和组配杂交种用于教学。在我国杂交玉米制种技术研究历史上具有里程碑意义的人物是著名玉米育种家李登海、许启凤。

李登海，山东登海种业股份有限公司董事长。1966 年初中毕业。1970 年参加大队农科，继而出任农科队队长。从此他便迷上了玉米育种和高产栽培研究这一行。1978 年，李登海成功研制‘掖单 1 号’，大田示范比当时推广的‘丹玉 6 号’抗病，品质好，产量高出 41.4%。1979 年，紧凑型玉米‘掖单 2 号’宣告研发成功，产量高达 11 649 kg/hm^2，首创我国夏玉米单产最高纪录，并确立了紧凑型玉米这一中国玉米高产研究的方向。通过运用杂交、合理密植等技术，1989 年，李登海培育栽培的夏玉米产量突破 15 000 kg/hm^2，达到 16 444.35 kg/hm^2，不仅创下了我国夏玉米高产纪录，而且刷新了世界夏玉米高产纪录。

30 多年间，先后选育玉米高产新品种 30 多个，6 次开创和刷新了我国夏玉米的高产纪录，这些新品种获得了大面积的推广，最多时推广种植面积占到全国玉米总种植面积的 1/3。据不完全统计，其增加的产量累计为国家增加直接经济效益 880 多亿元。

许启凤，中国农业大学教授，历经 18 年育成玉米新品种‘农大 108’，1998 年通过品种审定。该品种在耐密植育种上有所突破，以高产、稳产、株形紧凑、根系发达、叶绿素含量高、抗逆性强、适应性广、品质好、营养价值高等优势成为玉米家族的新宠，至 1999 年已推广种植面积 103 万 hm^2，2002 年推广种植面积达 266 万 hm^2。2000 年起被农业部定为“九五”期间 10 个重点推广品种的首选品种。1998—2001 年间，‘农大 108’共种植 510 万 hm^2，增产粮食 40 亿 kg，为国家创造经济效益 30 多亿元。

‘郑单 958’是河南省农业科学院于 2000 年培育成功的，被有关专家誉为“划时代跨时代”的优质高产粮饲兼用型玉米杂交新品种，综合性能极为优良，抗倒、抗病性以及稳产性、适应性俱佳，尤其是高产、超高产性能突出，在国内外处于领先地位。‘郑单 958’选育成功标志着我国杂交玉米育种新的突破。‘郑单 958’突出的特点是适应性广，全国各地、大江南北几乎均可种植；适应性强，不同的密度和肥力均可获得相当的产量，深受农民的欢迎，有农民戏称为“懒汉种”；制种成本相当低，深受玉米制种户和销售公司的欢迎。

‘桂单 0810’是广西农业科学院玉米研究所于 2012 年培育成功的，是广西首个国家玉米主导品种且获植物新品种权，该品种在抗逆性、品质、产量等方面超越我国热区主栽的外国名牌品种正大 619 和迪卡 008，并通过云南、贵州、广东认定；‘桂单 0810’种子产量（平均 6 141.15 kg/hm^2）及其大面积生产示范产量（平均 8 676.75 kg/hm^2）创广西玉米自育品种最高纪录。2015—2017 年，‘桂单 0810’成为广西玉米生产年种植面积最大的品种，年均市场占有率 22.68%，扭转了广西玉米生产及其种业长期依赖国外品种的被动局面。‘桂单 0810’适宜在全广西、广东及贵州低热河谷区域、云南低海拔区域乃至越南、老挝、马来西亚等东盟国家种植，有巨大的应用前景。

二、玉米种子的形成

1. 玉米花器构造

玉米（corn 或 maize）属于禾本科禾谷类作物，为雌雄同株异花授粉作物。雄花序着生于植株顶端，雌花序着生于茎秆中部的叶腋内。雄花序为圆锥花序，由主轴与分枝组成，一般有 15～20 个分枝。主轴和分枝上着生许多成对的雄性小穗，一个有柄，一个无柄，每个小穗内有两朵花，每朵花内有三个花药。开花时花药开裂散出大量花粉，一个雄穗能产生 2 000 万～3 000 万粒花粉。花粉粒小而轻，可随风飘扬在百米以外。

玉米的雌花序为肉穗花序，又称果穗，由穗柄、穗轴、苞叶和雌小穗组成，穗轴上着生许多成对纵行排列的雌小穗。每个小穗起初都有二朵小花，其中一朵后来退化。正常的花由内颖、外颖、雌蕊组成。雌蕊由子房和花柱组成。花柱亦称花丝，每个部位均有接受花粉的能力。因此，玉米果穗行数为偶数（图 2-1 和图 2-2）。

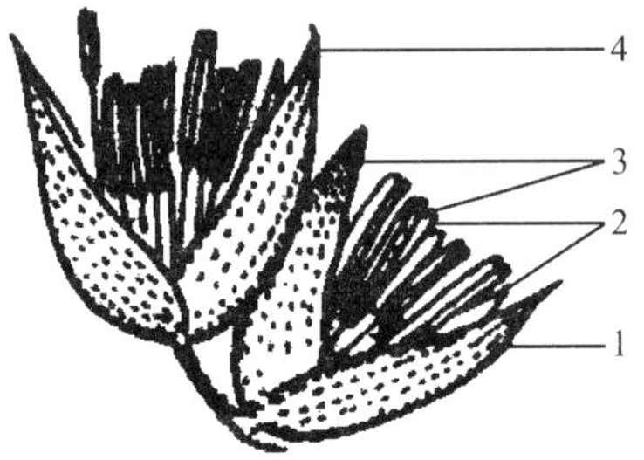

图 2-1　玉米雄花小穗构造

1. 第一颖　2. 第一花　3. 第二花　4. 第二颖

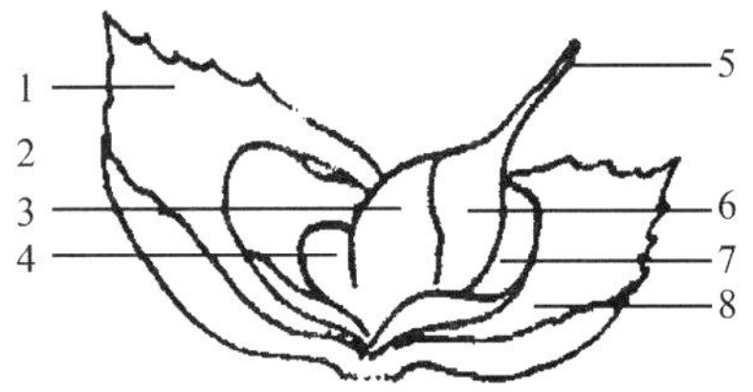

图 2-2　玉米雌花构造

1. 第一颖　2. 退化花的外颖　3. 结实花的内颖　4. 退化花的内颖　5. 花柱　6. 子房　7. 结实花的外颖　8. 第二颖

2. 开花结实习性及种子形成

同一玉米植株的雄花比雌花一般早开 2～4 d。玉米雄穗抽出顶叶 2～3 d，主轴中上部先开花散粉，随后分别向上、下依次开放。上部的分枝先开，下部分枝后开，同一分枝内顶部先开，依次向下。一个雄穗开花时间持续 6～7 d，开花后 2～5 d 是盛花期。一天内上午 8:00—11:00 开花，阴雨天延迟到午后放晴时开花。

玉米雄穗开花适宜温度为 25～27 ℃，相对湿度 70%～90%。一般田间条件下，花粉活力保持 5～6 h，6 h 后活力显著下降，12 h 后基本丧失活力。

发育小花的雌蕊由子房和花柱（花丝）组成。花柱顶端分杈叫柱头。在雄穗开花 2～3 d 后雌穗开始吐丝，其顺序是雌穗中下部的花丝先从苞叶中伸出，然后向上向下同时进行，雌穗顶部的花丝最后伸出苞叶。全穗花丝从抽出到结束 4～6 d，花丝伸出苞叶任何部位都有接受花粉的能力，这种能力在北方夏季可保持 10 d，在南方夏季可保持 5～7 d，在海南岛南繁时可保持 15 d。但以花丝抽出后 3～5 d 内授粉结实能力最强，以后开始下降。约到 10 d 花丝基本丧失活力。一般花丝长约 20 cm，如不能及时授粉，可伸长到 50 cm 左右，一经授粉就停止生长而枯萎。花粉粒落到花丝上 1～2 h 即可发芽，花粉发芽后进入子房约经 24 h，便可完成受精过程。

3. 玉米种子形态结构

玉米的种子主要由种皮、胚乳和胚三部分组成（图 2-3）。果皮与种皮紧密相连不易区分，习惯上均称之为种皮。种皮主要由纤维素构成，表面光滑，一般无色，包围整个种子，占种子总重量的 6%～8%，具有保护种子不受外力机械损伤和防止病虫害入侵的作用。胚乳位于种皮内部，最外层由单层细胞组成，这些细胞充满含有大量蛋白质的糊粉粒，组成糊粉层；糊粉层下的胚乳分为粉质胚乳、角质胚乳（二者是由蛋白质所占比例不同来区分的），胚乳占种子总重量的 80%～85%，起到储藏养料，供给种子萌发的作用。胚是新生植物体的雏体，构成种子最重要部位；胚由胚根、胚芽、胚轴、子叶（盾片）组成，胚根与胚芽顶端具有生长点，由胚性细胞组成，种子萌发时，这些胚性细胞能很快分裂、长大，使胚根和胚芽分别伸长，突破种皮，长成新植株的根、茎、叶；同时，胚轴也一起生长，成为幼根或幼茎的一部分；子叶是植物体最早的叶，是种子植物胚的组成部分之一，在大多数植物中为储藏养料或幼苗时期进行同化作用的器官（在无胚乳的种子内，子叶特别肥厚，储藏着大量的营养物质；在有胚乳的种子内，子叶不发达，但可从胚乳中吸收养料，供胚发育需要，所以子叶在种子萌发成幼苗的初期，其作用是十分重要的）；禾本科植物种子内的子叶，又称“内子叶”或“盾片”，其功能较特殊，具有吸收和消化作用；玉米胚占种子总重量的 10%～15%（图 2-3）。

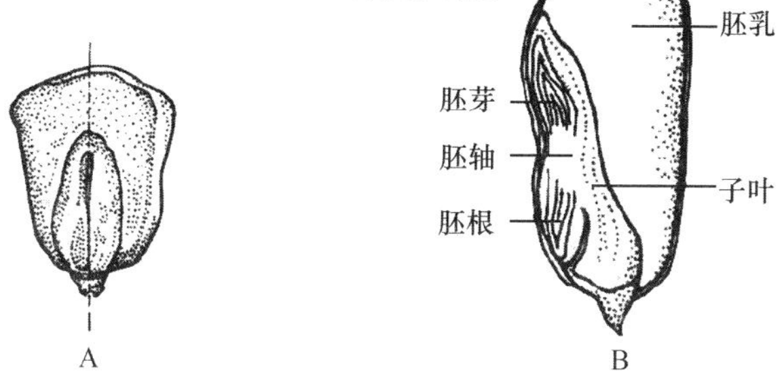

图 2-3　玉米种子的外形和结构（A：横面图；B：纵面图）

三、玉米杂交种类型

(一)玉米自交系概念

1. 玉米自交系的概念和特点

玉米自交系是指从优良的品种或杂交种中选株,经过连续多代的自交与选择,最后产生的基因型纯合、性状整齐一致的单株自交后代。这个单株自交后代内自交或姊妹交产生的群体,都是同一个自交系。

2. 玉米自交系的基本特点

玉米自交系有两个明显的特点:一是基因型纯合,性状稳定;二是自交导致生活力衰退,使植株变矮、果穗变小、产量降低。可见,玉米自交系一般不能直接用于生产,只能用于选配玉米杂交种。

3. 优良玉米自交系应具备的条件

(1)综合农艺性状好。包括植株性状、穗部性状、抗病虫和其他抗逆能力等。

(2)一般配合力较高。一般配合力是指一个自交系与其他多个自交系(或品种)产生的杂交后代的产量表现以及相关性状指标。只有将一般配合力较高的自交系合理组配,才有可能产生强优势组合。

(3)与繁殖制种有关的性状优良。比如自交系的花粉量大、散粉畅;自身产量高,雌雄花协调,结实性好。这样有利于减少繁殖和制种面积,降低种子生产成本。

(4)基因型纯合,表现整齐一致。

(二)玉米杂交种的种类和种子类别

1. 玉米杂交种的种类

根据组成杂交种的亲本数目及排列,玉米杂交种分为单交种、三交种、双交种、顶交种、综合种。目前生产上种植的多为单交种,其他种类只做搭配品种,很少大量使用。

(1)单交种　由两个自交系一次杂交而成。整齐度高、优势强、制种程序简单,是当前生产上利用的主要杂交种类型(图 2-4)。

图 2-4　玉米单交种制种流程示意图

(2)双交种　用四个自交系先配成两个单交种,再用两个单交种杂交而成(图 2-5)。

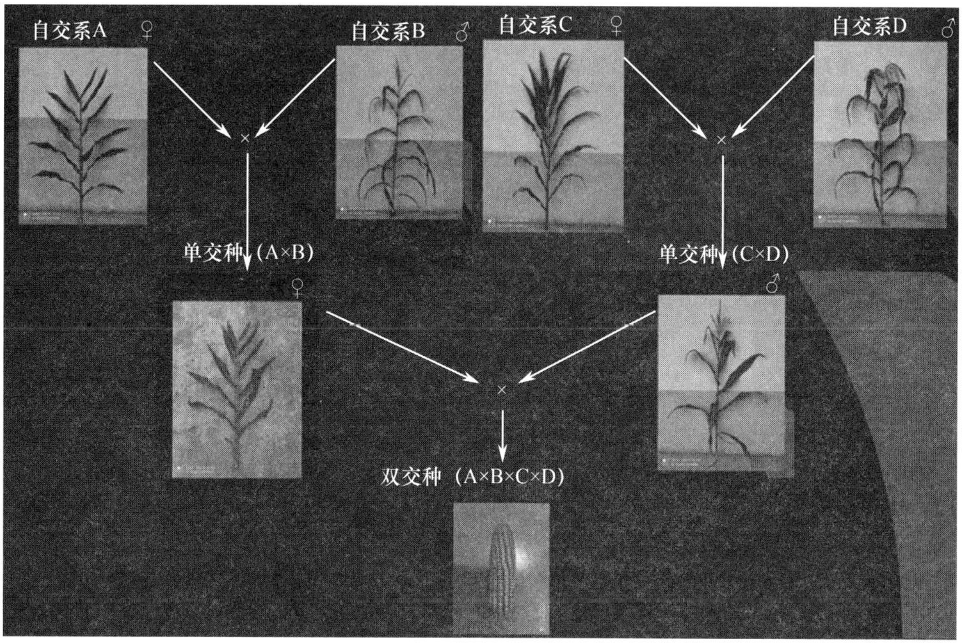

图 2-5　玉米双交种制种流程示意图

(3)三交种　用两个自交系先配成单交种,再与第三个自交系杂交而成(图 2-6)。

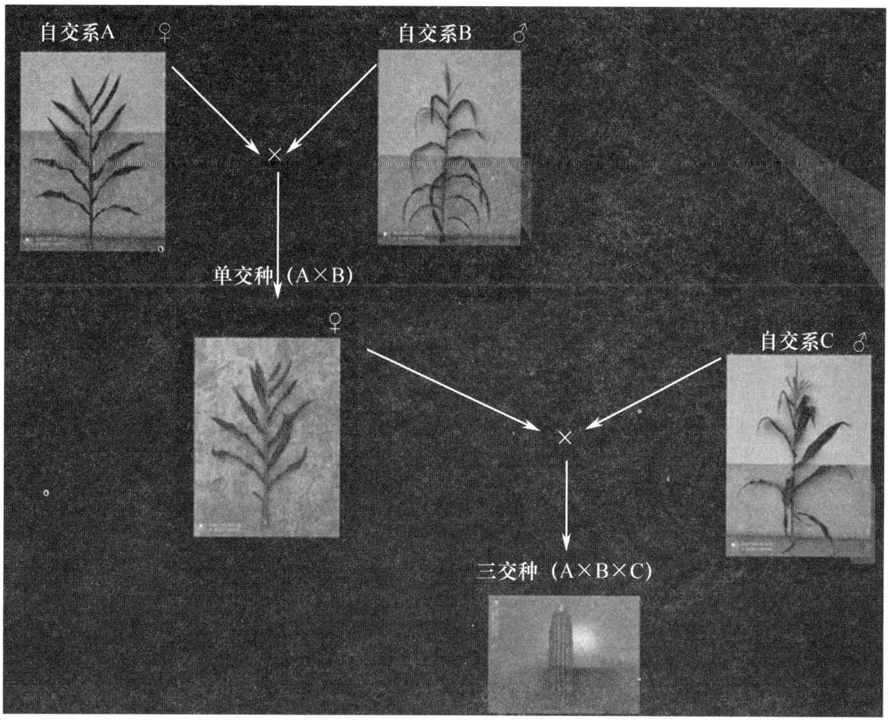

图 2-6　玉米三交种制种流程示意图

(4)顶交种　用一个自交系与一个品种杂交而成。

(5)综合种　用若干个自交系(一般 8 个以上)或自交系间杂交种经自由授粉选育而成。其遗传基础广泛、抗逆性强、适应性广、优势比较稳定。一经制成,可在生产上连续使用多年。但整齐度和杂种优势低于单交种、三交种、双交种。

2. 玉米种子的类别

根据《玉米种子生产技术操作规程》(GB/T 17315—2011)将玉米种子分为 4 个类别。

(1)育种家种子　由育种者育成的具有特异性、一致性和遗传稳定性的最初一批自交系种子。

(2)原种种子　由育种家种子直接繁殖出来的或按照原种生产程序生产并达到规定标准的自交系种子。

(3)亲本种子　由原种扩繁并达到规定标准,用于配制杂交种的种子。

(4)杂交种种子　又称商品种子,直接用于大田生产的杂交种子。

本项目论述的内容是指亲本自交系及其杂交种的种子生产。

四、玉米种子生产的特点

玉米属于天然异花授粉作物,花粉量大,并能随风扩散,极易发生串粉混杂。因此,种子生产有以下三个特点:

(1)亲本自交系繁殖和杂交种配制,都必须分别设置隔离区,与其他玉米品种严格分离,防止天然杂交而引起生物学混杂。

(2)杂交玉米的杂种优势仅潜存于杂种一代,生产上仅用杂种一代种子,杂种二代不能作种。因此,玉米杂交种种子生产,不仅要年年制种,而且还要配套繁殖相应的亲本自交系种子。

(3)玉米是雌雄同株异花作物,由于雌花和雄花着生部位不同,且雄花硕大,所以杂交去雄操作较简便。常规玉米杂交制种区的母本行必须去雄。利用雄性不育系配制杂交种,则可全部或部分免去人工去雄。

五、玉米品种主要性状及识别

为了掌握玉米种子生产技术,提高种子田除杂去劣及典型株选择的准确性,必须学会玉米品种识别技能。为此,对教学实习基地或种业公司的玉米种子田,在玉米生长至蜡熟期及收获后分别在田间和室内进行以下性状的识别,参考玉米品种性状识别(表 2-1)、填写玉米品种识别田间记载和玉米品种识别室内考种记载表(表 2-2、表 2-3)。

玉米株型识别　　玉米籽粒的类型　　玉米穗粗的测量

表 2-1　玉米品种性状识别及性状描述

性状识别		性状描述
株型	紧凑型	表现为果穗以上叶片直立、上冲，叶片与茎秆之间的夹角小于 30°
株型	平展型	表现为果穗以上叶片平展，叶尖下垂，叶片与茎秆之间的夹角大于 45°
株型	半紧凑型	株型介于紧凑型和平展型之间
株高	高秆型	株高在 2.7 m 以上
株高	中秆型	株高在 2.0～2.7 m
株高	矮秆型	株高低于 2 m
叶相	上挺	叶片直立、上冲
叶相	平伸	叶片平展，叶尖下垂
叶相	披叶	叶片披垂
叶色		在苗期和抽穗后记载，分为深绿、绿、淡绿色
叶鞘色		在苗期记载幼苗基部叶鞘分绿、紫等色
茎色		在拔节后记载，分红色、青色两种
雄穗	分枝	分别记载分枝的多少和长短
雄穗	护颖色	分红、绿等色
雄穗	花药色	有红、黄色两种
雌穗	苞叶	分尖形、卵圆形、圆形、圆锥形
雌穗	花丝色	分为红色、青色
雌穗	穗型	分为长筒、短筒、长锥、短锥等
雌穗	轴色	分紫、红、白等色
粒型	硬粒型	果穗多为圆锥形，籽粒坚硬饱满，平滑，有光泽，外表透明
粒型	马齿型	果穗多为圆柱形，籽粒扁平呈方形或长方形，不透明
粒型	半马齿型	籽粒顶端凹陷不明显或呈乳白色的圆顶，角质胚乳较多，种皮较厚，边缘较圆。其特性介于硬粒型和马齿型之间
粒色		有黄粒、白粒、红粒、紫粒
千粒重		从样本中取 500 粒种子两份，分别称重，求其平均数，折成千粒重，单位以 g 表示

表 2-2　玉米品种识别田间记载

品种名称	苗期叶鞘色	株型	株高/m	叶片		雄穗				雌穗		备注
				叶相	叶色	分枝的多少	分枝长短	护颖颜色	花药颜色	苞叶长短	花丝颜色	

表 2-3　玉米品种识别室内考种记载

品种名称	果穗长/cm	秃顶长/cm	穗粗/cm	每行粒数	每穗行数	单穗重/g	单穗粒重/g	出籽数/%	百粒重/g	其他

六、玉米品种防杂保纯

一个优良的玉米品种，在生产上可以连续几年发挥其增产作用，但任何一个品种的种性都不是固定不变的。随着品种繁殖世代的增加，就会出现纯度降低，性状变劣，抗逆性、适应性减退，产量、品质下降等现象，造成这些现象的主要原因就是品种发生了混杂退化。玉米品种混杂退化表现最突出为植株生长不齐，成熟不一致，果穗大小差别很大，粒型、粒色等均有很大变化，丧失了原来的典型性。

玉米种子生产基本认知

玉米属天然异花授粉作物，且雄花硕大，花粉量多，并能随风扩散，极易发生串粉混杂。因此，在繁殖制种区首先必须做好安全隔离，严防生物学混杂；其次是严格种子管理制度，防止人为机械混杂；最后是坚持严格分期除杂，以保证种源纯度，减少品种混杂退化发生。

【实施方案】

学生模拟种子公司的形式组建成学习（工作）小组，收集玉米种子生产、生物学特性、玉米杂交种类型及种子类别等相关信息，并进行资料归纳总结，完成玉米主要特征特性观察记载任务。具体包括以下内容：

（1）玉米种子形成过程；

（2）玉米花器构造与开花习性；

（3）玉米杂交种类型及种子类别；

（4）玉米果穗主要性状室内考种。

【检查评价】

现场操作检查：学生自检、教师检查任务完成情况（表 2-4）。检查结果可分为 5 个等级：优秀（≥90 分）、良好（80～89 分）、中等（70～79 分）、合格（60～69 分）、不合格（0～59 分）。

表 2-4　玉米种子生产基本认知任务完成情况检查表

<table>
<tr><td rowspan="8">考核标准</td><td colspan="2">考核要点</td><td>技术操作要点</td><td>分值安排</td><td>评定得分</td></tr>
<tr><td colspan="2">态度与表现</td><td>学习（实训）态度与课堂表现</td><td>20</td><td></td></tr>
<tr><td rowspan="6">任务完成部分</td><td rowspan="6">玉米种子生产基本认知</td><td>正确说出玉米种子形成过程</td><td>10</td><td></td></tr>
<tr><td>正确叙述玉米花器构造与开花习性</td><td>10</td><td></td></tr>
<tr><td>正确叙述玉米杂交种类型及种子类别</td><td>10</td><td></td></tr>
<tr><td>玉米果穗主要性状室内考种操作规范</td><td>40</td><td></td></tr>
<tr><td>资料归纳总结</td><td>10</td><td></td></tr>
<tr></tr>
<tr><td colspan="4">总　分</td><td>100</td><td></td></tr>
</table>

【问题与思考】

1. 玉米品种的主要性状有哪些？其识别标准是什么？
2. 根据玉米花器构造与开花习性，分析玉米品种混杂退化的主要原因及其防杂保纯措施。
3. 玉米杂交种的种类有哪些？各类型的主要特点是什么？
4. 分别试述玉米种子四种类别的含义及其相互关系。

【典型人物案例】

李登海与紧凑型玉米

李登海，“中国紧凑型杂交玉米之父”。男，1949 年 9 月生，山东省莱州市后邓村人，山东登海种业股份有限公司党支部书记、名誉董事长，国家玉米工程技术研究中心（山东）主任。

李登海作为农民发明家，被称为“中国紧凑型杂交玉米之父”，与“杂交水稻之父”袁隆平齐名，共享“南袁北李”的美誉。

李登海从 1972 年开始致力于玉米育种和高产栽培研究，在国内率先开展紧凑型玉米育种，50 年间，先后选育玉米高产新品种 100 多个，7 次开创和刷新了中国夏玉米高产纪录，两次刷新世界夏玉米高产纪录。2005 年将世界夏玉米高产纪录提高到 1 400 kg/亩，是全国当年玉米平均产量的 4 倍。他主持选育的‘107’自交系及‘掖单 2 号’杂交种、‘478’自交系及‘掖单 13 号’杂交种和超级玉米自交系及系列杂交种，成为我国紧凑型玉米、紧凑大穗型玉米、超级玉米三个发展阶段三大创新历程的坐标。李登海育出的超级玉米新品种具有 1 100 kg/亩以上的高产能力，具有超过目前对照品种在不同产量水平的增产能力，具有在玉米生长后期抗拒 8～9 级及以上风力的抗倒伏能力。他主持选育的“掖单”系列玉米新品种，曾获国家科技进步奖一等奖。

20 世纪 90 年代中后期，李登海又育成“登海”系列玉米新品种，成为中国跨世纪的主推品种。‘登海 9 号’玉米新品种，具有优质、高产、多抗的突出特点，其产量比曾获国家科技进步奖一等奖的‘掖单 13 号’还增产 11.4%。经国家审定，适宜在东北、黄淮海、西北及南方玉米区种植。2000 年 3 月至 2007 年底累计生产销售登海 9 号 5 624.08 万 kg，累计推广面积 1 874.69 万亩，累计增产粮食 11.40 亿 kg，累计新增社会效益 11.4 亿元，为保障中国粮食安全做出了突出贡献。‘登海 9 号’具有较高的淀粉含量，也受到了乙醇汽油生产企业的青睐，为保障中国能源安全也提供了有力的品种支撑。他培育的玉米高产品种在全国累计推广 10 多亿亩，实现经济效益 1 000 多亿元。

2015 年 9 月 25 日，中宣部向全社会公开发布“时代楷模”李登海先进事迹；2017 年 5 月，获得全国创新争先奖；2019 年 9 月 25 日，被授予“最美奋斗者”荣誉称号。2019 年 10 月 10 日，李登海以 43 亿元位列“2019 年胡润百富榜”第 968 位。

（资料来源：https://baike.so.com/doc/6085262-6298366.html；共产党员网，2018 年 11 月 28 日）

典型人物事迹感想：

典型人物工匠精神总结凝练：

子项目二　玉米杂交种种子生产技术

【知识目标】

1. 具备玉米自交系开花习性知识；
2. 具备父母本错期播种知识；
3. 具备杂交制种规格播种知识；
4. 具备田间水肥管理知识；
5. 具备父母本花期预测与调节知识；
6. 具备玉米制种田田间质量检验知识；
7. 具备病虫识别与防治知识；
8. 具备制种田母本去雄与人工辅助授粉知识；
9. 具备种子收获、干燥及储藏知识。

【技能目标】

1. 能根据当地实际情况，选择合适的安全隔离区；
2. 能根据亲本自交系特性进行错期播种和规格播种；
3. 能科学进行制种田间水肥管理及病虫识别与防治；
4. 能及时除杂去劣，并做好质量检查记录；
5. 能正确地开展父母本花期预测与调节；
6. 能科学地开展制种田母本去雄与人工辅助授粉；
7. 能对制种田进行田间纯度鉴定及处理；
8. 能及时收获杂交种种子并晾晒；
9. 能采用科学的方法进行杂交种种子的干燥及储藏；
10. 能根据所给资料，制订一份玉米单交种杂交制种生产计划。

【素质目标】

1. 培养懂农业、爱农村、爱农民的“三农”情怀；
2. 培养生态安全、健康环保、可持续发展的理念；
3. 培养爱岗敬业、精益求精、刻苦钻研、勇于创新的工匠精神；
4. 培养尊重科学、遵纪守法、诚信友善的社会责任感；

5. 培养自主学习和终身学习的行为习惯；
6. 培养获取和运用新知识、新技术的信息素养。

任务一　建立相对稳定的制种基地

【任务目标】

1. 能根据当地实际情况，选择合适的安全隔离区；
2. 能根据参观的玉米制种基地，准确讲述其所采用的隔离方法及优缺点。

【布置任务】

学生按模拟种子公司的形式组建成学习(工作)小组，在教师指导下，在一体化教室，完成相关知识的学习准备，研讨和制订建立玉米杂交制种基地方案。在玉米制种基地，能根据现场实际，正确述说所有隔离方法及其优缺点。具体要求：

1. 能根据当地实际情况，选择合适的安全隔离区。
2. 学会根据制种的杂交品种类型来确定隔离区。
3. 能够根据所需杂交种数量来确定繁殖、制种地面积。

【学习条件】

场地要求：作物生产实训基地。

工具与生产资料准备：种子市场品种需求相关调研分析资料，玉米杂交制种教学田。

【知识准备】

一、制种基地的条件

杂交制种田要选择地势平坦，土质肥沃，地力较均匀，排灌方便的地块，既有利于制种田植株生长整齐，花期较集中，便于田间除杂和母本去雄，又有利于提高杂交制种产量，保证制种质量。同时要求制种地群众科学文化素质较高，制种田能集中连片。

二、安全隔离

常用的隔离方法有：

(1)空间隔离　要求与其他玉米的隔离距离不少于 300 m。

(2)时间隔离　无霜期长、热量资源充足的地区，可以采取错期播种实现时间隔离。为了有效地错开花期，春播制种的播期与邻近其他玉米的播期要相隔 40 d 以上；夏、秋播要求相隔 30 d 以上。

(3)屏障隔离　因地制宜利用山岭、林带、房屋等屏障，实施有效隔离。

(4)高秆作物隔离　在杂交制种田四周，利用种植高粱、红麻、甘蔗、向日葵等高秆作物实施有效隔离。高秆作物安全隔离的宽度应在 80 m 以上，并要比制种田早播 10～15 d。

三、确定隔离区数目

配制一个玉米杂交种所需隔离区的数目，因杂交种的类别而不同。配套繁育一个单交种（A 系×B 系），需要每年同时分别设置两个亲本自交系繁殖隔离区和一个单交种制种隔离区，共三个隔离区。配套繁制一个三交种（A 系×B 系）×C 系，则同时分别设置三个亲本自交系繁殖区，一个单交种制种隔离区及一个三交种制种隔离区，共五个隔离区。配套繁制一个双交种（A 系×B 系）×（C 系×D 系），需要同时设置四个亲本自交系繁殖隔离区，两个单交种制种隔离区及一个双交种制种隔离区，共七个隔离区。配制各类玉米杂交种的隔离区个数如图 2-7 所示：

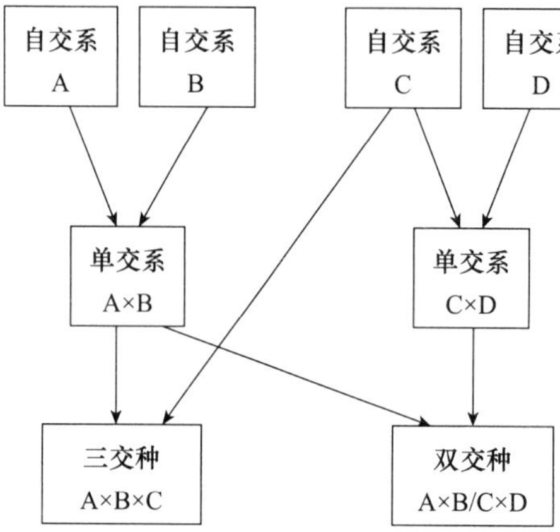

图 2-7　配制各类杂交种的隔离区数

四、隔离区面积计算

确定隔离区面积大小，要根据生产上需要杂交种种子数量，杂交制种的平均单产水平，以及亲本自交系平均单产水平，按比例安排亲本自交系繁殖和杂交制种面积，做到按计划配制杂交一代种子和繁殖相应的亲本自交系种子。具体计算方法如下：

$$制种田面积(hm^2)=\frac{下年播种面积\times 每公顷播种量}{母本的平均单产\times 母本行比例\times 种子合格率(\%)}$$

$$亲本自交系繁殖面积(hm^2)=\frac{下年播种面积\times 每公顷播种量}{亲本系平均单产\times 种子合格率(\%)}$$

【实施方案】

以学习（工作）小组为单位，在教师指导下获取与玉米杂交制种基地选择相关的信息后，研讨并制订玉米杂交制种基地选择方案（表 2-5）。具体内容要求与实施建议如下：

（1）制种基地的条件。

（2）确定安全隔离方法。

（3）隔离区数目。

（4）隔离区面积计算。

（5）根据所提供相关资料，每个学习小组共同完成 1 份制种基地选择方案。

表 2-5　建立相对稳定的制种基地教学实施建议

工作过程	教学步骤	训练要求与标准	训练方法	参考时间
资讯和计划	下达生产任务，设计、讨论	能提出正确的、明确的制种基地条件并能依据实际情况采用合适的隔离方法，达到安全隔离目的	以小组为单位查阅文献资料（主要在课外完成），讨论方案，抽查5个小组的方案进行答辩	5 min
决策	确定玉米杂交制种基地选择及隔离方案，画出示意图	按计划画出隔离区示意图	主要在课外完成，上课时提交生产工具和资料清单	5 min
实施	叙述玉米杂交制种基地选择及隔离方法	列出玉米制种基地条件及隔离方法，能独立正确完成、用时短	按小组为单位进行汇报	10 min
检查	方案展示与评价	方案符合技术规程要求、用时短	各小组展示方案并解说，进行评分（填写评分表）	10 min
总结	撰写技术报告	技术操作规程、生产体会（包括生产中存在的问题以及解决的办法）	教师提出设计、技术报告撰写要求，每位学生独立完成	课外
评估	归纳总结	生产中存在的问题以及解决的办法	各小组进行体会交流、归纳分析总结	40 min

【检查评价】

现场操作检查：学生自检、教师检查任务完成情况（表 2-6）。检查结果可分为 4 个等级：优秀（≥90 分）、良好（80～89 分）、中等（70～79 分）、合格（60～69 分）、不合格（0～59 分）。

表 2-6　建立相对稳定的制种基地任务完成情况检查表

<table>
<tr><td rowspan="6">考核标准</td><td colspan="2">考核要点</td><td>技术操作要点</td><td>分值安排</td><td>评定得分</td></tr>
<tr><td colspan="2">1. 态度与表现</td><td>学习（实训）态度与课堂表现</td><td>20</td><td></td></tr>
<tr><td rowspan="3">2. 技能操作部分</td><td rowspan="3">选择制种基地</td><td>能正确说出制种基地基本条件</td><td>25</td><td></td></tr>
<tr><td>根据教学田实际情况，正确采用合适的隔离方法</td><td>25</td><td></td></tr>
<tr><td>正确计算制种田面积</td><td>30</td><td></td></tr>
<tr><td colspan="3">总分</td><td>100</td><td></td></tr>
</table>

【问题与思考】

1. 理想的玉米制种基地应具备哪些条件？
2. 如何建立玉米制种基地？
3. 怎样计算制种田面积？
4. 试述玉米杂交制种安全隔离主要措施。

任务二 规格播种

【任务目标】

1. 能根据父母本特性确定适宜播种期(播种时间);
2. 学会整地起畦和提高整地质量,培养吃苦耐劳的精神;
3. 学会玉米杂交制种地播种技术。

【布置任务】

学生按模拟种子公司的形式组建成学习(工作)小组,在教师指导下,在一体化教室,完成相关知识的学习准备,研讨和制订玉米杂交制种播种方案。在玉米制种训练基地,按照技术方案进行播种前的准备工作,完成玉米杂交制种的播种任务。具体要求:

1. 能根据父母本特性确定适宜播种期(播种时间)。
2. 学会整地起畦和提高整地质量。
3. 学会玉米杂交制种人工播种关键技术。
4. 能够现场指导播种生产操作。
5. 能够进行播种质量的检查及要求。

【学习条件】

场地要求:作物生产性实训基地。

工具与生产资料准备:玉米亲本种子、肥料、农膜、锄头、铲、石灰、卷尺、水桶、喷雾器。

【知识准备】

规格播种是保证杂交制种成功和提高制种产量的一个重要环节,必须抓好以下技术措施:

1. 确定合理的亲本行比

在保证父本行有足够的花粉,能满足对母本行授粉需要的前提下,尽可能增加母本的行数,是提高玉米杂交制种产量的重要措施之一。父母本行比应根据父、母本的株型,父本雄穗分枝数,花粉量、花粉生活力和开花期长短,以及天气状况等因素而定。一般情况下,父母本行数比以1∶(4～5)为宜。若是采用人工辅助授粉,父母本行数比可扩大为1∶6或1∶8。

为了从调整亲本比例上挖掘制种产量的潜力,可采取适当放宽靠近父本行的行距,在宽行之间套种1行父本,等父本行植株全部散完粉,立即将父本割除。采用这种方法制种,产量高、质量好、方法简便、便于推广。而且避免了收获时父本果穗混入母本果穗中造成机械混杂。在采用该方法时,为了取得良好效果,务必加强父本行的栽培管理。其一,父本行的播种施肥、中耕除草要及时,确保生长发育正常,使父本有足量生命力强的花粉。其二,要及时彻底防治玉米螟和蚜虫,避免或减少对父本雄穗的危害。

此外,可在制种区四周或地头种植父本采粉区,以备一旦父母本花期相遇不好,作为人工辅助授粉的采粉用株。同时还可起到保护和隔离作用。但采粉区的父本要晚播5～7 d。

2. 调节亲本播期

制种区父母本花期相遇良好，是制种成败的关键。玉米制种最理想的花期相遇是母本吐丝盛期比父本散粉盛期早 2～3 d。玉米雌穗花丝的生活力一般可维持 7～10 d，抽丝后 3～5 d 接受花粉能力最强。雄穗的开花散粉期一般可维持 5～7 d，其中 2～5 d 为散粉盛期，散粉量占总散粉量的 82%～93%，花粉的生活力一般可保持 5～6 h。

调节花期的基本原则是：宁可母等父，不可父等母；迟熟早播，早熟晚播。调节花期的具体方法如下：

(1)用双亲的生育期确定播期　若母本的吐丝期比父本散粉期早 2～3 d，则父母本同期播种；若双亲的抽穗期相同，则将母本浸种 8～12 h 后，与父本同期播种，或父本晚播 3～4 d。必须注意，双亲花期相差的天数并不等于播种期相差的天数。

(2)用双亲的总叶片数确定播期　调节的原则是在生育期间母本比父本领先 1～2 片叶。因此，若母本比父本的总叶片数少 1～2 片，则父母本同期播种；若父母本的总叶片数相同，则先播母本，待其长到 1～1.5 片叶时再播父本，或将母本浸种 8～12 h 后与父本同期播种。

(3)采用“父本分期播种法”　若两亲本抽穗期相差较大或对两亲本的抽穗期差异不太了解，可采用父本分期播种，以保证花期相遇。一般父本可分为 2～3 期播种，春播时，每期相隔 5～7 d；秋播时相隔 3 d 左右，对保证花期相遇和充分授粉有良好的作用。

错期播种的天数，因杂交组合杂交亲本生育期早晚、播种季节的天气情况、土壤等条件而异。因此，可通过试验或根据经验，掌握父、母本幼苗生育形态，如幼芽拱土，一叶一心及二叶一心等，作为错期播种的指标更为可靠。对新引进的杂交种，必须事先了解和掌握双亲在当地生长发育进程及开花习性，才能大面积制种，否则会由于父、母本花期不遇或错期不当造成杂交制种失败。

3. 严格分清父母本行

若父母本同期播种，要有专人负责播种，严防播错种子；若父母本错期播种，要将晚播亲本的行距、行数在田间标记，以防重播、漏播；行向要正、直、不可交叉，以免造成除杂、去雄、收获时发生差错，也可在父本的行头、行内点播其他作物进行标记。

4. 制种区的种植行向

种植行向最好与当地在玉米散粉时的风向相垂直，以利于借助风力传粉，提高制种产量。

5. 合理密植

制种区的种植密度因亲本种类、栽培水平、土壤肥力等而异：单交制种，由于自交系植株较矮小，单株产量潜力小，一般密度为 52 500～90 000 株/hm^2，早熟或紧凑型自交系为 75 000～90 000 株/hm^2，在水肥条件较好的田块，可适当加大密度，增株增穗，提高制种产量。

在同样的密度下，可以采取不同的种植方式，而适宜的种植方式更有利于获得高产。在成片的地块上一般可采用单行单株或双行单株的种植方式。单行单株的行距可选用 60～80 cm，株距 25～30 cm；双行单株种植法，大行距 70～80 cm，小行距 40 cm，株距 26～30 cm。

另外，在平原地区，制种面积大而集中连片的，可采取播种机播种。播种前必须把种子箱清扫干净，以免发生种子混杂，然后按预定的父、母本行比，在种子箱里分别装入亲本种子。如用 B.T-6 行播种机，按 2∶4 的行比播种，在两边的种子箱各装父本种子，中间 4 个种子箱装母本种子，即可播成 2∶4 的行比。若行比为 2∶6，两边播种箱不用，以一侧的最靠边的一个种子箱装父本种子，其余 3 个种子箱装母本种子，即可种成 2∶6 行比。如在 6 个种子箱用第三个种子箱装父本种子，其余装母本种子，即可播成 4∶1 和 6∶1 的混合行比。玉米杂交制种机械播种如图 2-8 所示。

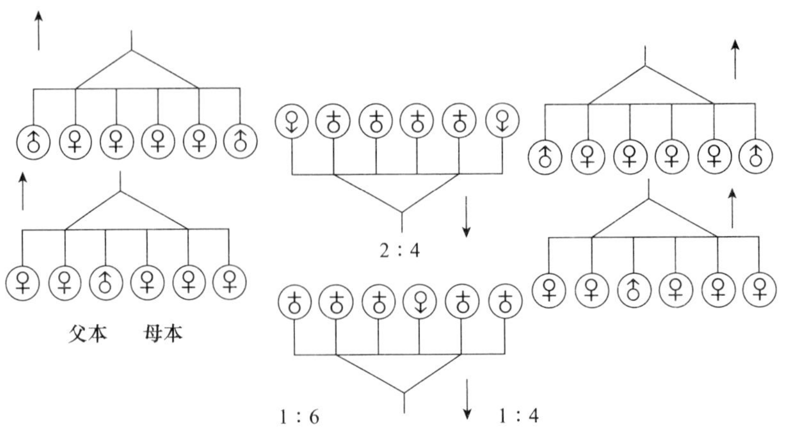

图 2-8 机引播种机播种在杂交玉米制种中的父母本行数比例

6. 提高播种质量，保证一次全苗

玉米自交系种子萌发力弱、出苗慢，苗期生长势差，必须提高播种质量，保证一次全苗。具体措施有：

(1)精细整地、足墒播种　制种地要做到精细整地，达到土层深厚 25～30 cm，地面平整，土壤充分细碎。并做好水渠，做到旱时能浇水、涝时不积水。

(2)施足基肥、配方施肥　玉米需肥量大，施肥应以底肥为主，每亩施优质农家肥 3 000～5 000 kg、复合肥 50～70 kg 做基肥，地膜覆盖时无机肥用量可适当增加。施入肥料氮、磷、钾比例为 3∶1∶3。

(3)种子处理　播种前晒种 2～3 d，去除秕、坏、霉、杂粒。没有进行包衣的种子可用种衣剂拌种；黑穗病严重组合可用速保利拌种，要随拌随播。

(4)适时播种　春播区裸地制种在耕层土壤温度稳定在 10～12 ℃播种；在覆膜条件下，籽粒较小或角质层较多的亲本，可在耕层土壤温度稳定在 8 ℃以上播种；而籽粒较大或粉质多的亲本，应在耕层土壤温度稳定在 10 ℃以上方可播种。

7. 做好制种田田间档案及播种质量检查

播种后及时做好制种田播种田间档案记载及播种质量的检查工作，以确保种子质量问题的可追溯性。田间档案、播种质量检查记录最好是企业存档一份，制种户留存一份。播种田间档案及播种质量检查记录可参考表 2-7、表 2-8。

表 2-7　玉米制种播种田间档案记载表

<table>
<tr><td colspan="2">合同户编号</td><td colspan="2"></td><td colspan="2">户主姓名</td><td></td></tr>
<tr><td colspan="2">地块名称(编号)</td><td colspan="2"></td><td colspan="2">制种面积</td><td></td></tr>
<tr><td colspan="2">前茬及隔离情况</td><td colspan="5"></td></tr>
<tr><td colspan="2">播前整地情况</td><td colspan="5"></td></tr>
<tr><td colspan="2">基肥施用量</td><td colspan="5"></td></tr>
<tr><td colspan="2">种肥施用量</td><td colspan="5"></td></tr>
<tr><td>父本</td><td rowspan="2">行比</td><td rowspan="2"></td><td>播期</td><td></td><td>播量</td><td></td></tr>
<tr><td>母本</td><td>播期</td><td></td><td>播量</td><td></td></tr>
</table>

表 2-8 玉米制种田播种质量检查记录

检查项目	检查记录	备注
播前整地质量		
播量/(kg/hm^2)		
播深/cm		
覆土、镇压、墒情		
覆膜质量		
父母本行播种是否准确及纠错记录		

【实施方案】

以学习(工作)小组为单位,在教师指导下获取与玉米杂交制种播种的相关信息后,研讨并制订玉米杂交制种播种方案(表 2-9)。具体内容要求及实施建议如下:

(1)确定播种期及其错期。

(2)确定父母本比例(行比)。

(3)确定播种密度。

(4)确定播种量。

(5)确定基肥用量。

(6)确定播种质量。

(7)完成一定面积的人工播种工作。

表 2-9 玉米杂交制种规格播种教学实施建议单

工作过程	教学步骤	训练要求与标准	训练方法	参考时间
资讯和计划	下达生产任务,设计、讨论	能提出正确的、明确的土地准备及播种的关键技术操作要求	以小组为单位查阅文献资料(主要在课外完成),讨论方案,抽查5个小组的方案进行答辩	30 min
决策	确定玉米杂交制种土地准备和播种方案,准备各种生产资料	按计划列出生产所需的生产工具和资料并做好准备	主要在课外完成,上课时提交生产工具和资料清单	10 min
实施	玉米杂交制种整地起畦和播种操作演练	按操作规程要求进行,能独立正确操作、用时短	按小组为单位进行生产操作	140 min
检查	操作结果展示与评价	操作结果符合技术规程要求、用时短	各小组展示操作结果,进行评分(填写评分表)	20 min
总结	撰写技术报告	技术操作规程、生产体会(包括生产中存在的问题以及解决的办法)	教师提出设计、技术报告撰写要求,每位学生独立完成	课外
评估	归纳总结	生产中存在的问题以及解决的办法	各小组进行体会交流、归纳分析总结	40 min

【检查评价】

现场操作检查:学生自检、教师检查任务完成情况(表 2-10)。检查结果可分为 5 个等级:优秀(≥90 分)、良好(80～89 分)、中等(70～79 分)、合格(60～69 分)、不合格(0～59 分)。

表 2-10　玉米制种人工播种任务完成情况检查表

<table>
<tr><td rowspan="8">考核标准</td><td colspan="2">考核要点</td><td>技术操作要点</td><td>分值安排</td><td>评定得分</td></tr>
<tr><td colspan="2">1. 态度与表现</td><td>学习(实训)态度与课堂表现</td><td>20</td><td></td></tr>
<tr><td rowspan="6">2. 技能操作部分</td><td rowspan="6">整地起畦与播种技术</td><td>整地达到“齐、平、松、碎、净、墒”,畦面龟背状</td><td>20</td><td></td></tr>
<tr><td>种子分布均匀,密度合适</td><td>15</td><td></td></tr>
<tr><td>种肥用量合理,施用方法恰当</td><td>15</td><td></td></tr>
<tr><td>覆土厚度适中,均匀一致</td><td>15</td><td></td></tr>
<tr><td>覆膜平整,紧贴地面</td><td>15</td><td></td></tr>
<tr><td colspan="4">总分</td><td>100</td><td></td></tr>
</table>

【问题与思考】

1. 画出制种田隔离、父母本行比、分期播种示意图。
2. 填写播种质量检查表。
3. 试述如何提高玉米杂交制种田播种质量。

任务三　玉米制种田田间管理

【任务目标】

1. 学会玉米制种田间苗、定苗;
2. 能根据杂交亲本特征特性进行苗期除杂去劣;
3. 能根据制种田苗期长势,调整肥水管理措施。

【布置任务】

学生按模拟种子公司的形式组建成学习(工作)小组,在教师指导下,在一体化教室,完成相关知识的学习,研讨和制订玉米杂交制种田间管理方案。在玉米制种训练基地,按照技术方案进行各时期田间管理前的准备工作,完成玉米杂交制种的田间管理任务。具体要求:

1. 能根据亲本长势长相,确定间苗定苗时间及其方法。
2. 学会田间病虫害识别与防治。
3. 学会玉米制种田间水肥管理技术。
4. 能够现场指导各项田间管理生产操作。
5. 学会田间管理质量检查及档案记录。

【学习条件】

场地要求:作物生产性实训基地。

工具与生产资料准备:玉米制种地、肥料、农膜、锄头、铲、水桶、喷雾器等。

【知识准备】

俗话说“三分种,七分管”,“有收无收在于水,收多收少在于肥”等,说明了田间管理的重要性。玉米制种田间管理主要有以下几方面:

1. 苗期管理

(1)补苗、间苗定苗　苗期管理主要是查苗、补苗及间苗、定苗。地膜覆盖的,要及时放苗,放苗时间要避开晴天中午和大风天气,严防烫苗。补苗工作一般在 2 叶 1 心前移苗补栽或个别缺苗的可通过留双株。当缺苗较多时可及时催芽补种,也可事先育苗移栽补苗。于 3 叶 1 心时间苗,5 叶 1 心时定苗,定苗时去掉病苗、弱苗、小苗、徒长苗、畸形苗,留生长健壮均匀一致的苗,保证单位面积有足够的父母本苗数。

(2)除草、蹲苗　在苗期要拔除杂草,进行中耕。为了保证苗整齐一致,于苗高 15～25 cm 时控制浇水,进行蹲苗,促使根系下长,提高幼苗吸水,增强抗旱能力。

(3)防治虫害　苗期的主要虫害有小地老虎、草地贪夜蛾、黏虫、毛虫等。小地老虎主要是以幼虫躲在被咬倒的玉米幼苗附近的泥土里,可在早上人工捕杀,也可在傍晚用 50%巴丹可湿性粉剂拌炒香的米糠或麦麸(1∶50)撒于玉米地中诱杀幼虫。黏虫可用 40%乐果 50 g,加适当水稀释后,再加细泥 10 kg 制成毒土,撒施玉米心叶。防治毛虫可用敌百虫 150 g 兑水 75 kg,喷雾叶片;也可用 1%敌百虫液喷雾在青菜叶、红薯叶、玉米叶上制成毒饵,撒放在幼虫潜藏的周围或地边诱杀。

草地贪夜蛾的识别与防治技术

(4)水肥管理　苗期玉米对水肥要求不是太严格,若底肥肥源充足,一般不追肥,但要对生长势较弱的苗加强水肥管理,偏肥、偏水以保证拔节前达到生长整齐一致。

2. 穗期管理

(1)水肥管理　玉米穗期是营养生长与生殖生长期并进时期,应增施肥料。追肥一般分两次,即①攻秆肥:攻秆肥在拔节前后(即 7～9 叶)施用,通常以有机肥为主,适当配合速效性氮肥,每 667 m^2 施水粪 1 500～2 000 kg、尿素 4～5 kg,钾肥 5～7 kg。施攻秆肥结合中耕除草和小培土。②攻苞肥:攻苞肥以速效性氮肥为主。在玉米生长到 11～12 片叶时(大喇叭口期)或抽雄前 10～15 d,每 667 m^2 施尿素 10～15 kg,以促进穗大粒多。施用方法:是在两株(或四株)之间打洞深施(洞深 6～10 cm),将肥料施入洞内,然后大培土。适当给父本偏施肥料,以促进植株健壮,增加花粉量。穗期供水要充足及时,尤其在大喇叭口期,要求田间持水量为 70%～80%,严防“卡脖子”旱,遇涝要及时排水。

(2)病虫害防治　玉米穗期的主要虫害是玉米螟,应在玉米抽雄前用毒土或颗粒剂撒入心叶内。在大喇叭口期,用辛硫磷乳油等制成颗粒投入大喇叭口内,可防治玉米螟。玉米穗期的主要病害是纹枯病,玉米大、小斑病。对于纹枯病,每 667 m^2 可用 50%井冈霉素 100～150 g 或 75%退菌灵 75～100 g,兑水 50 kg 喷雾根部,并结合人工摘除病叶。玉米大、小斑病的防治方法是每亩用 50%敌菌灵 500 g 兑水 50～60 kg 或 75%甲基托布津 500 g 兑水 50 kg 喷雾,每隔 7 d 喷施 1 次，连喷 2～3 次。

3. **花粒期管理**

(1)水肥管理　灌浆期要求土壤水分保持在田间持水量的 75%左右，攻粒肥宜少施、早施，施肥量为总追肥的 10%～15%，时间不晚于吐丝期；轻追少量氮肥和磷肥，可每 667 m^2 喷 0.30%～0.40%磷酸二氢钾和 0.10 mg/kg 三十烷醇 75～100 kg，增加粒重。

(2)病虫防治　在雌穗灌浆中、后期，玉米螟易钻入果穗中，咬食籽粒，每 667 m^2 可用 6%氯虫苯甲酰胺阿维菌素 20～40 mL 兑水 40～50 kg 喷雾。此时期还易受蚜虫危害，应用吡虫灵 1 000 倍稀释液喷雾防治。若遇高温高湿天气，要注意防治玉米锈病，把病虫害损失降低到最低程度。同时，玉米从乳熟期到收获前往往鼠害严重，必须及时防治。

玉米螟与黏虫的识别与防治技术

4. **做好制种田田间管理质量检查及档案记录**

田间管理后，及时做好制种田田间管理档案记载及管理质量的检查工作，以确保种子质量问题的可追溯性。玉米制种田间档案检查记录最好是企业存档一份，制种户留存一份。玉米制种田间管理田间档案记录可参考表 2-11、表 2-12。

【田间档案与质检记录】

表 2-11　玉米制种田间档案记载表

合同户编号						户主姓名			
地块名称(编号)						制种面积			
父本出苗期									
母本出苗期									
叶龄记载		叶	/	叶	/	叶	/	叶	/
		叶	/	叶	/	叶	/	叶	/
出苗情况									
间、定苗情况									
中耕除草	1								
	2								
	3								
	4								

表 2-12　玉米制种田间档案记载表

合同户编号						户主姓名				
地块名称(编号)						制种面积				
留苗密度	母本：　　株/hm^2					父本：　　株/hm^2				
叶龄记载	叶	/	叶	/	叶	/	叶	/	叶	/
	叶	/	叶	/	叶	/	叶	/	叶	/

续表 2-12

追肥		时间：	肥料用量：
		时间：	肥料用量：
除杂	小喇叭口期		
	大喇叭口期		
	去雄前		
灌溉	头水	时间：	灌量：
	二水	时间：	灌量：
	三水	时间：	灌量：
病害防治	玉米螟		
	其他		

【实施方案】

学习(工作)小组在教师指导下获取与玉米杂交制种田田间管理相关的信息后，研讨并制订玉米杂交制种田间管理方案(表 2-13)。具体内容要求及实施建议如下：

(1)确定制种田查苗放苗，间、定苗时期。

(2)确定制种田苗期、穗期及花粒期肥料用量及种类。

(3)确定制种田苗期、穗期及花粒期水分调控方法。

(4)拟定制种田苗期、穗期及花粒期主要病虫草害防治措施。

(5)完成玉米制种田各时期水肥管理及病虫防治工作。

表 2-13　玉米杂交制种田间管理教学实施方案

工作过程	教学步骤	训练要求与标准	训练方法	参考时间
资讯和计划	下达生产任务，设计、讨论	能根据田间作物的生长情况，提出正确的、明确的田间水肥管理措施	以小组为单位查阅文献资料(主要在课外完成)，讨论方案，抽查 5 个小组的方案进行答辩	30 min
决策	确定玉米杂交制种田间管理方案，准备各种生产资料	按计划列出生产所需的生产工具和资料并做好准备	主要在课外完成，上课时提交生产工具和资料清单	10 min
实施	玉米杂交制种田间水肥管理操作演练	按操作规程要求进行，能独立正确操作、用时短	按小组为单位进行生产操作	140 min
检查	操作结果展示与评价	操作结果符合技术规程要求、用时短	各小组展示操作结果，进行评分(填写评分表)	20 min
总结	撰写技术报告	技术操作规程、生产体会(包括生产中存在的问题以及解决的办法)	教师提出设计、技术报告撰写要求，每位学生独立完成	课外
评估	归纳总结	生产中存在的问题以及解决的办法	各小组进行体会交流、归纳分析总结	40 min

【检查评价】

现场操作检查:学生自检、教师检查任务完成情况(表 2-14)。检查结果可分为 5 个等级:优秀(≥90 分)、良好(80～89 分)、中等(70～79 分)、合格(60～69 分)、不合格(0～59 分)。

表 2-14　玉米制种田间管理任务完成情况检查表

<table>
<tr><td rowspan="6">考核标准</td><td colspan="2">考核要点</td><td>技术操作要点</td><td>分值安排</td><td>评定得分</td></tr>
<tr><td colspan="2">1. 态度与表现</td><td>学习(实训)态度与课堂表现</td><td>20</td><td></td></tr>
<tr><td rowspan="4">2. 技能操作部分</td><td rowspan="4">田间水肥管理技术</td><td>根据父母本长势,正确间、定苗</td><td>20</td><td></td></tr>
<tr><td>能结合苗肥、穗肥进行中耕除草</td><td>20</td><td></td></tr>
<tr><td>追肥用量合理,施用方法恰当</td><td>20</td><td></td></tr>
<tr><td>苗期注意蹲苗,大喇叭口期保证适宜的土壤持水量</td><td>20</td><td></td></tr>
<tr><td colspan="4">总分</td><td>100</td><td></td></tr>
</table>

【问题与思考】

1. 玉米杂交制种间苗的作用是什么?
2. 玉米杂交制种苗期蹲苗的作用是什么?
3. 填写玉米杂交制种田间管理记录表。
4. 试述如何提高玉米杂交制种田田间管理质量。

任务四　制种田除杂去劣

【任务目标】

1. 据父母本特征特性,正确识别各生育时期田间杂株及劣株;
2. 学会玉米杂交制种除杂去劣工作操作,培养吃苦耐劳的精神。

【布置任务】

学生按模拟种子公司的形式组建成学习(工作)小组,在教师指导下,在一体化教室,完成相关知识的学习,研讨和制订玉米杂交制种除杂去劣方案。在玉米制种训练基地,按照技术方案进行除杂去劣前的准备工作,完成玉米杂交制种田的除杂去劣任务。具体要求:

1. 能根据父母本特征特性,正确识别各生育时期田间杂株及劣株。
2. 能够完成一定面积制种田的除杂去劣工作。
3. 能够现场指导除杂去劣生产操作。
4. 能够进行除杂去劣质量的检查及要求。

【学习条件】

场地要求：作物生产性实训基地。

工具与生产资料准备：玉米杂交制种田、望远镜（大的田块需要）、亲本植株图片、镰刀、质量调查表。

【知识准备】

除杂去劣工作原则是：自始至终，见杂就除，见劣就去。在制种期间，一般比较集中在苗期、抽雄期及收获后脱粒前三次进行。

（1）苗期除杂　一般在幼苗3～4叶展开时，结合间苗、定苗开始进行除杂。根据幼苗的叶片形态、叶色、叶鞘颜色及其光泽、叶缘色、幼苗长相及生长势强弱等综合性状，将苗色不一、生长过旺或过弱、长相不同的杂苗拔除。实践证明，五叶一心是玉米苗期田间鉴定的最佳时期。

（2）抽雄期除杂　抽雄期除杂是防杂保纯的关键，尽量达到彻底干净。此时杂劣株形态特征较明显，易于鉴别。可根据植株生长势、株高、穗位高、株型、叶片色和着生状态、茎秆颜色、雄穗形态、雄穗分枝、花药颜色、雌穗苞叶长短及花丝颜色等特征拔除杂劣株。拔除的杂株要带到制种田外或就地深埋。

（3）收获后除杂　制种区留种果穗收回脱粒前，应根据原亲本的穗形大小、籽粒类型及色泽、穗轴颜色等，对不符合原亲本典型性状的杂穗再进行一次除杂，然后脱粒。

在各个生育阶段分别对玉米制种田进行除杂去劣工作，并做好除杂质量检查，填写除杂质量调查表（表2-15）。

表2-15　玉米除杂质量检查记录

合同户编号			户主姓名	
地块名称（编号）			制种面积	
留苗密度		母本：　　株/hm^2	父本：　　株/hm^2	
除杂田检	小喇叭口期	母本杂株率：　　父本杂株率：		年　月　日
	大喇叭口期	母本杂株率：　　父本杂株率：		年　月　日
	去雄前	母本杂株率：　　父本杂株率：		年　月　日
收获后穗检		杂穗率：		年　月　日

种子田样区计数最低频率见表2-16。

表2-16　种子田样区计数最低频率

面积/hm^2	生产杂交种样区最低频率	
	母本	父本
＜2	5	3
3	7	4
4	10	5
5	12	6

续表2-16

面积/hm²	生产杂交种样区最低频率	
	母本	父本
6	14	7
7	16	8
8	18	9
9～10	20	10
>10	在 20 基础上，每增 1 hm^2 递增 2 个样区	在 10 基础上，每增 1 hm^2 递增 1 个样区

【实施方案】

以学习(工作)小组为单位，在教师指导下获取与玉米杂交制种除杂去劣相关的信息后，研讨并制订玉米杂交制种除杂去劣工作方案(表 2-17)。具体要求及实施建议如下：

(1)熟悉父母本特征特性，掌握自交株和杂株的识别方法。

(2)确定制种田除杂去劣时期。

(3)确定制种田各时期除杂去劣性状判定依据。

(4)完成一定面积的田间除杂去劣工作。

表 2-17　玉米制种田间除杂去劣实施建议

工作过程	教学步骤	训练要求与标准	训练方法	参考时间
资讯和计划	下达生产任务，设计、讨论	能提出正确的、明确的除杂去劣关键技术操作要求	以小组为单位查阅文献资料(主要在课外完成)，讨论方案，抽查 5 个小组的方案进行答辩	30 min
决策	确定玉米杂交制种除杂去劣操作方案，准备各种生产资料	按方案列出生产所需的生产工具和资料并做好准备	主要在课外完成，上课时提交生产工具和资料清单	10 min
实施	玉米杂交制种除杂去劣操作演练	按操作规程要求进行，能独立正确操作、用时短	按小组为单位进行生产操作	60 min
检查	操作结果展示与评价	操作结果符合技术规程要求、用时短	各小组展示操作结果，进行评分(填写评分表)	20 min
总结	撰写技术报告	技术操作规程、生产体会(包括生产中存在的问题以及解决的办法)	教师提出设计、技术报告撰写要求，每位学生独立完成	课外
评估	归纳总结	生产中存在的问题以及解决的办法	各小组进行体会交流、归纳分析总结	40 min
分组要求	30～40 人一个班级，配备一位老师、一位实验员；按 4～5 人一个小组将一个班级划分为 6～8 个小组			

【检查评价】

现场操作检查：学生自检、教师检查任务完成情况（表 2-18）。检查结果可分为 5 个等级：优秀（≥90 分）、良好（80～89 分）、中等（70～79 分）、合格（60～69 分）、不合格（0～59 分）。

表 2-18 玉米制种田间除杂去劣完成情况评分表

	考核要点		技术操作要点	分值安排	评定得分
考核标准	1. 态度与表现		学习（实训）态度与课堂表现	20	
	2. 技能操作部分	除杂去劣技术	除杂去劣时期正确	20	
			正确识别杂劣株	20	
			除杂去劣干净、彻底	20	
			去除杂劣株处理方法正确	20	
总分				100	

【问题与思考】

试述玉米杂交制种田除杂去劣时期及各时期性状判定依据。

任务五 预测和调节制种田花期

【任务目标】

1. 了解影响花期不遇的因素，理解进行花期预测的重要性；
2. 学会对制种田花期进行预测和调节；
3. 完成制种田花期预测和调节工作操作，培养吃苦耐劳等职业素养。

【布置任务】

学生按模拟种子公司的形式组建成学习（工作）小组，在教师指导下，在一体化教室或线上，完成相关知识的学习，研讨和制订玉米杂交制种花期预测和调节任务方案。在玉米制种训练基地，按照技术方案进行花期预测和调节前的准备工作，完成玉米杂交制种田的花期预测和调节任务。具体要求：

1. 能根据当地气候条件及田间生长情况，列出影响花期不育的主要因素。
2. 能够根据制种田实际情况，拟定花期预测与调节主要方法。
3. 完成制种田花期预测与调节工作。
4. 能够现场指导花期预测和调节生产操作。

【学习条件】

场地要求：作物生产性实训基地。

工具与生产资料准备：玉米杂交制种田、放大镜、花期预测记录表。

【知识准备】

制种田父母本花期是否相遇良好，是制种成败的关键。制种过程，虽然在播种时调整了父母本播期，但播种后气候、土壤或栽培条件的差异会使自交系花期发生变化。为此，应做好制种田花期预测与调节工作，使制种区父母本花期相遇良好。

1. 花期预测方法

花期预测方法很多，常用的方法有：

(1)据父母本已展叶片数预测　同一品种的叶片总数是相对稳定的，因此，可根据双亲已长出叶片数多少预测花期。方法是：在制种田里，选有代表性的点 4～5 个，每点选择父母本典型植株各 5～10 株，用红漆标记已展叶片数。拔节后，每隔 3 d 定期观察 1 次，计算展出的叶片数，预测双亲是否花期相遇。

判断标准是：①若父母本总叶片数相同，母本展出的叶片数比父本多 1～2 片，可望花期相遇；②若父母本总叶片数不相同，则保持母本叶数展出完毕，父本还有 1～2 片叶未展出为花期相遇。

即：如母本展出叶数＝父本展出叶数＋(母本总叶数－父本总叶数)＋1～2，则表明父、母本花期相遇良好；

如母本展出叶数＜父本展出叶数＋(母本总叶数－父本总叶数)＋1～2，则表明父本快而母本偏慢；

如母本展出叶数＞父本展出叶数＋(母本总叶数－父本总叶数)＋1～2，则表明父本慢而母本偏快。

(2)叶脉预测法　适用于已知双亲各自的总叶片数，但事先没有定点标记叶片的情况。玉米植株各叶片上的侧脉数(R)与叶龄数(n)呈一定的关系：

$$\text{叶龄}(n)=\frac{R_1+R_2}{2}-2$$

即叶龄等于该叶片两侧脉相加之和被 2 除，再减去 2。通过这种方法，计算出当时的最高叶龄，然后再按上述第一种预测方法来判断。例如，有一植株的展开叶主脉两侧的侧脉共有 14 条，则该叶片应为第五片叶，如果计算出的叶龄出现小数，难以确定叶龄时，可按同法对相邻的下一片叶进行核对。例如，测定结果为 4.5，测下一叶为 3，则该叶应是第 4 叶；如下一叶为 4，则该叶应是第 5 叶。

(3)据父母本未展出的叶片数来预测(也称剥叶检查法)　在不知双亲各自的总叶片数时，可用比较双亲未展出叶数来预测。方法是：玉米拔节后，在制种田里，选有代表性的 4～5 个点，每点选择具有代表性的典型父母本植株各 3～5 株，小心剥出未展出的叶片，并记下未展出的叶片数，根据双亲的未展出叶片数来测定双亲花期能否相遇。标准是：生育期间母本的未展出叶比父本少 1～2 片，说明花期可相遇良好。

(4)镜检雄幼穗法　该法的应用及原理同剥叶检查法，花期相遇的标准是：生育期间母本雄穗的发育早于父本一个时期。方法是在双亲拔节后，选有代表性的父母本植株，小心剥去全部叶片，观察雄穗的幼穗。若母本的雄穗发育早于父本一个时期，则花期可相遇良好；若父本雄穗发育早于母本或与母本发育时期相同，说明父本早了。此法可与剥叶检查法结合进行，两相对照，结果会更准确。

利用上述花期预测方法对玉米制种田进行预测并做好记录，填写花期预测记录表(表 2-19)。

表 2-19　玉米制种花期预测记录

田号：		组合：		面积：		日期：
项目	取样点数	每点株数	平均已出叶片数	平均未出叶片数	雌、雄穗生育期	预测说明：
父本						
母本						
父母本花期预测结果： 预测人：						

2. 花期调节方法

经过花期预测，发现花期可能不遇时，应及时采取促晚控早措施调节花期。具体方法有：

(1)母本比父本早，应促父控母　①加强对父本偏肥、偏水管理，促进父本生长。在苗期，父本早间苗、定苗、留中大苗，用 5%碳酸氢铵兑水灌根；拔节期发现父本晚，可加大父本肥水，如施尿素 180～225 kg/hm^2，并喷施 2～3 次 200～300 倍的磷酸二氢钾和尿素混合液；大喇叭口期发现父本晚，对父本用 20 mg/kg 赤霉素和 1%尿素混合液喷叶，用量为 225～300 kg/hm^2，根据发育情况喷 1～2 次，促使父本提前 2～3 d 抽雄；②将母本去雄时间推迟到即将要散粉时才进行，以延缓雌穗生长，吐丝推迟；③母本晚间苗、定苗、深中耕断根抑制其生长。在可见叶 11～14 叶时用铁锹靠近主茎 6～7 cm 周围上下直切 15 cm 深，断掉部分永久根控制其生长发育；④母本吐丝过早时，可将母本未授粉的花丝剪短，留 2～3 cm，避免花丝过长而相互遮盖，影响结实率；⑤若花期相差较大，可剥去母本第一苞，并及时追施速效氮肥，促进第二苞生长，以弥补制种损失。

(2)母本比父本晚，应促母控父　①加强对母本的肥水管理，如对母本偏施肥水，施尿素 180～225 kg/hm^2；②对母本喷施生长素。如用生长素“204”3 kg/hm^2 兑水 750 kg 喷施或在母本雌穗露尖时，用赤霉素原粉(粉剂)15 g 兑水 900 kg，分 3 次在雌穗上下喷洒，促进吐丝；③母本提早去雄。在将要抽雄时发现母本花期比父本晚，可采取母本扒苞去雄。甚至带叶去雄，这样可促使母本早吐丝 2～3 d；④剪短母本的苞叶。对母本雌穗苞叶太长的，可在雌穗伸出叶鞘 12 cm 左右时，剪去顶端 1/3～1/2，可使花丝早吐 2～3 d，利于授粉；⑤对父本进行深中耕或适当断根，以控制其生长。

【实施方案】

以学习(工作)小组为单位，在教师指导下获取与玉米杂交制种花期预测和调节相关的信息后，研讨并制订玉米杂交制种花期预测与调节工作方案(表 2-20)。具体内容与实施方案如下：

(1)查找影响花期不遇的因素，理解进行花期预测的重要性。

(2)确定制种田花期预测方法。

(3)确定制种田花期调节方法。

(4)根据本组制种田父母本生长态势,完成田间花期预测与调节工作。

表 2-20 玉米制种花期预测与调节教学实施方案建议

工作过程	教学步骤	训练要求与标准	训练方法	参考时间
资讯和计划	下达生产任务,设计、讨论花期预测与调节方案	明确花期预测的目的和要求;能根据田间实际,提出正确的花期预测与调节方案	以小组为单位查阅文献资料(主要在课外完成),讨论方案,抽查5个小组的方案进行答辩	30 min
决策	确定玉米杂交制种花期预测与调节方案,准备各种仪器设备	按方案列出实施所需的工具和资料并做好准备	主要在课外完成,上课时提交工具及仪器设备清单	10 min
实施	玉米杂交制种花期预测与调节操作演练	按操作方案要求进行,能独立正确操作、用时短	按小组为单位进行生产操作	60 min
检查	操作结果展示与评价	操作结果符合技术规程要求、用时短	各小组展示操作结果,进行评分(填写评分表)	20 min
总结	撰写技术报告	技术操作规程、生产体会(包括生产中存在的问题以及解决的办法)	教师提出设计、技术报告撰写要求,每位学生独立完成	课外
评估	归纳总结	生产中存在的问题以及解决的办法	各小组进行体会交流、归纳分析总结	40 min

【检查评价】

现场操作检查:学生自检、教师检查任务完成情况(表 2-21)。检查结果可分为 5 个等级:优秀(≥90 分)、良好(80~89 分)、中等(70~79 分)、合格(60~69 分)、不合格(0~59 分)。

表 2-21 玉米制种花期预测与调节任务完成情况评分表

	考核要点		技术操作要点	分值安排	评定得分
考核标准	1. 态度与表现		学习(实训)态度与课堂表现	20	
	2. 技能操作部分	花期预测与调节技术	能采用正确的预测方法	20	
			能根据地形,正确选择取样方式	12	
			能根据制种田面积大小来确定取样点数	13	
			正确判断父母本生长发育情况	15	
			调节方法采用正确	20	
总分				100	

【问题与思考】

1. 为什么要进行花期预测?
2. 花期预测的方法有哪些?
3. 如何进行花期调节?
4. 总结玉米制种花期调节注意事项。
5. 填写玉米制种花期预测作业单。

任务六　母本去雄与人工辅助授粉

【任务目标】

1. 学会母本去雄技术和技巧;
2. 学会人工辅助授粉技术;
3. 完成制种田母本去雄与人工辅助授粉工作,培养吃苦耐劳等职业素养。

【布置任务】

学生按模拟种子公司的形式组建成学习(工作)小组,在教师指导下,在一体化教室或线上,完成相关知识的学习准备,研讨和制订玉米杂交制种母本去雄与人工辅助授粉任务方案。在玉米制种训练基地,按照技术方案进行母本去雄与人工辅助授粉的准备工作,完成玉米杂交制种田的母本去雄与人工辅助授粉任务。具体要求:

1. 学会母本去雄操作和去雄质量检查,确保制种质量。
2. 能够正确进行人工辅助授粉。
3. 完成制种田母本去雄与人工辅助授粉任务。
4. 能够现场指导母本去雄与人工辅助授粉生产操作。

【学习条件】

场地要求:作物生产技术生产性实训基地。

工具与生产资料准备:玉米杂交制种田、望远镜(大的田块需要)、去雄质量登记表。

【知识准备】

一、母本彻底去雄

玉米杂交制种区母本行去雄,使其接受父本行的花粉,从而获得杂交种子。国家规定在授粉期,如果母本散粉株率累计超过1%时,制种田报废。因此,母本去雄是获得高纯度杂交种子的关键措施。

1. 母本去雄要求

及时、彻底、干净。及时是指在母本雄穗刚抽出散粉前,及时拔掉雄穗。彻底将母本行的雄穗一株不漏地拔除，包括生长势弱瘦小植株的雄穗。干净是指每株母本雄穗全部拔净，不遗留分枝、残枝断穗以及雄小花。若去雄质量达不到上述要求，配制的杂交种种子内就会混有“伪杂种”，若是单交制种，则在单交一代种子内混有母本自交系，必将不同程度地降低杂交种的增产效果。母本去雄拔下的雄穗要带出制种区及时处理，以免拔下的雄穗的粉源引起串粉混杂。常规去雄法从母本抽雄开始至终止期，要坚持每天去雄，做到风雨无阻，去雄持续时间一般为 10～15 d，如母本长势不平衡，去雄时间会延长。制种区散粉期间，要封闭区内部所有人行小道。参加去雄人员在进入制种区前不要进入其他玉米地，以免带入异源花粉，造成人为串粉混杂。

2. 超前去雄

即在雄穗抽出前带 1～2 片叶去雄的技术。当母本雄穗刚要抽出前，用手摸到雄穗，带 1～2 叶去雄，对保证杂交种纯度极为有利。一次带叶去雄一般可拔去 50%～70%的母本雄穗，可有效减少去雄次数，省时省工。

根据玉米生殖器官对植株体内养分分配机制，去雄后减少对养分的竞争，使产量有所提高。Hunter 等(1993)对 10 个自交系去雄后而获得 6.9%的增产效果；但带叶去雄，不同的自交系效应不一样：带 1、2、3 片叶去雄比不带叶去雄的分别依次减产 1.5%、4.9%、13.5%。Conterll 等(1981)研究结果：带 2 叶去雄，4 个早熟自交系平均减产 11.6%。杨小平等试验研究结果：去雄带 3 片叶比去雄不带叶平均减产 23.04%，5 个自交系减产幅度在 9.6%～33.3%；去雄带 2 片叶比去雄不带叶平均减产 15.4%。王忠江(1996)研究结果：母本自交系 478 和掖 107 带 2、3 片叶去雄分别增产 5.0%、2.0%；母本自交系 MO17 带 1 片叶去雄增产 3.2%，带 2 片叶去雄增产 8.0%，带 3 片叶去雄减产 7.3%。刘敏(1995)试验结果：带 1 片叶去雄增产 5.0%，带 2 片叶去雄减产 2.0%，带 3 片叶去雄减产 1.5%。高峰、徐思诚等(1994—1995)试验结果：母本带 1～2 片叶去雄比不带叶去雄增产 4.6%～10.0%。由此可见，虽然去雄减少雄穗开花养分消耗，在某种程度上可补偿去雄带叶的损失，但若超过一定限度，则会严重影响光合作用而造成减产。故制种去雄要少带叶，最多不超过 2 片叶。去雄一般带 1～2 片叶为宜，早熟及中矮秆制种，去雄尽量不带叶。同时，采取超前去雄因营养向雌穗集中，促进了雌穗的发育，使吐丝提早 3～5 d。故采用超前去雄，应调整双亲播种期或必须留意双亲的长势，确保父母本花期相遇。

玉米杂交制种母本去雄

对玉米制种田的母本进行去雄工作，做好去雄质量检查，填写去雄质量检查记录表(表 2-22)。

表 2-22　玉米去雄质量检查记录

田号：		组合：			面积：
检查项目		检查记录			检查日期
去雄田检	次数	母本散粉株率/%	父本杂株散粉株率/%	母本杂穗率/%	
	第一次				
	第二次				
	第三次				
	第四次				
	累计				

二、加强人工辅助授粉

玉米进行人工辅助授粉是提高制种产量的有力措施。尤其是开花期遇到高温雨季，阴雨天较多，伏旱等气候条件，或由于自交系雄穗花粉量不足，生活力较弱，或雌穗包叶过长，抽丝困难等，进行人工辅助授粉，对提高结实率有良好的作用，增产效果十分显著。人工辅助授粉主要方法有两种：

1. 晃株授粉

在父、母本花期相遇良好、父本花粉量较大的开花盛期，每天上午露水干后的 8:00—11:00 时（阴天下午也可进行），用一细棍拨动父本茎秆的中上部或用手摇动父本植株，促进散粉。

2. 采粉授粉

在父本花粉量不足、母本吐丝持续时间过长、母本行比例太大时，采用人工采集花粉给母本授粉的方法。其做法是：在玉米开花期间，一般在上午露水已干时，用一稍大的盆形器具，在其内铺上一层洁净的白纸做成采粉器（注意不要用金属器皿，以免吸热温度太高，降低花粉生活力），采集正在开花的雄穗上的花粉，用手握住雄穗基部轻轻地敲打，使花粉落入器具内。当采集完一定花粉量后，随即倒入特制的微孔细筛内，筛去花药，将筛下的花粉倒入一个底部蒙有细孔罗纱布的直径为 2～3 cm 的竹筒内（授粉器），均匀地摇落在雌穗花丝上；或将采集的花粉倒入塑料瓶内，瓶盖用粗针扎穿成几圈小细孔，拧紧瓶盖，将盖向下对准雌穗花丝，用手挤压瓶身，花粉即从盖上小孔喷出，利用这种喷粉器授粉均匀、速度快。玉米花粉含水量约 60%，在田间条件下经 2～3 h，由于失水过多或受潮结块而失去生活力。因此，一定要随采随授。如花丝过长，要在授粉时剪短至 2～3 cm，以保证授粉质量和提高授粉操作效率。一般待花丝长达 3～5 cm 时授粉最适宜。人工辅助授粉的次数，应根据具体情况决定：当天气不利于自然授粉时，可增加人工辅助授粉次数；当正常散粉时，可减少人工辅助授粉次数。每次授粉要在上午 11:00 前后高温来临前结束。

【实施方案】

以学习（工作）小组为单位，在教师指导下获取与玉米杂交制种去雄与人工辅助授粉相关的信息后，研讨并制订玉米杂交制种去雄与人工辅助授粉工作方案（表 2-23）。具体内容实施建议如下：

（1）确定母本去雄时期和技术技巧。

（2）确定人工辅助授粉技术操作。

（3）完成制种田母本去雄与人工辅助授粉工作。

表 2-23 母本去雄与人工辅助授粉实施方案

工作过程	教学步骤	训练要求与标准	训练方法	参考时间
资讯和计划	下达生产任务，设计、讨论	能提出正确的、明确的去雄、授粉关键技术操作要求	以小组为单位查阅文献资料（主要在课外完成），讨论方案，抽查 4 个小组的方案进行答辩	30 min

续表2-23

工作过程	教学步骤	训练要求与标准	训练方法	参考时间
决策	确定玉米杂交制种去雄、授粉操作方案，准备各种生产资料	按方案列出生产所需的生产工具和资料并做好准备	主要在课外完成，上课时提交生产工具和资料清单	10 min
实施	玉米杂交制种去雄、授粉操作演练	按操作规程要求进行，能独立正确操作、用时短	按小组为单位进行生产操作	60 min
检查	操作结果展示与评价	操作结果符合技术规程要求、用时短	各小组展示操作结果，进行评分（填写评分表）	20 min
总结	撰写技术报告	技术操作规程、生产体会（包括生产中存在的问题以及解决的办法）	教师提出设计、技术报告撰写要求，每位学生独立完成	课外
评估	归纳总结	生产中存在的问题以及解决的办法	各小组进行体会交流、归纳分析总结	40 min

【检查评价】

现场操作检查：学生自检、教师检查任务完成情况（表2-24）。检查结果可分为5个等级：优秀（≥90分）、良好（80～89分）、中等（70～79分）、合格（60～69分）、不合格（0～59分）。

表2-24 母本去雄与人工辅助授粉任务完成情况评分表

	考核要点		技术操作要点	分值安排	评定得分
考核标准	1. 态度与表现		学习（实训）态度与课堂表现	20	
	2. 技能操作部分	母本去雄与人工辅助授粉	去雄、授粉时期正确	20	
			去雄干净彻底	20	
			去除的雄穗处理方法正确	15	
			人工辅助授粉方法正确，授粉效果好	25	
总分				100	

【问题与思考】

1. 总结玉米去雄技术和注意事项。
2. 填写玉米去雄质量检查作业单。
3. 试述玉米制种为何进行人工辅助授粉？

任务七　砍除父本与鉴定田间种子纯度

【任务目标】

1. 明确砍除父本，确保制种产量。
2. 学会对制种田进行田间纯度鉴定及处理方法。

【布置任务】

学生按模拟种子公司的形式组建成学习（工作）小组，在教师指导下，在一体化教室或线上，完成相关知识的学习，研讨和制订玉米杂交制种田间纯度鉴定方案。在玉米制种训练基地，按照技术方案进行田间纯度鉴定前的准备工作，完成玉米杂交制种田的田间纯度鉴定任务。具体要求：

1. 学会制种田田间纯度检验取样方法；
2. 正确识别杂株和散粉株；
3. 学会田间纯度检验田间档案记载；
4. 学会制种田田间纯度检验方法；
5. 能对检验结果提出处理意见；
6. 能够完成本组制种田田间纯度检验工作。

【学习条件】

场地要求：作物生产性实训基地。

工具与生产资料准备：玉米杂交制种田、望远镜（大的田块需要）、亲本植株图片、镰刀、质量调查表。

【知识准备】

一、割除父本

杂交制种中父母本的用途不同。母本接受花粉受精，形成杂交种子，是收获的目的产品；而父本只提供花粉，散粉后即完成其历史使命，其种子不是目的产品，没有收获的必要性，且易造成混杂，应予以割除。同时，割除父本可以改善母本行通风透光条件，减少父、母本对养分和水分的竞争，从而提高母本光合强度，增加干物质积累和粒重、提高制种产量。割除父本时间，应在授粉结束后 5 d 内进行。试验证明，割除父本行比不割除父本行的田间透光率，中层增加 0.10～0.19 倍；下层增加 0.23～0.89 倍；改善了光合条件，延长了叶片功能期，单株叶面积增大 9%～12%。通风率中层增加 0.21～0.64 倍，下层增加 0.48～0.50 倍。空秆率降低 3.0%～8.7%；千粒重增加 0.5～5.9 g。其次，在收获时可避免父母本种子混杂，有利于保证杂交种子纯度。

二、玉米杂交制种种子质量田间检验

玉米杂交制种种子质量田间检验主要检查隔离条件，父母本纯度（三系制种田还应检查母本的雄性不育程度），串粉或散粉程度，花粉授粉情况，收获方法（适时收获母本或先收父本）。为做好田间检验工作，田间检验员必须熟悉被检品种的特征特性，掌握田间检验的方法和程序，独立报告检验的种子田情况。

（一）田间检验时期

田间检验可以在作物不同生育时期（如幼苗期、成株期和成熟期）根据品种的特征特性分多次进行。条件不允许时，至少应在品种特征特性表现最充分、最明显的时期检查一次。玉米杂交种花期必须检验 2～3 次。

（二）田间检验程序

1. 调查基本情况

田间检验前应全面了解生产企业、作物种类、品种名称、种子类别（等级）、农户姓名和联系方式、种子田位置、田块编号、面积、前作情况、种源情况（种子标签和种子批号）、种子纯度、种子世代、田间管理等情况。

2. 检查隔离情况

依据种子田（包括周边田块）的分布图，围绕种子田绕行一圈，核查隔离情况。抽雄散粉前发现达不到规定要求，则要迅速果断对周围地块的玉米及时进行处理。若经采取措施后能符合要求，收获的种子仍可作种子。如隔离区内母本行已抽丝，而在隔离区范围内的其他玉米已散粉，则该隔离区应废弃，收获的玉米种子只能作粮食处理。玉米不同种类种子生产隔离区要求隔离距离如下：自交系原原种、原种一代、原种二代要求不少于 500 m；单交种、三交种及双交种制种田隔离区的距离应在 300 m 左右。

3. 鉴定品种真实性

绕田行走核查树立在田间地头的标签或标牌，了解种子来源的详细情况。实地检查不少于 100 个植株或穗子，比较品种田间的特征特性与品种描述的特征特性，确认其真实性与品种描述中是否一致。

4. 检查种子生产田的生长状况

对种子田的状况进行总体评价，确定是否有必要进行品种纯度的详细检查。对于严重倒伏、杂草危害或另外一些原因引起生长不良的种子田，不能进行品种纯度评价，而应被淘汰。当种子田处于中间状态时，检验员可以使用田间小区鉴定结果作为田间检验的补充信息。

5. 鉴定品种纯度

（1）划区设点取样　同一品种、同一来源、同一繁殖世代、耕作制度和栽培管理相同而又连在一起的地块可划分为一个检验区。为了评定品种纯度，必须遵循取样程序，即集中在种子田小范围（样区）进行详细检查。取样程序和方法应能覆盖种子田，有代表性并符合标准要求，还应充分考虑样区（取样区域）大小、样区数目和样区位置及分布，并符合 $4n$ 要求。如果规定的杂株标准为 $1/n$，总样本大小至少为 $4n$，比如对杂株率最低标准为 0.1%（即 1/1 000），其总样本至少为 4 000 株（穗）。种子田样区计数最低频率见表 2-25。

对于生产杂交种的种子田，应将父母本行视为不同的"田块"，分别检查计数；玉米杂交制种田每样区为行内100株或相邻两行各50株。

表 2-25 杂交种子田样区计数最低频率

面积/hm²	母本	父本	每点最低株(穗)数
<2 3～4 5～7 8～10	4 8 12 16	2 4 6 8	母本200,父本100
>10	在16基础上,每增1 hm²递增2个样区	在8基础上,每增1 hm²递增1个样区	在8基础上,每增1 hm²递增1个样区

注:种子田中一个检验区的最大面积为33.3 hm²。大于33.3 hm²以上的地块,要分设多个检验区。

(2)样区分布和取样方法　取样样区的位置应覆盖整个种子田,做到随机和广泛性。常用的取样方法有:

①对角线取样　取样点分布在一条或两条对角线上等距离设点,适用于面积较大的正方形或长方形地块。

②梅花形取样　在田块的中心和四角共设5点,适用于较小的正方形或长方形地块。

③棋盘式取样　在田间的纵横方向,每隔一定距离设一取样点,适用于不规则地块。

④大垄(畦)取样　垄(畦)作地块,先数总垄数,再按比例每隔一定的垄(畦)设一点,各垄的点要错开不在一条直线上。国际上常用的取样方法见图2-9。

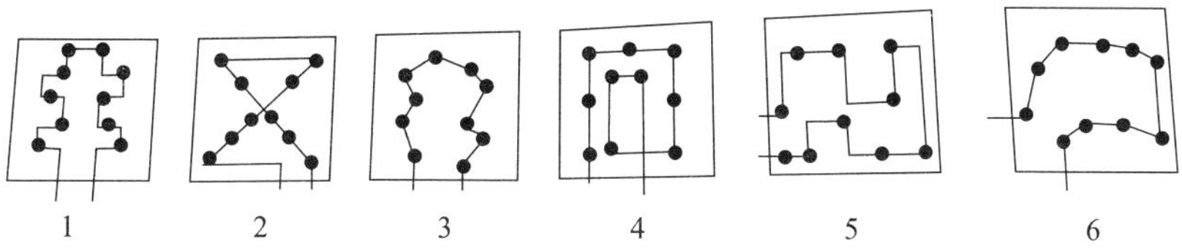

图 2-9 样区分布

(3)分析检验　通常是边设点边检验,直接在田间进行分析鉴定。在熟悉供检品种特征特性的基础上逐株(穗)观察(最好有标准样品做对照)。尽量避免在阳光强烈、刮风、大雨的天气下进行检查。每点分析结果按本品种、异品种、异作物、杂草、感染病虫株(穗)数、母本散粉株、父母本散粉杂株分别记载,同时注意观察植株田间生长等是否正常。

玉米种子田田间检验依据的主要性状

6. 结果计算和表示

检验完毕,将各点检验结果汇总,计算各项成分的百分率。

$$品种纯度(\%)=1-异品种率$$

$$异品种率=\frac{异品种株(穗)数}{供检本作物总株(穗)数}\times 100\%$$

$$异作物率=\frac{异作物株(穗)数}{供检本作物总株(穗)数+异作物株(穗)数}\times 100\%$$

$$杂草率=\frac{杂草株(穗)数}{供检本作物总株(穗)数+杂草株(穗)数}\times 100\%$$

$$病虫感染率=\frac{感染病虫株(穗)数}{供检本作物总株(穗)数}\times100\%$$

$$母本散粉株率=\frac{母本散粉株数}{供检母本总株数}\times100\%$$

$$父(母)本散粉杂株率=\frac{父(母)本散粉杂株数}{供检父(母)本总株数}\times100\%$$

主要农作物品种真实性和纯度 SSR 分子标记检测 玉米

7. **检验报告**

田间检验完成后，田间检验员应及时填写田间检验报告。田间检验报告应包括基本情况、检验结果和检验意见（表 2-26）。

表 2-26 玉米杂交制种田间检验结果单

制种单位(公司)				
作物名称		玉米	品种组合名称	
繁育面积			隔离情况	
取样点数			取样总株数	
田间检验结果	父本杂株率/%		母本杂株率/%	
	母本散粉株率/%		异作物率/%	
	杂草率/%		病虫感染率/%	
田间检验结果建议或意见				

【实施方案】

以学习(工作)小组为单位，在教师指导下获取与玉米杂交制种田间纯度鉴定相关的信息后，研讨并制订玉米杂交制种田间纯度鉴定工作方案（表 2-27）。具体内容和教学实施建议如下：

(1)及时砍除父本，确保制种产量；

(2)学会制种田田间纯度检验取样方法；

(3)学会田间纯度检验田间档案记载；

(4)学会制种田田间纯度检验方法；

(5)能够完成本组制种田田间纯度检验工作并填写报告单。

表 2-27 制种田砍除父本及种子质量田间检验实施建议

工作过程	教学步骤	训练要求与标准	训练方法	参考时间
资讯和计划	下达生产任务，设计、讨论	能提出正确的、明确的砍除父本、田间纯度检验关键技术操作要求	以小组为单位查阅文献资料（主要在课外完成），讨论方案，抽查 5 个小组的方案进行答辩	30 min
决策	确定玉米制种田间纯度检验操作方案，准备各种生产资料	按方案列出生产所需的生产工具和资料并做好准备	主要在课外完成，上课时提交生产工具和资料清单	10 min

续表2-27

工作过程	教学步骤	训练要求与标准	训练方法	参考时间
实施	玉米杂交制种田间纯度检验操作演练	按操作规程要求进行，能独立正确操作	按小组为单位进行生产操作	60 min
检查	操作结果展示与评价	操作结果符合技术规程要求、用时短	各小组展示操作结果，进行评分（填写评分表）	20 min
总结	撰写技术报告	技术操作规程、生产体会（包括生产中存在的问题以及解决的办法）	教师提出设计、技术报告撰写要求，每位学生独立完成	课外
评估	归纳总结	生产中存在的问题以及解决的办法	各小组进行体会交流、归纳分析总结	40 min

【检查评价】

现场操作检查：学生自检、教师检查任务完成情况（表 2-28）。检查结果可分为 5 个等级：优秀（≥90 分）、良好（80～89 分）、中等（70～79 分）、合格（60～69 分）、不合格（0～59 分）。

表 2-28　制种田砍除父本及种子质量田间检验任务完成情况评分表

	考核要点		技术操作要点	分值安排	评定得分
考核标准	1. 态度与表现		学习（实训）态度与课堂表现	20	
	2. 技能操作部分	砍除父本	砍除时期合适	5	
			砍除方法正确	10	
		田间纯度检验	取样点设置合理	10	
			取样株数符合要求	5	
			能正确识别杂株、散粉株	20	
			结果计算和表示正确	20	
			田间检验结果单填写正确	10	
总分				100	

【问题与思考】

1. 玉米杂交制种田砍除父本的作用是什么？
2. 试述玉米杂交制种种子质量田间检验的操作过程。

任务八　收获与晾晒

【任务目标】

1. 能正确判断玉米适期收获期；

2. 学会对玉米制种田测产；

3. 学会玉米杂交制种收获与晾晒关键技术；

4. 完成制种田收获工作，培养吃苦耐劳等职业素养。

【布置任务】

学生按模拟种子企业的形式组建成学习（工作）小组，在教师指导下，在一体化教室，完成相关知识的学习，研讨和制订玉米杂交制种收获方案。在玉米制种训练基地，按照技术方案进行收获前的准备工作，完成玉米杂交制种的收获任务。具体要求：

1. 能正确掌握玉米成熟标准；

2. 学会对玉米制种田测产；

3. 学会玉米杂交制种收获与晾晒关键技术；

4. 完成制种田收获工作；

5. 学会正确填写田间估产及质量评估表和田间档案记载表。

【学习条件】

场地要求：作物生产性实训基地。

工具与生产资料准备：玉米制种田（成熟期）、编织袋、田间测产用具。

【知识准备】

一、玉米测产方法

作物产量测定的方法有目测法、取样实收法和取样调查法。目测法是根据以往的生产，结合当年的气候条件、栽培水平和作物长相，综合分析出产量水平。此种方法易行，但结果不够准确。取样实收法是选取有代表性的样点，将样点内的植株全部收获，称重后计算单位面积产量。取样调查法是通过选取有代表性的样点，调查出该作物的各产量构成因素，再计算出单位面积产量，这是应用最广的测产方法。田间取样一般采用对角线五点取样法。

1. 选点取样

选点和取样的代表性与测产结果的准确程度有密切关系。为了取得具有最大代表性的样本，点应分布在全田。如果地势、地力比较一致的地块，可依对角线选出 5 点。即 4 个角及中间各点，在点上选出有代表性的植株；如果地势、地力不均匀，则应将地势或地力不同的地段，事先估计出占全田的比例，再据此比例确定出这样地段应选的点数，也即是利用加权平均法来确定点数，然后在点上选出具有代表性的植株，取样时除样本要具有代表性以外，还要注意四周植株稀密和生长情况，应该没有缺株，没有生长特别矮小的植株。选点面积可每点 33.3 m^2，可选相邻 5 行，每行面积在 6.6 m^2，行长根据行距来确定，每行取 10～20 株。

2. 测产方法

（1）测株行距　选择的每一个点都要测定株行距。株距：在一行上任意测 51 株的距离，然后平均（除以 50）即为株距。行距：任意测 21 行的距离，然后平均（除以 20）即为行距。

（2）测定每公顷实际株数　在每点计数所有株数，再经计算便得。其计算公式为：

$$每公顷实际株数=每点实有株数\times 300$$

(3)测定结穗率及每穗粒数　在计算每点株数的同时,分别记下空秆、双穗数,然后就可计算出单株结穗率,在选定样本的植株上剥开苞叶数每穗粒数,然后根据播种的百粒重或该品种往年百粒重计算粒重。

(4)测定样本粒重　各点所选的植株,在收获时摘下全部果穗,脱粒晒干后称籽粒重量。

3. 计算产量

实测法计算产量(时间在收获时进行)。其计算公式为

$$产量(kg/hm^2)=[取样粒重(kg)/取样株数]\times 每公顷实际株数$$

4. 注意事项

(1)选点必须具有代表性　在对田块确定的基础上充分掌握田间情况,根据地形、土壤等的差异进行选点。对情况比较复杂的田块应酌情增加点数。点的代表性将直接影响调查的准确性和可靠性,应十分注意。

(2)样点的分布尽量均衡　地块比较复杂的情况下应根据地势与作物生长情况,作物生长差异大的地块则应按差异程度相似的划成几个地段或小块,然后在各小片中分段,采点取样,以确保样点的可靠性,样点的大小通常为 4～5 m^2。

(3)取样时要规范　取样在选点之后,必须对点内作物进行初步调查,选点后一般先调查株数,然后将点内植株全部拔下捆好,记上标签(注明地块、第几点、取样日期、取样人等),带回准备考种;或把样点株数调查完之后,从中取一定株数带回后分析。取样株数通常为 20 株。

收获前玉米的产量测定,是制订收获计划,合理安排,制定预备方案的依据,也是总结玉米生产经验、育种及栽培研究、分析各项措施效果的最佳鉴定。因此,在玉米收前应根据实际情况进行田间测产

二、适时收获

当制种田的种子成熟后要及时收获,以免种子发芽或霉烂,影响种子质量和产量。

收获时,在没有割除父本的制种田,严格进行父母本分别收获、运输、脱粒、储藏,严防混杂。一般先收父本,然后清除落地的果穗后,再收母本。在北方地区,秋季热量较差时,或母本生育期偏长,为加快种子后期脱水,促进后熟,可在蜡熟期将植株上的果穗苞叶剥开晾晒,7～10 d 后再收获。

母本果穗在脱粒前要进行穗选,淘汰杂、劣果穗。当果穗晒干至含水量降到 17%以下,方可脱粒、晾晒,并进行筛选、分级,除去秕粒、破粒和病虫粒。经晾晒或人工干燥达安全含水量后,才能入库储藏。

包装入库时,袋内外都要有标签,并写明种子名称,注明质量等级、生产年份、数量及制种单位等。要专库或专堆存放,固定专人负责,定期检查翻晒,以保证种子质量。

根据玉米制种的生产要求,收获前对其产量和质量进行评估并做好记录,填写田间估产及质量评估表(表 2-29 和表 2-30)和玉米制种收获田间档案记载表(表 2-31),建立制种田档案。

表 2-29　玉米制种田田间估产及质量评估

品种		负责人	
生产基地位置			
种子田面积		单位面积收获株数	
检疫性病虫害发生率		田间杂株率	
质量评估结果		单位面积产量	
调查人		调查时间	

表 2-30　玉米杂交种质量标准(GB/T 4404.1—2008)　　%

种子类别	纯度不低于	净度不低于	发芽率不低于	水分不高于
单交种	96.0	99.0	85	13.0
三交种	95.0			
双交种	95.0			

表 2-31　玉米制种收获田间档案记载表

合同户编号		户主姓名	
地块名称(编号)		制种面积	
收获株数	母本：　　株/hm^2	预计总产	kg/hm^2
预计单产	kg/hm^2		

【实施方案】

以学习(工作)小组为单位，在教师指导下获取与玉米杂交制种收获相关的信息后，研讨并制订玉米杂交制种收获方案(表 2-32)。具体内容要求与实施建议如下：

(1)能正确掌握玉米成熟标准。

(2)学会对玉米制种田测产。

(3)学会玉米杂交制种收获与晾晒关键技术。

(4)完成制种田收获工作。

表 2-32　玉米制种收获与晾晒教学实施单

工作过程	教学步骤	训练要求与标准	训练方法	参考时间
资讯和计划	下达生产任务，设计、讨论	能提出正确的、明确的本田后期管理及收获的关键技术操作要求	以小组为单位查阅文献资料(主要在课外完成)，讨论方案，抽查 5 个小组的方案进行答辩	10 min
决策	确定玉米制种本田收获方案，准备各种生产资料	按计划列出生产所需的生产工具和资料并做好准备	主要在课外完成，上课时提交生产工具和资料清单	10 min

续表2-32

工作过程	教学步骤	训练要求与标准	训练方法	参考时间
实施	收获操作演练	按操作规程要求进行，能独立正确操作、用时短	按小组为单位进行生产操作	60 min
检查	操作结果展示与评价	操作结果符合技术规程要求、用时短	各小组展示操作结果，进行评分（填写评分表）	10 min
总结	撰写技术报告	技术操作规程、生产体会（包括生产中存在的问题以及解决的办法）	教师提出设计、技术报告撰写要求，每位学生独立完成	课外
评估	归纳总结	生产中存在的问题以及解决的办法	各小组进行体会交流、归纳分析总结	10 min

【检查评价】

现场操作检查：学生自检、教师检查任务完成情况（表2-33）。检查结果可分为5个等级：优秀（≥90分）、良好（80～89分）、中等（70～79分）、合格（60～69分）、不合格（0～59分）。

表2-33　玉米制种收获与晾晒任务完成情况评分表

	考核要点		技术操作要点	分值安排	评定得分
考核标准	1. 态度与表现		学习（实训）态度与课堂表现	20	
	2. 技能操作部分	制种田收获技术	玉米制种田间测产及考种方案的制订合理	15	
			田间测产选点和取样方法正确	15	
			田间测产方法正确	15	
			仪器使用以及记录正确	15	
			考种方法正确	15	
			实测结果与预测结果误差不超过5%	5	
总分				100	

【问题与思考】

1. 玉米杂交制种的产量构成因素有哪些？
2. 玉米杂交制种田间测产的步骤有哪些？
3. 如何确定玉米杂交制种田合适收获期？
4. 填写玉米制种田田间估产及质量评估表和收获田间档案记载表。

任务九　玉米杂交种子加工与包装

【任务目标】

1. 了解玉米杂交种子加工包装程序；
2. 学会对玉米杂交种子干燥、清选、分级及精选、种子包衣、种子包装；
3. 完成玉米杂交种子加工包装工作，培养吃苦耐劳等职业素养。

【布置任务】

学生按模拟种子企业的形式组建成学习（工作）小组，在教师指导下，在一体化教室，完成相关知识的学习，研讨和制订玉米杂交种子加工包装方案。在种子加工训练基地，按照技术方案进行种子加工前的准备工作，完成玉米杂交种子的加工包装任务。具体要求：

1. 熟悉玉米杂交种子加工包装程序；
2. 学会玉米杂交种子干燥、清选和分级；
3. 学会玉米杂交种子精选、包衣和包装；
4. 完成玉米杂交种子加工包装工作；

【学习条件】

场地要求：种子加工实训基地。

工具与生产资料准备：种子干燥、清选、分级及精选、种子包衣、种子包装等设备。

【知识准备】

种子加工是整个种子生产过程中不可缺少的重要环节。玉米商品杂交种子加工程序一般包括：种子干燥、种子清选、种子分级及种子精选、种子包衣、种子包装五个主要工序。

一、种子干燥

种子含水量是影响种子质量极其重要的因素。刚收获的玉米果穗种子含水量高，玉米胚部亲水性很强，当种子含水量高时，种胚的含水量高于其他部分，同时大而紧密的籽粒排列在穗轴上。所以玉米种子失水较缓慢。一般正常成熟的玉米刚收获的籽粒含水量25%～30%，而穗轴的含水量高达30%～35%。如不及时干燥，种子就会因发热生霉变质，或因遭受冻害而丧失发芽力。特别是当种子收获季节，气温高或气温急骤下降的地区，种子干燥显得更为重要。对收获的玉米种穗及时进行干燥处理，使其达到安全储藏的种子含水量，是种子加工的首要环节。

1. 影响种子干燥的因素

（1）温度　温度是影响种子干燥的重要因素之一。玉米种子本身具有较强的吸湿性。较高的温度，能降低空气相对湿度。同时，高温也能促使种子内部的水分扩散和种子表面水分蒸发。但在种子加温干燥过程为了避免伤害种子，烘干时温度不超过43 ℃。

(2)相对湿度　如温度相对稳定,空气中相对湿度的高低,也是决定种子干燥速度和脱水量多少的主要因素之一。因此,在一定温度条件下,空气相对湿度越低,种子干燥效果越好。同时空气的相对湿度也能影响种子干燥后的最终含水量。

(3)气流速度　空气流动速度越快,则种子干燥速度也越快,因而能缩短干燥时间。但若气流速度过快,则会加大风机功率及热能的消耗,因而增加种子干燥成本。

(4)种子的热容量与导热率　热容量是指 1 kg 种子温度升高 1 ℃时所需的热量。导热率即单位时间内通过静止的种子堆单位面积的热量(J/m^2)。种子含水量高,热容量大,导热率高,而种子本身导热率低。因此,在种子干燥过程中,除要保持一定温度,适当加快风速外,还应注意种子堆放的数量及厚度、堆放时间,防止种子热伤和霉变,降低种子的质量。

(5)种子的化学成分　淀粉含量多的马齿型玉米种子,其组织结构较疏松,籽粒内毛细管较粗,传湿力较强,故易于干燥,因此干燥时,调控的温度可适当高些。而蛋白质含量较高的硬粒型玉米,其组织结构较紧密,籽粒内毛细管较细,传湿力较弱,如在高温条件下干燥,由于种子内水分和种皮水分蒸发不协调,容易使种皮破裂,故干燥时应采用较低的温度。

(6)种子生理代谢作用　刚收获的玉米种子尚处在后熟阶段,如采用高温快速一次干燥会使种子内毛细管受损,使种子内部的水分不能向表面蒸发,造成种了表皮硬化,体积膨胀或胚乳变得松软,导致种子丧失生活力。故在种子干燥时应先低温后高温,或采取二次干燥法较妥。

2. 种子干燥方法

(1)站秆剥开苞叶晾晒　这是一种简单易行的自然干燥方法,适于在收获季节少雨的地区采用。具体做法是:在玉米种子进入蜡熟后期,将果穗苞叶剥开至近穗基部处,使籽粒露在外面,既能使光合产物快速向籽粒输送促进早熟,又有利于果穗籽粒中的水分散失。在杂交制种田由于散粉后割去父本行,改善了田间通风透光条件,更可取得良好的干燥效果。

(2)烘干室干燥　少批量的玉米种穗,可利用此法。安排较宽敞不漏雨的房屋作烘干室,门窗要严实,以保持室内温度。烘干室干燥要搞好以下两项设施:

搭烘干架(床)设施:种穗可用分层横杆式的烘干架进行挂烘。烘干架的搭法,每隔 2 m 左右立 1 根支柱,在 2 根支柱之间,按上下相距约 70 cm 分层绑结横杆,最下层离地面 1 m 左右,一般搭 4～5 层即可。分层平面或烘干床适合烘种粒,床的长度可随烘干室大小而定,宽度不要超过 1.5 m,最下面一层烘干床距地面约 0.5 m,每层相距 0.5 m 左右,烘干架或床之间,要留出 0.8 m 左右的人行通道。

加温除湿通气设施:热源供应器,如火炉、电动热风器,再配备鼓风机,以保持室内温度均匀;为排除湿气,还要装设活动式天窗。室内要配有温度计和湿度计,能随时监视室内温湿度变化。

烘干操作,把已剥开苞叶并成对拴结的种穗依次挂在烘干架上,每一横杆上挂 3～4 层为妥。如烘粒则薄薄地铺在烘干床上。种子水分高或成熟较差的应先烘。在开烘的前 1～2 d,温度不宜高,保持 25～30 ℃即可,并要连续吹风,扩大散热面,并定时打开通风口,迅速排除潮气;第 3 d 后,将室温调升到 40 ℃,不能超过 45 ℃,每天吹风 4～5 次,每隔 2～3 d 将挂穗串位翻倒一次;烘粒每天定期翻动 2～3 次,保证种子受热均匀和干燥最佳效果。烘到第 7 天后,可取样测定水分。如水分含量达到规定要求,就可以下架(床),等冷却后再入库或做进一步种子加工处理。

(3)机械干燥　采用机械干燥种子脱水快，能缩短干燥时间，可以避免种子混杂。烘干后的种子发芽率、活力及色泽均可达到自然干燥的种子品质标准。另外，机械干燥不受气候条件限制，且能耗较小，成本较低。种子机械干燥有以下几项技术要求：

第一，种子烘前含水量。用于烘干的热气流温度高低要根据被烘干的玉米种子含水量确定。如含水量高时，烘干温度要低些。刚装机的玉米果穗含水量一般在50%以上，必须先用低温干燥，一般用30～33 ℃的热气流预烘，使种穗籽粒含水量降至20%；间歇12～24 h，然后脱粒再将温度调升到35～38 ℃烘粒，使种粒含水量降至14%。

第二，种子干燥温度。种子干燥的温度要适宜，如超过一定的限度，会破坏种子内部化学物质，尤其是引发种子胚的蛋白质变性，使种子降低生活力或坏死，国际规定种子烘干最高温度不超过43 ℃。目前国外玉米种子干燥，一般是以果穗烘干为主。国外20世纪70年代后建立的玉米种子加工厂绝大多数都采用玉米穗粒两次烘干，德国KWS种子公司(1988)认为一次烘干法能源浪费大，因为后期烘干的水分有70%是玉米轴中的水分，烘干时间长。且一次烘干后脱粒破碎粒增多。据对比测算结果，二次干燥比一次果穗干燥的优越性有以下几点：①在同等条件下干燥能力提高1.0～1.6倍；②节省能源近1倍，降低成本30%～50%；③减少脱粒损失1.5%～2.0%；④能提高干燥均匀度。

第三，种子层厚度。种子层烘干过程厚度是影响种子干燥均匀的主要原因。种子烘层厚度，要根据烘干机型及其风机的风量和穿透能力决定。敞开式小型烘干机烘干玉米种穗厚度为70～110 cm；烘玉米种粒为25～40 cm。如系中型烘干机或封闭式双向烘干机，烘干玉米种穗厚度为150～200 cm，玉米种粒为40～60 cm。均要求烘层厚薄均匀平整。

第四，及时排潮。在种子烘干过程中，利用空气对流的原理进行排潮。一般烘干玉米种穗要求气流量为每分钟每立方米的种子输送8～15 m^3 空气。一方面利用流动气体将热量传给种子，加快种子内部水分的蒸发；另一方面又将烘干机(室)的潮气排出。排潮要根据干湿差的变化反复进行，直到种子含水量达到标准为止。

第五，烘干时间。种子烘干时间长短受种子初始含水量、烘干热风温度高低及种子层厚度等多种因素制约。在烘干过程中要定时对种子水分进行检测。当种子达到规定的水分就应及时停机冷却，防止种子烘干过度或烧种。

第六，种子排出机体。当种子烘干达到要求水分时，不能立即将种子排出机体，要向烘干机(室)内输入冷风，使种子逐渐冷却，直到将种层温度降至与外界气温接近时再将其排出机体，以免因烘干机(室)内外温差过大，造成种子表面收缩过快，而使种子表面发生龟裂，降低种子品质。

国外主要用烘干室干燥玉米种穗，烘干室的结构是由若干室组成，将种穗用皮带运输机运到烘干室；通过送入热风使种穗干燥，然后进行脱粒。一般采用轴流式风机，定时定量输入气流，干燥机加热器的燃料多采用煤油或柴油，而且都有自控装置，能自动点火、自动供油、自动灭火。一般还安装有吸尘消音设备，操作时无尘土，无噪声。

二、种子清选

清选是玉米种子加工中主要工序之一。种子清选的作用：一是通过清选把夹杂在玉米种子里的未成熟种子、病虫害和机械损伤的种子、杂草种子以及其他夹杂物清除出去，以提高种子净度。二是利用种子物理性状不同，按种子长度、宽度及厚度和比重等进行分级。种子经过清选基本上可以达到种子质量标准。

种子清选一般用风筛清选机。标准的清选机有四层筛子、两个或三个吸气风扇。操作时种子由漏斗自动进入喂料装置，并按预定数量将粗加工的种子送入气流中，首先除去分量轻的夹杂物，种子经过第一道筛子清除大型杂质。下面各道筛选是对种子进行分级，同时将小粒种子、杂草种子和杂物清除出去。清选机各个筛层的筛孔大小不同，圆孔筛主要用于分离不同宽度的种粒，长方筛孔是分离不同厚度的种粒。适于清选玉米种子不同筛层的筛孔大小如下：顶层筛 12.70 mm，二道筛 4.76 mm，三道筛 11.91 mm，四道筛 5.56 mm。在种子清选过程中对风扇的风量要进行调节，达到能使顶层的气流把尘土、谷壳等份量较轻的杂质吹走，以及将未成熟和破损种粒及分量较重的杂质吹走。

三、种子精选

玉米种子在经过清选后再进行精选，将有些大小和形状与种子十分相近而个体重量有差异但不容易分离的杂质清除出去，并按种子的长度、宽度和厚度以及比重大小进行分级。按种子长度分级，可以使种子的长度达到一致；玉米种子对宽度和厚度的精选要求较严格，如用长孔筛或椭圆形孔筛可将种粒分为扁平和圆粒，而用圆孔筛则可把种子分为小粒、中粒及大粒。重力精选操作控制很严格，在采取重力精选时，首先要确定风量、筛子倾角以及种子在筛面上的厚度，经过调试后才能进行重力精选分级。

四、种子包衣

种子包衣是我国种子产业近年发展起来的高新技术。它是将玉米种子与种衣剂按一定比例充分混合，使种子表面固化成均匀的薄膜即种衣。种子经包衣处理后，播在土壤中只能吸水而几乎不被溶解。当种子吸水、发芽、生长，药膜、肥膜缓缓释放，在种子周围形成预防病虫害的保护膜和起到肥效的营养膜。

用包衣种子播种有以下特点：①精量播种，节约用种。湖北省襄樊正大农业开发有限公司生产的玉米杂交种包衣种子，在整地质量较好的条件下，单粒点播基本上可达到全苗，单位面积用种量比传统用量减少 50%，并节省了田间疏苗、定苗用工量。②预防虫、鼠、鸟等危害，保证成苗率。据湖北省房县种子公司在玉米生产上大面积用种衣剂新技术调查，在同样的条件下，包衣种子成苗率 97.5%，而未包衣的种子仅为 81.7%。③如果种衣剂加入微量元素或植物生长调节剂，形成一种复合种衣剂，还有促进生根发芽，刺激玉米生长的功效。

玉米种子包衣对种衣剂有较严格的要求，至少要在以下几种基本性能上具可利用价值：①良好的成膜性，包衣种子间互不粘连，不结块；②良好的附着性，包括种衣剂中加入杀虫剂、杀菌剂，或微肥及警戒色素等配套助剂，能牢固均匀附着在种子表面上；③良好的稳定性，要求夏季不溶解，冬季不结冻，有效成分含量稳定，一般可贮存两年；④良好的缓释性，能透气透水，有再湿性，但在土壤中只溶胀而几乎不溶于水，一般持效期能达到 45～55 d。

为了显示种衣剂效能，对玉米种子也有以下要求：①包衣的种子必须是经过加工精选的优质种子；②包衣所用的种子必须是优良杂交种、自交系原种和亲本种子。

使用包衣种子注意事项：①使用前必须做好包衣种子安全性测定，可采用常规发芽实验法，对种子的发芽势、发芽率进行安全性测定。要求包衣种子含水量低于一般种子标准含水量

1%。②包衣种子带有警戒色，只能作种子用，绝不能食用或饲用。③播种时要防止对人、畜发生药害。④出苗后疏下的苗严禁喂畜禽。⑤包衣剂及包衣种子要妥善保管。

五、种子包装

在现代种子市场营销中，种子作为一种商品，在整个种子加工程序中，种子包装也是重要的一环。精致、科学的包装可避免人为混杂，保证种子质量，有效地防止种子活力衰退。美观的种子包装还可以增强商品的观感，给用户留下美好的印象，起到"无声推销"的作用，以利于扩大种子市场，成为种子市场竞争的重要手段。

(1)小包装的优越性　玉米种子实行小袋包装有以下优越性：第一，小包装后，运输、携带、销售及保管都方便；第二，包装袋上印有品种名称、特征特性、发芽率、含水量、生产单位及时间、栽培技术要求等，给用户以信任感；第三，有利于防止掺杂掺假，以劣充优，以假充真，混级销售等不良现象。

(2)小包装材料要求　玉米杂交种种子小包装的材料要选择透气性好，耐磨结实，价廉无毒的材料。玉米种子一般可采用塑料编织袋或聚乙烯薄膜袋。

(3)小包装定量规格　既要考虑玉米生产用户一般的平均用种量，又要减少包装费用。玉米杂交种系列小包装量规格以每袋1 000 g、1 500 g、2 500 g为宜。如有特殊要求，还可另选适当规格。

(4)小包装种子安全含水量要求　玉米包衣种子采用塑料薄膜包装，其种子含水量不超过11.5%，采用塑料编织袋包装，其种子含水量不超过12.0%。按上述种子含水量包装，确保在一个产供期内储藏达到安全。高于12.0%含水量的种子要严禁小包装。

国外和我国北方等大型玉米种子加工厂，都是利用成套设备组成玉米种子加工流水线，其加工流程是：接料→玉米果穗剥皮→人工选穗→烘干→脱粒→清选→精选→包衣→装袋(包括定量、缝袋口、贴标签、盖印等)。

广西兆和种业有限公司是在制种大田将种穗进行初检、复检，清除杂、劣穗后，再进入种子工厂，其杂交玉米种子加工流程为：穗选→烘干→脱粒→初选→储藏→精选→包衣→包装。在整个加工流程中除穗选是人工操作外，其余都是机械运作。精选后的种子、包衣种子以及储藏中的上述种子，都要严格地进行种子品质分析检验，以保证商品种子的质量标准。

【实施方案】

以学习(工作)小组为单位，在教师指导下获取与玉米杂交种子加工与包装相关的信息后，研讨并制订玉米杂交种子加工与包装方案(表2-34)。具体内容要求与实施建议如下：

(1)熟悉玉米杂交种子加工包装程序；

(2)学会玉米杂交种子干燥、清选和分级；

(3)学会玉米杂交种子精选、包衣和包装；

(4)学会玉米杂交种子加工与包装关键技术；

(5)完成玉米杂交种子加工与包装工作。

表 2-34 玉米杂交种子加工与包装教学实施单

工作过程	教学步骤	训练要求与标准	训练方法	参考时间
资讯和计划	下达生产任务，设计、讨论	能提出正确的、明确的加工与包装的关键技术操作要求	以小组为单位查阅文献资料（主要在课外完成），讨论方案，抽查5个小组的方案进行答辩	10 min
决策	确定玉米杂交种子加工与包装方案，准备各种生产资料	按计划列出种子加工与包装所需的设备工具和资料并做好准备	主要在课外完成，上课时提交生产工具和资料清单	10 min
实施	种子加工与包装操作演练	按操作规程要求进行，能独立正确操作、用时短	按小组为单位进行生产操作	60 min
检查	操作结果展示与评价	操作结果符合技术规程要求、用时短	各小组展示操作结果，进行评分（填写评分表）	10 min
总结	撰写技术报告	技术操作规程、生产体会（包括生产中存在的问题以及解决的办法）	教师提出设计、技术报告撰写要求，每位学生独立完成	课外
评估	归纳总结	存在的问题以及解决的办法	各小组进行体会交流、归纳分析总结	10 min

【检查评价】

现场操作检查：学生自检、教师检查任务完成情况（表 2-35）。检查结果可分为 5 个等级：优秀（≥90 分）、良好（80～89 分）、中等（70～79 分）、合格（60～69 分）、不合格（0～59 分）。

表 2-35 玉米杂交种子加工与包装任务完成情况评分表

	考核要点		技术操作要点	分值安排	评定得分
考核标准	1. 态度与表现		学习（实训）态度与课堂表现	20	
	2. 技能操作部分	种子加工与包装技术	玉米杂交种子加工与包装方案的制订合理	15	
			种子干燥、清选和分级方法正确	15	
			种子精选、包衣和包装方法正确	15	
			设备使用以及记录正确	20	
			能正确简述玉米杂交种子加工与包装流程	15	
总分				100	

子项目三　玉米自交系种子生产

【知识目标】

1. 具备玉米自交系原种生产程序知识；
2. 具备玉米自交系良种生产知识；
3. 具备提纯复壮玉米自交系知识。

【技能目标】

1. 掌握玉米自交系原种生产程序；
2. 学会玉米自交系良种生产；
3. 学会提纯复壮玉米自交系。

【素质目标】

1. 培养懂农业、爱农村、爱农民的“三农”情怀；
2. 培养生态安全、健康环保、可持续发展的理念；
3. 培养爱岗敬业、精益求精、刻苦钻研、勇于创新的工匠精神；
4. 培养尊重科学、遵纪守法、诚信友善的社会责任感；
5. 培养自主学习和终身学习的行为习惯；
6. 培养获取和运用新知识、新技术的信息素养。

任务一　生产玉米自交系种子

【任务目标】

1. 了解玉米自交系混杂退化的原因；
2. 掌握玉米自交系原种生产程序；
3. 学会玉米自交系良种生产。

【布置任务】

学生按模拟种子企业的形式组建成学习(工作)小组，在教师指导下，在一体化教室或线上线下，完成相关知识的学习准备，研讨和制订玉米自交系种子(含原种和亲本种子)生产方案。在玉米自交系种子生产训练基地，按照技术方案进行自交系种子生产前的准备工作，完成玉米自交系原种和亲本种子生产任务。具体要求：

1. 掌握玉米自交系原种标准及生产方法；
2. 掌握自交系亲本种子标准及生产方法；
3. 了解玉米自交系提纯复壮基本操作；

4. 能够现场指导亲本种子生产操作；

5. 完成亲本种子生产田工作。

【学习条件】

场地要求：作物生产性实训基地。

工具与生产资料准备：玉米自交系种子生产田、玉米自交系原种、肥料、农药、铁铲、锄头、编织袋等。

【知识准备】

一、自交系混杂退化的原因

(1)天然杂交　玉米是异花授粉作物，花粉量大，在繁殖过程中隔离区不合标准，除杂不彻底，母本去雄不及时、不彻底都会引起天然杂交，造成生物学混杂。连年使用制种田的父本所造成的混杂就是这种原因之一。

(2)机械混杂　播种、收获、脱粒、运输、干燥、储藏等过程，不遵守技术操作规定，就会造成机械混杂。

(3)自交系本身遗传变异　自交系是一个遗传上的纯系，但“纯”和“杂”是相对的，自交系株间在遗传性上总会有微小的差异，不会有绝对的纯。在繁育过程中，经过长期混合繁殖，逐渐互相传粉，就会由微小的变异积累成较大的变异，形成混杂退化。同时，由于物理、化学因素的影响，也会引起自交系的遗传性变异。

(4)长期自交导致退化　自交系在繁殖过程中，长期自交可使遗传基因型纯合，但同时也引起纯合隐性不利基因的暴露，导致退化。

二、自交系种子生产技术

玉米自交系是配制玉米杂交种的物质基础，自交系纯度的高低将直接影响杂交种的质量和产量。因此，掌握好玉米自交系的繁殖技术，对于保持自交系的种性、提高种子质量具有重要意义。玉米自交系种子生产程序中最关键的环节是原种生产。自交系原种和良种生产的选地隔离、除杂去劣方法同制种技术，只是隔离条件、除杂去劣要求更严格，空间隔离时，与其他玉米花粉来源地至少相距 500 m，时间隔离至少 40 d。

(一)自交系原种生产

1. 自交系原种的标准

自交系原种是指由育种单位提供的原原种中繁殖出来的与原有优良特征特性一致的种子，或者采用一定的原种生产技术生产出来的质量达至规定标准的种子。原种在隔离区经过一次扩大繁殖的种子，称为原种一代；再继续繁殖一次，称为原种二代。原种的标准是：

(1)性状典型一致。主要特征特性符合原自交系的典型性状，株间整齐一致。

(2)保持原有生产势和生产力。与原自交系相比，植株生长势、单株生产力不降低或有所提高。

(3)保持原有配合力水平。要求配制的商品杂交种子的增产效果不低于原杂交组合标准种子的产量水平。

（4）种子质量好。要求种子籽粒饱满，大小整齐一致，发芽率高，无霉烂籽粒，不带检疫病虫害。玉米种子质量标准见表 2-36。

表 2-36　国家 GB/T 4404.1—2008 玉米原种种子质量标准　%

种子类别		纯度不低于	净度不低于	发芽率不低于	水分不高于
常规种	原种	99.9	99.0	85	13.0
	大田用种	97.0			
自交系	原种	99.9	99.0	80	13.0
	大田用种	99.0			

2. 自交系原种生产方法

自交系原种生产方法与纯系品种原种生产相似，根据 GB/T 17315—2011 标准，原种生产分两种方法：一种是采用育种家种子直接繁殖；另一种是采用"二圃制"的穗行筛选法。原种生产的两个关键环节是严格隔离和彻底除杂。

1. 育种家种子直接繁殖原种

在选择好玉米原种生产基地后，由育种单位或育种者在保存育种家种子的同时，直接生产原种，见图 2-10。其生产技术和要求同子项目二。

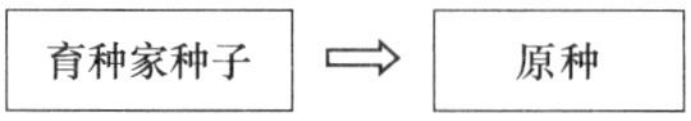

图 2-10　利用育种家种子直接生产原种

2. "二圃制"的穗行筛选法

"二圃制"是以"选株自交、穗行比较、淘汰劣株、混收优株"为原则的穗行筛选法，具体操作技术如下：

玉米自交技术

（1）选株自交　在自交系原种圃内选择符合典型性状的单株套袋自交，制作袋纸以半透明的硫酸纸为宜。花丝未露前先套雌穗，待花丝外露 3.3 cm 左右，当天下午套好雄穗，次日上午露水干后开始授粉。一般应一次授粉，个别自交系雄雌不协调的可两次授粉，授粉工作在 3～5 d 内结束。收获期按穗单收，彻底干燥，整穗单存，作为穗行圃用种。

（2）穗行圃　将上年决选单穗在隔离区内种成穗行圃，每系不少于 50 个穗行，每行种 40 株。生育期间进行系统观察记载，建立田间档案，出苗至散粉前将性状不良或混杂穗行全部淘汰。每行有一株杂株或非典型株即全行淘汰，全行在散粉前彻底拔除。决选优行经室内考种筛选，合格者混合脱粒，作为原种圃用种。

（3）原种圃　将上年穗行圃种子在隔离区内种成原种圃，在生长期间分别于出苗期、开花期、收获期进行严格除杂去劣，全部杂株最迟在散粉前拔除。雌穗抽出花丝占 5%以后，杂株率累计不能超过 0.01%；收获后对果穗进行纯度检查，严格分选，分选后杂穗率不超过 0.01%，方可脱粒，所产种子即为原种。

（二）自交系亲本种子生产

将上年原种圃收获保存的原种种子，在扩大的隔离区中进行一次混粉繁殖。自交系良种生产隔离区面积大小，要根据下年杂交制种面积所需母本、父本自交系种子数量而定。除该隔离区采用的种子是混合种子播种外，其他一切生产技术与原种生产相同。其纯度要求略低于原种，要求全部杂株最迟在散粉前拔除，散粉杂株率累计不超过 0.1%；收获后要对果穗进行纯度检查，杂穗率不超过 0.1%，同时淘汰病、虫、劣穗，剔除霉、烂粒后混合脱粒，所产种子即为良种。

（三）玉米自交系原种生产的栽培技术

玉米自交系种子生长势一般较弱，单株生产力偏低。在繁殖过程中又常受气候、生产条件及栽培水平等多方面因素的制约，单产波动幅度较大。往往由于基础种子数量不足或父母本种子不配套，影响杂交制种任务的完成，延缓杂交种推广的进程。因此，必须高度重视提高基础种子单位面积产量。

提高玉米自交系原种种子产量水平，要根据不同自交系的生长特点，采用先进实用的耕作栽培技术措施，实行良种与良法相结合，确保原种（基础种子）生产任务的完成。

1. 选用良田、精细整地

自交系生活力较弱，从种子萌动出苗及幼苗生长，对环境条件反应很敏感。基础种子繁殖基地在达到完全隔离的前提下，首先应选择地势平坦，土质肥沃，保肥保水，便于排灌的田块。其次，精细整地是保证播种质量，达到苗全、苗齐、苗壮的先决条件。争时早耕，掌握宜耕宜耙的时间，以利于提高土壤熟化的程度，达到耕层深厚 25～30 cm，土质容易碎散、垡块疏松。在南方为了排水防涝，多采用畦作，开沟起畦，要求沟深畦平，排水流畅，畦面宽窄因地区和土质而异，一般采用双行单株或单行单株种植方式。

2. 增施粪肥，适时早播

优质农家肥各种养分齐全，有利于改善土壤结构和提高肥力，同时还能在玉米各个生长阶段不断地供给养分。基础种子繁殖田应增施底肥，一般每公顷施量 15 000～37 500 kg。种肥可以满足幼苗对养分的需要，有助于壮苗，促进苗期生长。一般以复合肥作种肥为宜，较安全，每公顷施用量为 750 kg，采取穴施，施用时应与种子隔离开，以防烧种而影响出苗。

适时早播是提高玉米种子产量的主要措施之一。玉米开花授粉阶段气温在 25～28 ℃，相对湿度不低于 70%较适宜。温度超过 38 ℃，相对湿度低于 60%，则阻碍开花，并导致花粉、花丝干燥，不利于授粉，且易造成花期不协调；湿度过高，花粉易吸水膨胀，很快丧失生活力。因此，春季适时早播，可避开气温偏高、炎热干燥的伏旱，以及影响开花授粉、造成减产的不利气候。同时，适时早播可延长自交系生育天数，有利于干物质积累，促成粒多粒饱。生产实践证明，春播玉米适时早播，温度指标以播前 5 d 的 5 cm 土层平均地温不低于 7 ℃、播后地温稳定在 10 ℃以上为宜。如采取地膜覆盖，还可提早 10～15 d 播种。

3. 合理密植，节约用种

玉米自交系植株较矮小，单株产量低。但群体消光系数小，植株下部透光率大，具有密植增产的潜力。在良好的水肥和栽培条件下，适当增加种植密度，充分利用地力及光能，是提高单产的有效措施。基础种子繁殖种植密度，一般应根据不同的亲本自交系的植株高度、株型及地力、栽培管理水平等灵活掌握。各地经验证明：亲本自交系株高 1.5 m 左右，每公顷种植密度以 75 000～90 000 株为宜；植株高度在 2.0 m 以内，每公顷种植密度以 67 500～75 000 株为宜；2.0 m 以上的，则以 60 000～67 500 株为宜。

在自交种子发芽率高、整地质量好、墒情适宜的条件下，可推行种衣处理精量播种，或种子肥育沙培芽种，或育苗移栽等项技术，适当节约用种量，提高种子繁殖系数，降低基础种子生产成本。

4. **加强田间管理**

玉米自交系植株生活力较弱，发苗慢，对低温、旱涝等不良环境十分敏感。因此，田间管理必须精细及时，以能获得较好的收成。

(1)间苗定苗　玉米长至3叶时必须及时间苗，每穴只留2苗；待4～5叶时定苗，每穴只留1苗，同时拔除病苗、虫苗、白苗和弱苗。定苗时应在缺苗穴的四周适当留些双株苗，以保证有足够的苗数。

(2)科学施肥　①施足基肥。每公顷施优质农家肥75 000 kg，复合肥750 kg；或配方施肥，每公顷施氮素225～270 kg，磷素75～90 kg，钾素225～270 kg，氮磷钾配合施用，不能偏施氮肥。②巧施苗肥。在4～5叶定苗后，每公顷施尿素100 kg，钾肥75 kg；并结合中耕松土、除草(地膜覆盖除外)。③重施攻苞肥。攻苞肥以速效性氮肥为主。在玉米生长到11～12片叶时(大喇叭口期)或抽雄前10～15 d，每公顷施尿素150～225 kg，以促进穗大粒多。施用方法是在两株(或四株)之间打洞深施(洞深6～10 cm)，将肥料施入洞内，然后大培土。④攻粒肥。后期视苗情轻施攻粒肥，玉米全田抽雄10%左右，每公顷施尿素75 kg，以增加粒重，防止茎叶早衰。

5. **合理排灌**

在玉米生育期间，根据天气情况及其需水规律，及时排涝或灌水。苗期适当控水控肥，蹲苗，抑制地上部分生长，适当降低株高，促进茎秆粗壮，提高抗倒能力。拔节期后至成熟，保持地面湿润，保证其对水分的需要，以防“卡脖子旱”现象出现。

6. **病虫防治**

玉米主要虫害有小地老虎、草地贪夜蛾、玉米螟、铁甲虫、蚜虫、黑毛虫等；主要病害有纹枯病，大、小斑病，根腐病，青枯病等。

玉米苗期可用敌百虫拌嫩草做毒饵诱杀小地老虎或人工捕杀。5～7叶时每公顷用25%杀虫双水剂200～250 g兑水50 kg喷雾，防治大螟危害。大喇叭口期，用辛硫磷乳油等制成颗粒投入大喇叭口内，防治玉米螟。对纹枯病和大、小斑病，每公顷用50%井冈霉素1 500～2 250 g或75%退菌灵1 125～1 500 g，兑水750 kg喷雾，并结合人工摘除病叶。

7. **人工辅助授粉，增粒高产**

玉米自交系开花期，正是高温雨季，阴雨天较多，伏旱发生频率也高，或由于自交系雄穗花粉量不足、生活力较弱，或雌穗包叶过长、抽丝困难等，造成缺粒、秃尖，甚至空苞。因上述情况而影响自然授粉时，应及时进行人工辅助授粉，对提高结实率有良好的作用。

【实施方案】

以学习(工作)小组为单位，在教师指导下获取与玉米自交系种子生产相关的信息后，研讨并制订玉米自交系原种、亲本种子生产方案(表2-37)。具体内容要求与实施建议如下：

(1)根据所提供资料，能正确采用适当的方法生产原种和亲本种子。

(2)原种和亲本种子生产方案的拟订。

(3)实施原种、亲本种子生产各项措施。

(4)原种、亲本种子生产质量的小组间检查鉴定。

表 2-37　玉米原种、亲本种子生产教学实施方案

工作过程	教学步骤	训练要求与标准	训练方法	参考时间
资讯和计划	下达生产任务，设计、讨论	能提出正确的、明确的原种生产关键技术操作要求	以小组为单位查阅文献资料（主要在课外完成），讨论方案，抽查 5 个小组的方案进行答辩	30 min
决策	确定玉米杂交制种土地准备和播种方案，准备各种生产资料	按计划列出生产所需的生产工具和资料并做好准备	主要在课外完成，上课时提交生产工具和资料清单	10 min
实施	自交系原种生产技术操作演练（穗行播种、纯度田间检验安排在课内）	按操作规程要求进行，能独立正确操作。其他田间管理工作利用课余时间或与别的项目交叉进行	按小组为单位进行生产操作。	200 min（按生长时期分阶段实施）
检查	穗行田块结果展示与评价	穗行除杂去劣到位，田间、果穗纯度达到要求，整个生长过程长势长相好	各小组展示结果（实训地块），进行评分（填写评分表）	结合项目二子项目二同时进行（现场）
总结	撰写技术报告	技术操作规程、生产体会（包括生产中存在的问题以及解决的办法）	教师提出设计、技术报告撰写要求，每位学生独立完成	课外
评估	归纳总结	生产中存在的问题以及解决的办法	各小组进行体会交流、归纳分析总结	40 min

【检查评价】

现场操作检查：学生自检、教师检查任务完成情况（表 2-38）。检查结果可分为 5 个等级：优秀（≥90 分）、良好（80～89 分）、中等（70～79 分）、合格（60～69 分）、不合格（0～59 分）。

表 2-38　玉米原种、亲本种子生产任务完成情况评价表

序号	考核要点		技术操作要点	分值安排
1	1. 态度与表现		学习（实训）态度与课堂表现	15
2	2. 技能操作部分	播前土地平整	施足底肥、墒情合适、土地细碎平整	10
		穗行播种	播种要求达到适时播种、播种质量好、出苗率高	10
		穗行标记	穗行标记清楚正确	5
		田间纯度检验取样	取样方法正确	5
		检验与结果填写	检验鉴定项目全面，认真，结果正确	10
		产品评价	实训田块自交系生长各时期长势长相良好，综合管理到位，产量较高	45
总分				100

【问题与思考】

1. 试述玉米自交系原种概念。如何生产高质量的自交系原种种子？
2. 调查当地玉米自交系原种、良种生产中存在哪些问题。

任务二　提纯复壮亲本自交系

【任务目标】

1. 能够初步拟订亲本自交系提纯复壮工作计划；
2. 会用穗行鉴定提纯亲本自交系；
3. 会用穗行测交复壮自交系。

【布置任务】

学生按模拟种子企业的形式组建成学习(工作)小组,在教师指导下,在一体化教室或线上线下,完成相关知识的学习,研讨和制订玉米自交系提纯复壮方案。在玉米自交系种子生产训练基地,按照技术方案进行准备工作,完成玉米自交系提纯复壮生产任务。具体要求：

1. 能够通过给定资料和自主获取的资料完成相关知识的准备,并拟订工作方案；
2. 能够对玉米自交系进行提纯复壮基本操作；
3. 完成自交系提纯复壮生产田工作。

【学习条件】

场地要求:作物生产性实训基地。

工具与生产资料准备:玉米自交系种子生产田、肥料、农药、铁铲、锄头、编织袋等。

【知识准备】

一、亲本自交系的提纯

一个亲本自交系在生产上经过长期利用后,其纯度、配合力会出现不同程度的退化,即发生遗传变异,当这种变异基因型的个体累积到一定程度时,就会严重影响其相应的制种产量和该杂交种的生产优势。此时,就需要组织人力对其进行提纯,以恢复其纯正性。

(一)穗行测交提纯法

穗行测交提纯法的特点是:把套袋自交所中选的果穗,分单穗各种一小区,既注意各小区内植株外部形态的鉴定,又进行配合力的测验,为选优去劣提供依据,以提高选择效果。一般在自交系比较混杂时采用此法,可使提纯后的自交系既能保持性状的典型性,又不降低配合力。具体做法是：

(1)单株选择　在纯度高、符合原亲本典型性状的群体中选单株。选株时要严格掌握标准,按该自交系的典型性状进行选择。选择要在苗期、抽雄前、乳熟期、成熟期多次进行。对中选单株，可在吐丝前开始套雌袋，散粉期自交。收获时决选，然后分穗收获、编号。选择数量一般以 100～200 株为宜。在选株自交的同时，分别用每株的花粉在原组合的另一个亲本自交系进行测交，配成测交种。如提纯中单 2 号的母本 Mo17，就以中单 2 号的父本 330 作测验种。一般每个当选株要测交 5～6 穗，各自交果穗应与相应的测交果穗成对编号。同一测交组合混合脱粒，供下年进行配合力鉴定。中选果穗收获后再复选一次，入决选果穗分穗脱粒、装袋、编号，供下年做穗行鉴定。在淘汰自交果穗的同时，也要淘汰相应的测交果穗。

(2)穗行鉴定　在隔离条件下，将上年决选的自交果穗种成穗行，每穗种一行或一区，每穗行 30～50 株，紧叶型的种植密度可按 60 000～75 000 株/hm^2，平展叶型的 45 000～60 000 株/hm^2。在苗期、花期和乳熟期对叶鞘色、叶片色、植株整齐度、抗病性及早衰情况等性状进行系统记载，为穗行选留提供依据。根据田间记载结果，确定穗选的去留。对淘汰的非典型行要全行去雄或割除，以免散粉影响入选穗行种子典型性；对性状典型、整个穗行整齐一致、表现优良的中选穗行，要继续选优株套袋自交或姊妹交，其数量视下年原种繁殖所需数量而定。成熟后分穗行收获，室内决选后分穗行混脱、贮存，其余中选穗行的单株自由授粉后混收果穗，可供下年制种用。

(3)穗行测交鉴定　在进行穗行鉴定的同时，将相对应的各测交种进行穗行的配合力鉴定，为穗决选提供依据。其方法是将各穗行的测交种按顺序排列法在田间种植，重复 2～3 次，以同一杂交组合的纯种种子作为对照。做好田间记载，收获后计产分析。结合对应的穗行鉴定结果，选出性状典型一致、生长势好、配合力高的穗行。将其所有的穗行鉴定圃中套袋的种子充分混合，供下年原种繁殖用。

(4)繁殖原种　将经过穗行测交、鉴定的中选穗行混合繁殖，生产原种。要加强田间管理，尽可能扩大繁殖系数，并注意在散粉前及时除去个别杂、劣苗，在盛花期进行人工辅助授粉，增加原种产量。所收种子即可用作再次繁殖之用。

此法比较费时费工，但纯度好、质量高，典型性和配合力能保持原有水平。

(二)穗行鉴定提纯法

该方法与穗行测定鉴定法基本相似，只是省略了各穗行的配合力测定。其一般方法是：第一年选择典型的植株自交，第二年进行穗行鉴定，这种方法称二级提纯法。若经过一年穗行鉴定后对其纯度还不满意，可再进行一次穗行鉴定，称三级提纯法。穗行鉴定提纯法比较简单，缺点是只考虑植物外部的典型一致性，而没有考虑配合力的表现，提纯的效果就不如穗行测交提纯法。

二、自交系的复壮

亲本自交系的退化不仅表现在纯度，而且还体现在配合力、抗逆性等方面。把恢复及提高亲本自交系的配合力和抗逆性等纯度以外的指标叫作自交系的复壮。

(一)穗行测交复壮法

这种方法一般是和提纯相伴进行，所以也叫穗行测交提纯复壮法。它与穗行测交提纯法不同的是在选择典型株时更注意长势的强弱、花粉量的大小及抗逆性等。

(二)穗行鉴定复壮法

这种方法与穗行测交复壮法相比只是不进行配合力的测定，仅仅根据植株的外部形态表现来选择，其复壮的效果不甚准确。

(三)改变生活条件达到复壮的目的

品种或自交系长期在同一地区的相同条件下生长,某些不利因素对种性经常发生影响时,则品种也可能发生劣变。如果用改换生活条件的办法就可能使种性获得复壮,保持良好的生活力,那么就人为地加以调整。例如,通过改变播种期来避开高温对花药多少或成熟度的影响,通过异地换种来解决抗逆性问题等。

(四)加强选择

加强人工选择不仅可以起到除杂去劣的作用,并且有巩固和积累优良性状的效果,对亲本自交系的复壮有显著作用。在亲本自交系的繁育上,经常采用的有片选、穗选留种和单穗选择等方法。

(1)片选法　片选法是在繁殖田中选择生长良好、纯度较好的地块,严格进行除杂去劣,然后单打单收单贮,作为生产用种。进行片选时尤应注意株型状况、植株高矮、穗型、成熟早晚、抗性强弱等。

(2)穗选法　选择具有原品种典型特征特性的果穗,进行混合脱粒,作为繁殖用种。这种方法简单易行,但必须连续进行,方能收到好的效果。

【实施方案】

以学习(工作)小组为单位,在教师指导下获取与玉米自交系提纯复壮相关的信息后,研讨并制订玉米自交系提纯复壮生产方案(表2-39)。具体内容要求与实施建议如下:

(1)确定玉米自交系提纯复壮的方法。

(2)自交系提纯复壮生产方案的拟订。

(3)实施提纯复壮各项措施。

(4)提纯复壮各项工作质量的小组间检查鉴定。

表2-39　玉米自交系提纯复壮教学实施方案

工作过程	教学步骤	训练要求与标准	训练方法	参考时间
资讯和计划	下达生产任务,设计、讨论	能提出正确的、明确的玉米自交系提纯复壮关键技术操作要求	以小组为单位查阅文献资料(主要在课外完成),讨论方案,抽查3个小组的方案进行答辩	15 min
决策	确定提纯复壮的方法方案,准备各种生产资料	按计划列出生产所需的生产工具和资料并做好准备	主要在课外完成,上课时提交生产工具和资料清单	10 min
实施	提纯复壮的方法操作演练(单株选择及测交工作安排在课内)	按操作规程要求进行,能独立正确操作。其他田间管理工作利用课余时间或与别的项目交叉进行	按小组为单位进行生产操作	40 min
检查	提纯复壮结果展示与评价	除杂去劣到位,选株正确、田间果穗纯度达到要求,整个生长过程长势长相好	各小组展示结果(实训地块),进行评分(填写评分表)	结合项目二子项目二同时进行(现场)

续表2-39

工作过程	教学步骤	训练要求与标准	训练方法	参考时间
总结	撰写技术报告	技术操作规程、生产体会（包括生产中存在的问题以及解决的办法）	教师提出设计、技术报告撰写要求，每位学生独立完成	课外
评估	归纳总结	生产中存在的问题以及解决的办法	各小组进行体会交流、归纳分析总结	30 min

【检查评价】

现场操作检查：学生自检、教师检查任务完成情况（表 2-40）。检查结果可分为 5 个等级：优秀（≥90 分）、良好（80～89 分）、中等（70～79 分）、合格（60～69 分）、不合格（0～59 分）。

表 2-40　玉米自交系提纯复壮任务完成情况评价表

考核要点		技术操作要点	分值安排	评定得分
1. 态度与表现		学习（实训）态度与课堂表现	15	
2. 技能操作部分	除杂去劣	除杂去劣及时	5	
		除杂去劣干净、彻底，杂株处理得当	10	
	单株选择	正确选择典型单株	10	
	田间纯度检验	取样方法正确	5	
	穗行测交	正确进行穗行测交	15	
	产品评价	实训田块自交系生长各时期长势长相良好，综合管理到位，产量较高	40	
总分			100	

【问题与思考】

如何对混杂的玉米自交系进行提纯复壮？

【典型人物案例】

中国玉米育种奠基人——李竞雄

李竞雄（1913—1997），著名植物细胞遗传学家、玉米育种学家，中国利用杂种优势理论选育玉米自交系间杂交种的开创者，农业教育家。江苏省苏州市人。1936 年毕业于浙江大学农学院。1945、1948 年先后获得美国康奈尔大学硕士、博士学位。1980 年当选为中国科学院生物学部委员（院士）。曾任清华大学农学院农艺系主任、教授，北京农业大学教授，中国农业科

学院作物育种栽培研究所研究员、副所长，中国作物学会第三届理事长。长期从事玉米遗传育种的教学与科研工作，在多个研究领域取得了重要成果。提出玉米杂种优势利用途径，育成我国首批玉米双杂交种农大4号、农大7号；育成多抗性丰产玉米单交种中单2号，在全国推广3亿多亩，获1984年国家科技发明一等奖；还育成一批优质蛋白玉米新组合以及玉米杂交种甜玉4号等；开拓我国玉米品质育种、群体改良和基因雄性不育研究；组织编写中国第一部《作物栽培学》教材，主编《作物雄性不育及杂种优势研究进展》《玉米雄性不育生物学》等著作，发表了一大批高水平的科研论文。主持国家攀登计划“粮棉油雄性不育杂交种优势的基础研究”“六五”至“八五”玉米育种科技攻关计划，培养了一批农业领域的优秀人才，对发展我国玉米育种事业和玉米生产做出了突出贡献。他是务实求真的科技人，堪称“农科楷模、玉米丰碑”。

一、农学岁月

1. 立志农业兴国(1913—1936年)

李竞雄先生1913年生于苏州，3岁丧母，7岁丧父。在亲友的照料下辗转于京、鄂、鲁三地。艰苦的生活奠定了他对农业的情感，铸成了他坚韧奋斗和勤俭节约的优良品德。

1932年，苏州中学高中毕业，考入浙江大学，获清寒奖学金。

1936年毕业，留校任教。师从冯肇传教授，开始对遗传学产生浓厚兴趣。

2. 钻研遗传育种(1937—1944年)

1937年4月，李竞雄先生进入武汉大学任助教，其间绘制的玉米不正常花粉母细胞图，是他在细胞遗传学研究领域的最初成果。

1937年，李竞雄先生成功获得小麦与黑麦杂交 F_1 幼苗，并确定了其细胞学特征，发表了第一篇论文。

3. **赴美留学深造**(1944—1948 年)

由于李竞雄先生品学兼优、成就突出,在年轻时代被推荐到美国留学深造。在 1944 年秋至 1948 年秋留学美国期间,李竞雄先后得到密苏里大学的 L. J. 斯塔德勒(Stadler)教授、明尼苏达大学细胞遗传学家 C. R. 伯能(Burhnam)教授、康奈尔大学遗传学家 L. F. 伦道夫(Randolph)教授的指导。1945 年 8 月,李竞雄进入康奈尔大学攻读硕士学位,并于 1948 年 6 月完成博士论文答辩,学习期间参与了比基尼岛原子弹爆炸试验对玉米细胞遗传效应的研究。同时,进行了玉米第 9 染色体臂间倒位的细胞遗传学研究,研究结果分别发表在 *Science* 和 *Genetics* 上。

李竞雄先生回国后仍然怀念在国外的学习生活,回国后常与国外的导师和同事联系,75 岁时他重访了曾经工作和学习的地方。

李竞雄先生(第 2 排右一)留学期间的合影

4. **深入农业一线:在大寨的生活**(1970—1972 年)

与昔阳县农牧局同志们合影

5. **奉献教学科研**

李竞雄先生大学毕业后一直从事农业教育与科研工作，长达60余年。

1936年毕业于浙江大学农学院，留校任助教。

1937年任武汉大学农学院助教。

1938年任四川省农业改进所技士。

1941年任甘肃省农业改进所技正。

1943年任华西大学农业研究所副教授。

1944—1948年先后任美国密苏里大学、明尼苏达大学、康奈尔大学研究助理。获康奈尔大学博士学位。清华大学农学院副教授，农学系主任。

1949—1970年任北京农业大学副教授、教授，农学系栽培教研组主任，遗传教研组主任。

1970—1972年任中国农林科学院驻大寨昔阳科技服务队队员。

1973年任中国农林科学院农业所教授。

1978—1986年任中国农业科学院作物育种栽培研究所研究员、副所长兼玉米育种室主任。

1980年当选中国科学院生物学部委员(院士)。

1986—1997年任中国农业科学院作物育种栽培研究所研究员。

二、玉米丰碑

1. **选育中单2号，推进杂交玉米历史性发展**

李竞雄先生在早期玉米资源创新与双交种的研究和利用研究基础上，着手玉米单交种的研究，亲自组配了以国内的自330和美国的M017杂交而成的中单2号新组合，其育成与推广，标志着我国杂交玉米育种水平达到了一个新的高度，实现了丰产、多抗和适应性三大目标的统一。

2. **开展玉米品质育种，推进我国特色玉米发展**

1982年，李竞雄先生提出了提高玉米营养品质、开展玉米品质育种的建议，并将其纳入国家"六五""七五"重点科研任务，亲自参与选育了高赖氨酸玉米、高油玉米和各种类型的甜玉米等，并育成了甜玉米新品种甜玉2号和甜玉4号等。

3. 引进优良材料,推进种质资源创新

李竞雄先生高度重视国外优良种质资源的引进、消化、吸收与再创新。在中国农业科学院工作期间,他作为我国玉米界的首席专家,先后访问多国,引进了大批育种材料。20 世纪 70 年代初,他鉴定并首先利用的美国玉米自交系 M017 已广泛用于杂交种的组配,并对其进行有效改良,目前在生产上大面积推广累计超过 1 亿亩的品种都不同程度与这个自交系有亲缘关系。1973 年,他赴加拿大考察时还引进了小麦单体系列的"复制品",成为我国小麦染色体工程育种重要的遗传工具,为小麦的种质资源和科学研究做出了重要贡献。

4. 引领研究方向,推进玉米遗传育种研究

李竞雄先生十分重视玉米育种方向的研究,根据国内外玉米遗传育种研究和玉米生产发展中存在的问题,深入研究并提出玉米遗传育种近中长期的研究方向。早在 1991 年,他在南京作物遗传育种会上就明确提出了"竖秆直立叶,中大均匀穗"的密植育种方向,为我国玉米遗传育种研究和玉米生产的发展做出了重要贡献。

李竞雄先生还很重视育种目标和社会发展相结合的有机统一。他最早提出了品质和专用玉米的育种,经过十几年的努力开拓,育成了高赖氨酸和色氨酸含量杂交种,并积极促进了高油玉米和甜玉米的发展。

5. 主持国家重大项目,引领玉米科技方向

李竞雄先生是我国玉米育种科研的带头人,主持了多个国家玉米科技相关项目。1983 年,他主持了"六五"国家科技攻关计划——玉米新品种选育技术研究课题论证报告的起草和实施。1986 年,他又挑起了组织"七五"国家科技攻关计划的重担。1992 年,李竞雄先生主持了国家基础性研究重大关键项目——攀登计划。

6. 参加学术活动,带动学科进步

李竞雄先生积极组织和参加国内外相关学科的学术会议并在会上发表重要讲话,指点学科发展方向,并提出科技发展的具体要求。

7. 深入田间调查,解决生产难题

长期置身于玉米生产一线,李竞雄先生常说:"我离不开玉米,玉米也需要我。"

8. **精心指导学生,培育后继人才**

李竞雄先生培养的学生

研究生:白秀莲　许启凤　任和平　戴景瑞　王景佑　刘恩训　宋文昌　刘瑞凝　谢友菊　曹鸣庆　季良越

硕士生:陶家信　张宝石　文兰英　彭泽斌

博士生:张世煌　周洪生

博士后:赵明

9. **出版科技著作,推动学科发展**

李竞雄先生长期关注我国农业学科发展和研究方向的确定。组织编写了我国第一部《作物栽培学》教材,标志着我国作物栽培学科开始独立发展。主编了《作物雄性不育及杂种优势研究进展》《玉米雄性不育生物学》等著作,发表了一大批高水平的科研论文,大大推动了我国杂种优势研究的进展。

1957年由李竞雄先生主编的《作物栽培学》

李竞雄先生发表的部分科技论文

李竞雄 . 玉米的植物学方面与育种方面[J]. 中国植物学杂志,1949,5(3):77-82.

李竞雄,郑长庚,程经有,等 . 玉米杂交种的选育研究Ⅰ选育品种间杂交种及自交系间杂交种的结果[J]. 北京农业大学学报,1957,3(i).

李竞雄,杨守仁,周可涌．作物栽培学[M]．北京:高等教育出版社,1958.

李竞雄．选育和利用玉米双交种的多快好省方法[J]．中国农业科学,1960(5):5-8.

李竞雄．雄花不孕性及其恢复性在玉米双交种中的应用[J]．中国农业科学,1961(6):19-24.

李竞雄．积极推广玉米双杂交种[M]．红旗,1961,21-22:26-34.

李竞雄．普通遗传学[J]．北京:农业出版社,1961.

李竞雄,戴景瑞,许启凤,等．玉米雄花不孕性及其恢复性的遗传研究[J]．作物学报,1963,2(4):339-362.

李竞雄．玉米群体改良[J]//遗传与育种论文选．济南:山东科学技术出版社,1978.

李竞雄,石德权,吴秀琴,等．高赖氨酸玉米杂交种的选育[J]．中国农业科学,1980(1):15-29.

石德权,李竞雄．硬质胚乳高赖氨酸玉米的选育研究[J]．中国农业科学,1982(4):1-6.

李竞雄,石德权,潘才暹,等．多抗性丰产玉米杂交种中单2号[J]．中国农业科学(专辑),1987:23-29.

李竞雄．玉米笋杂谈[J]．作物杂志,1989(2):1-7.

李竞雄,石德权．发展玉米生产、攀登粮食新台阶[M]//何康中国粮食发展战略对策．北京:农业出版社,1990.

李竞雄．玉米杂种优势研究回顾与展望·植物遗传理论与应用研讨会文集,中国遗传学会,1990.

李竞雄．农作物杂种优势研究进展和利用问题的生物科学信息,1990,4(2):154-158.

三、国际交流

李竞雄先生十分重视我国玉米研究与国际的交流,采取“走出去、请进来”的做法,先后访问了美国、巴基斯坦等20多个国家,邀请了30多名国外专家来我国考察,促进我国玉米研究与世界的接轨,学习国外先进技术,同时使外国更加了解中国。

(资料来源:智种网)

典型人物事迹感想：

典型人物工匠精神总结凝练：

项目三
花生种子生产技术

【知识目标】

1. 熟知花生育种家种子、原种、良种含义；
2. 掌握花生种子生产基地建设的要求；
3. 熟知花生品种退化的原因与防止途径；
4. 熟知花生原种、良种生产流程。

【技能目标】

1. 学会花生原种生产操作；
2. 会用适当繁育方法进行花生良种生产；
3. 能对大田用种的繁育田进行管理；
4. 会对花生原种、大田用种生产进行田间调查、室内考种。

【素质目标】

1. 培养懂农业、爱农村、爱农民的“三农”情怀；
2. 培养生态安全、健康环保、可持续发展的理念；
3. 培养爱岗敬业、精益求精、刻苦钻研、勇于创新的工匠精神；
4. 培养尊重科学、遵纪守法、诚信友善的社会责任感；
5. 培养自主学习和终身学习的行为习惯；
6. 培养获取和运用新知识、新技术的信息素养。

【布置任务】

学习小组在课下进行自主学习，并根据教师提供的参考书、网络资源、学习情境实施方案、任务单、工作记录表、考核单等资料，研讨制订出花生大田用种的生产方案。具体要求：

1. 知道花生混杂退化原因及防止措施；
2. 能够熟练进行花生大田用种繁育工作；
3. 基本熟识花生原种生产操作过程；

4. 提交花生大田用种繁育工作技术总结。

任务一 生产花生原种

【任务目标】

1. 能正确选择花生原种生产基地；
2. 会用三圃法生产花生原种；
3. 会用二圃法生产花生原种。

【布置任务】

学生按模拟种子公司的形式组建成学习(工作)小组，在教师指导下，在一体化教室，完成相关知识的学习，研讨和制订建立花生原种生产基地方案。在原种生产基地，开展花生原种生产。具体要求：

1. 能根据当地实际情况选择合适的安全隔离区。
2. 学会三圃法生产花生原种。
3. 能够用二圃法生产花生原种。

【学习条件】

场地要求：作物生产性实训基地。

工具与生产资料准备：种子市场品种需求相关调研分析资料，花生原种生产教学田。

【知识准备】

一、生产基地建设的要求

符合产地环境条件标准，远离城区、工矿区、交通主干线、工业污染源、生活垃圾场等。基地周边 2 km 以内无污染源；基地距主干公路 100 m 以上。基地土壤肥沃，排灌条件良好；基地土壤未长期施用含有有害物质的工业废渣。初选合格后，应对基地的环境进行检测，土壤中农药、有毒物质、重金属、硝酸盐及亚硝酸盐含量应低于允许标准，基地的大气、土壤、灌溉水等的具体要求，应符合“有绿无”花生生产地环境条件标准，并符合《高标准农田建设标准》(NY/T 2148—2012)。

二、花生原种生产技术

按照花生种子质量等级分为育种家种子、原种和大田用种。为了保持花生种子质量特性，必须抓好种子生产关，在种子生产的各个环节，必须执行统一的生产技术规程。

原种是指保持原品种典型性、遗传稳定性、一致性和新颖性，不带检疫性病害、虫害和杂草的，按照规程生产出来的符合原种质量标准的种子。

原种生产可采用育种家种子直接繁殖的方法，也可采用三圃或二圃的方法。为了避免种子混杂、保持优良种性，原种生产田周围不得种植其他品种的花生。

(一)三圃法生产花生原种

三圃：即株行圃、株系圃、原种圃。三圃法具体操作过程如下：

1. 单株选择

选择单株：单株在株行圃、株系圃或原种圃中选择，如无株行圃或原种圃时可建立单株选择圃，或在纯度较高的种子田中选择。

选择时期：选择分开花下针期和成熟期进行。

选择标准和方法：根据本品种特征特性，选择典型性强、生长健壮、丰产性好的单株。开花下针期根据株型、叶型、叶色、开花习性、花色选单株，并标记；成熟期根据株高、株型、熟期、单株结果多少、果形、抗病性从花期入选的单株中筛选。筛选时要避开地头、地边和缺苗断垄处。

选择数量：选择数量应根据原种需要量而定，一般每品种每公顷株行圃选单株 4 500～6 000 株。

室内考种及复选：入选植株根据植株的全株荚果数、籽仁数，选择丰产性好的典型单株，单株脱粒，进行室内考种，然后根据荚果大小、籽仁大小、整齐度、粒形、果皮颜色、百粒重、感病情况进行复选。决选的单株在剔除个别病虫粒后分别装袋编号保存(室内考种标准参见本节附录资料)。

下面分别叙述株行圃、株系圃、原种圃生产技术要点。

2. 株行圃

田间设计：各株行的长度应一致，行长 5～10 m，每隔 19 或 39 行设一对照行，对照应为同一品种原种。

播种：适时将上年入选的每株种子播种一行，密度应比大田稍稀，单粒点播，或两三粒穴播留一株苗。

田间鉴定评选：分三期进行。苗期根据幼苗长相、幼茎颜色，开花下针期根据株型、叶型、叶色、开花习性、花色，成熟期根据株高、株型、熟期、单株结果多少、果形、抗病性来鉴定品种的典型性和株行的整齐度。通过鉴评，淘汰不具备原品种典型性的、有杂株的、丰产性差的、病虫害重的株行，并做明显标记和记载。对入选株行中的个别病劣株要及时拔除。

收获：收获前要清除淘汰株行，对入选株行要按行单收、单晾晒、单脱粒、单袋装，袋内外放、拴标签。

决选：在室内要根据各株行的荚果大小、籽仁大小、整齐度、粒形、果皮颜色、百粒重、感病情况进行决选。淘汰籽仁性状不典型、不整齐、病虫粒重的株行。决选株行种子单独装袋，放、拴好标签，妥善保管。

3. 株系圃

田间设计：株系圃面积因上年株行圃入选株行种子量而定。各株系行数和行长应一致，每隔 9 或 19 区设一对照区，对照应用同品种的原种。

播种：将上年保存的每一株行种子种一小区，单粒点播或两三粒穴播留一株苗，密度应比大田稍稀。

田间鉴定评选：分三期进行。苗期根据幼苗长相、幼茎颜色，开花下针期根据株型、叶型、叶色、开花习性、花色，成熟期根据株高、株型、熟期、单株结果多少、荚果形、抗病性来鉴定品种的典型性和株系的整齐度。通过鉴评，淘汰不具备原品种典型性、有杂株、丰产性差、病虫害重的株系，并做明显标记和记载。若小区出现杂株，则全小区淘汰。同时要注意各株系间的一致性。

收获：将淘汰区清除后对入选小区单收、单晾晒、单脱粒、单称重、单袋装，袋内外放、拴标签。

决选：在室内要根据各株系的荚果大小、籽仁大小、整齐度、粒形、果皮颜色、百粒重、感病情况进行决选。淘汰籽仁性状不典型、不整齐、病虫粒重的株系。决选株行种子单独装袋，放、拴好标签，妥善保管。决选时还要将产量显著低于对照的株系淘汰。入选株系的种子混合装袋，袋内外放、拴好标签，妥善保存。

4. 原种圃

播种：将上年株系圃决选的种子适度稀植于原种田中，播种时要将播种工具清理干净，严防机械混杂。

除杂去劣：在苗期、花期、成熟期要根据品种典型性严格拔除杂株、病株、劣株。

收获：成熟时及时收获。要单收、单脱粒、专场晾晒，严防混杂。

(二)二圃法生产花生原种

二圃：即株行圃、原种圃。二圃法生产原种具体操作如下：

1. 单株选择

第一年单株选择：提纯复壮或繁育的花生良种必须是生产上大面积推广，并且具有利用前途的品种，或试验示范表现好而准备推广的新品种，亦即具有广阔的推广前景、准备作为生产原种的品种。为了选株方便和有利于植株充分生长发育，种植密度不宜过大，而且必须单粒播种。

选择单株：单株在株行圃、株系圃或原种圃中选择，如无株行圃或原种圃时可建立单株选择圃，或在纯度较高的种子田中选择。

选择时期：选择分开花下针期和成熟期两期进行。

选择标准和方法：根据本品种特征特性，选择典型性强、生长健壮、丰产性好的单株。开花下针期根据株型、叶型、叶色、开花习性、花色选单株，并标记；成熟期根据株高、株型、熟期、单株结果多少、果形、抗病性从花期入选的单株中筛选。筛选时要避开地头、地边和缺苗断垄处。

选择数量：应根据原种需要量而定，一般每品种每公顷株行圃选单株 4 500～6 000 株。

室内考种及复选：入选植株根据植株的全株荚果数、籽仁数，选择丰产性好的典型单株，单株脱粒，进行室内考种，然后根据荚果大小、籽仁大小、整齐度、粒形、果皮颜色、百粒重、感病情况进行复选。决选的单株在剔除个别病虫粒后分别装袋编号保存。

播种前再根据荚果饱满度、结果多少、种子形状和种皮色泽等典型性进行一次复选。

2. 株行圃

第二年株行圃：选择地势平坦、地力均匀、旱涝保收、无线虫病、不重茬的地块为株行圃。

田间设计：各株行的长度应一致，行长 5～10 m，每隔 19 或 39 行设一对照行，对照应为同一品种原种。

播种：将上年当选的优良单株，分株剥壳装袋，以单株为单位播种。

每个单株播种 1 行，每 9 或 19 行设 1 行原品种为对照行。行长一般为 6～10 m，行距 45 cm。以单株编号顺序排列。密度应比大田稍稀，单粒点播，或两三粒穴播留一株苗。

田间鉴定评选：生育期间要做好鉴定、观察和记载，分三期进行。苗期主要观察记载出苗期和出苗整齐度、幼苗长相、幼茎颜色；花针期主要观察记载株型、叶型、叶色、开花类型、分枝习性、抗旱性等；成熟期根据株高、株型、熟期、单株结果多少、果形、抗病性来鉴定品种的典型性和株行的整齐度。通过鉴评要淘汰不具备原品种典型性的、有杂株的、丰产性差的、病虫害重的株行，并做明显标记和记载。对入选株行中的个别病劣株要及时拔除。

收获：收获前要清除淘汰株行，收获期要记载收获时间，先收获淘汰行和对照行，后收获初选行，同时观察记载初选行的丰产性、典型性和一致性，以及荚果形状、大小及其整齐度等性状。性状一致的株行可混合摘果。性状特别优良的株行可分别单独摘果装袋，标记株行号。对入选株行要按行单收、单晾晒、单脱粒、单袋装，袋内外放、拴标签。收获后抓紧时间晒干。

决选：在室内要根据各株行的荚果大小、籽仁大小、整齐度、粒形、果皮颜色、百粒重、感病情况进行决选。淘汰籽仁性状不典型、不整齐、病虫粒重的株行。决选株行种子混合装袋，放、拴好标签，妥善保管。

3. 原种圃

第三年原种圃要选择中等肥力以上的沙壤土，施足肥后作原种圃。

播种：将上年株行圃混收的种子稀植于原种田中，单粒播种，密度不宜过大，要按高产高倍方法繁殖原种。播种时要将播种工具清理干净，严防机械混杂。

除杂去劣：在苗期、花期、成熟期要根据品种典型性严格拔除杂株、病株、劣株。

收获：成熟时及时收获，要单收、单脱粒、专场晾晒，严防混杂。搞好储藏。

此外，原种必须采用适宜的栽培条件，原种的面积应根据服务地区需种量确定，一般株行圃与原种圃的面积之比为 1∶(8～10)。

【实施方案】

以学习(工作)小组为单位，在教师指导下获取与化生原种生产相关的信息后，研讨并制订基地选择原种生产方案(表 3-1)。具体内容要求与实施建议如下：

(1)确定原种基地的条件；

(2)确定安全隔离方法；

(3)会用三圃法生产花生原种；

(4)会用二圃法生产花生原种；

(5)根据所提供相关资料，每个学习小组共同完成 1 份花生原种生产方案。

表 3-1 花生原种生产教学实施建议

工作过程	教学步骤	训练要求与标准	训练方法	参考时间
资讯和计划	下达生产任务，设计、讨论	能提出正确的、明确的制种基地条件并能依据实际情况采用合适的隔离方法，达到安全隔离目的	以小组为单位查阅文献资料(主要在课外完成)，讨论方案，抽查 5 个小组的方案进行答辩	5 min
决策	确定原种基地选择及隔离方案，画出示意图	按计划画出隔离区示意图	主要在课外完成，上课时提交生产工具和资料清单	5 min

续表3-1

工作过程	教学步骤	训练要求与标准	训练方法	参考时间
实施	叙述基地选择及隔离方法	列出基地条件、隔离及原种生产方法，能独立正确完成、用时短	以小组为单位进行汇报	10 min
检查	方案展示与评价	方案符合技术规程要求、用时短	各小组展示方案并解说，进行评分（填写评分表）	10 min
总结	撰写技术报告	技术操作规程、生产体会（包括生产中存在的问题以及解决的办法）	教师提出设计、技术报告撰写要求，每位学生独立完成	课外
评估	归纳总结	生产中存在的问题以及解决的办法	各小组进行体会交流、归纳分析总结	40 min

【检查评价】

现场操作检查：学生自检、教师检查任务完成情况（表3-2）。检查结果可分为5个等级：优秀（≥90分）、良好（80～89分）、中等（70～79分）、合格（60～69分）、不合格（0～59分）。

表3-2　花生原种生产任务完成情况检查表

<table>
<tr><td rowspan="5">考核标准</td><td colspan="2">考核要点</td><td>技术操作要点</td><td>分值安排</td><td>评定得分</td></tr>
<tr><td colspan="2">1. 态度与表现</td><td>学习（实训）态度与课堂表现</td><td>20</td><td></td></tr>
<tr><td rowspan="3">2. 技能操作部分</td><td rowspan="3">选择制种基地</td><td>能正确说出原种基地基本条件</td><td>25</td><td></td></tr>
<tr><td>根据教学田实际情况，正确采用合适的隔离方法</td><td>20</td><td></td></tr>
<tr><td>正确采用合适的原种生产方法</td><td>35</td><td></td></tr>
<tr><td colspan="4">总分</td><td>100</td><td></td></tr>
</table>

【问题与思考】

1. 理想的花生原种生产基地应具备哪些条件？
2. 简述三圃法花生原种生产技术。
3. 简述二圃法花生原种生产技术。

任务二　繁育花生良种

【任务目标】

1. 能正确选择花生良种生产基地；
2. 熟知花生良种的繁育程序；

3. 学会花生良种高产高倍繁育技术；

4. 学会花生良种加代繁育技术。

【布置任务】

学生按模拟种子公司的形式组建成学习（工作）小组，在教师指导下，在一体化教室，完成相关知识的学习准备，研讨和制订繁育花生良种方案。在花生良种生产基地，开展花生良种生产。具体要求：

1. 能根据当地实际情况选择合适的良种安全隔离区。

2. 学会花生良种高产高倍繁育技术。

3. 学会花生良种加代繁育技术。

【学习条件】

场地要求：作物生产性实训基地。

工具与生产资料准备：种子市场品种需求相关调研分析资料，花生良种生产教学田。

【知识准备】

花生良种是指用原种在严格防杂保纯条件下繁殖，保持原品种典型性、遗传稳定性和一致性，不带检疫性病害、虫害和杂草，按照规程生产出来的符合大田用种质量标准的种子。

一、花生良种的繁育程序

花生大田用种的繁殖方法较之原种的生产方法单一，主要是选择适宜地块，按照规程生产即可。为了避免种子混杂，保持优良种性，良种繁育田周围不得种植其他品种的花生。主要繁育方法如下：

(1)播种　将计划繁育的花生原种适度稀植于良种田中，播种时要将播种工具清理干净，严防机械混杂。

(2)除杂去劣　在苗期、花期、成熟期要根据品种典型性严格拔除杂株、病株、劣株。

(3)收获　成熟时及时收获，要专场晾晒，严防混杂。

二、大田用种的繁育管理

为了实现优良品种的更新换代和花生产量的进一步提高，对大田用种繁育田必须加强栽培管理，以获取高产优质的良种，加速推广应用。栽培管理要掌握以下三点：

(1)大田用种生产田应由固定的技术人员负责，并有田间观察记载。

(2)要选择地势平坦、肥力均匀、土质良好、排灌方便、不重茬、不迎茬、不易受周围不良环境影响和损害的地块。

(3)各项田间管理均要根据品种的特性采用先进的栽培管理措施，以提高种子的繁殖系数，并应注意管理措施的一致性，同一管理措施要在同一天完成。

要保持花生种子的优良特性，还需要进行种子质量检验。按花生品种典型性、遗传稳定性和一致性，对繁育的原种和大田用种进行选择，按照国家规定标准进行质量检验，对符合标准的原种、大田用种予以保留，对达不到质量要求的要及时处理。

三、花生良种繁育新技术

花生种子的繁育技术有多种，但就实质而言不外乎两个方面：一是高产栽培，二是加代繁殖。

花生生产用种量大，种子繁殖系数低，在一般大田生产条件下，每公顷产量在 3 000 kg 左右，只相当于每公顷用种量 10 倍左右。所以，一个新品种从开始示范推广，到大面积普及应用，往往需要十几年时间。为了加速优良品种的推广，近年来各地总结推广了几项提高良种繁殖系数的新方法和新技术，使花生良种的繁殖系数提高到 30 倍以上，大大加速了花生良种的推广速度。

（一）花生良种高产高倍繁育技术

1. 高产繁育技术

花生高产高效良繁技术，是 1999 年由山东省花生研究所完成的最新花生良繁技术成果。它是单粒稀播法的改进和提高，将良种繁育和高产栽培紧密结合起来，根据土壤类型、常年产量水平、生产条件以及品种特性等综合农艺措施确定目标产量，再根据土壤条件、目标产量及农艺措施确定适宜的施肥量。通过适宜种植方式、适宜密度，实现花生良种高产栽培。通过施肥、浇水管理措施，培育花生壮苗。通过巧用植物生长调节剂调节植株生育，建立高光效群体结构。山东省花生研究所采用该技术示范 3 hm^2 连片良繁高产田，获得平均每公顷 7 942.5 kg 高产，繁殖系数较普通高产栽培显著提高，达到 35 倍。该技术适用于花生良种繁育基地大面积高产繁育。

2. 单粒播种，高产高倍法

单粒播种，高产高倍法是高速繁殖花生良种普遍采用的一种方法。

（1）选好地，合理施肥　应选择适合花生高产的沙质壤土或壤土，创造一个全土层深厚，结果层疏松的土壤条件。根据土壤肥力情况，施足基肥，一般每公顷施优质土杂肥 7.5 万～15.0 万 kg，过磷酸钙 450～750 kg，硫酸铵 112.5～150 kg，硫酸钾 150～190 kg 或草木灰 1 500～2 250 kg。

（2）起垄种植，单粒播种　于早春起单垄，以利保墒。根据土壤肥力、施肥水平和品种特性等基本情况，确定适宜密度。通常是早熟品种垄距 50 cm，株距 15～17 cm，每公顷种植 12.0 万穴左右（每穴一粒）；中熟品种垄距 53 cm，株距 26 cm，每公顷种植 7.2 万穴（粒）左右。要分级播种，因为单粒播种一般是在种子总量少的情况下采用的快繁措施。所以一级、二级、三级仁都要作种，只是三级仁可以每穴 2 粒。要采取综合措施，确保一播全苗。

（3）加强田间管理　应根据所繁殖花生品种各生育阶段的不同特点，加强田间管理，促进植株良好生长，确保花多、花齐、针多、结果集中，果多、果饱。

花生基本齐苗后，抓紧破垄退土清棵，保证清棵质量，使两片子叶露出土面，促进花生蹲苗壮棵。结合清棵进行第一次中耕，隔 15～20 d 进行第二次中耕，在 6 月中下旬花生尚未封垄前进行第三次中耕。在 7 月中旬前后花生盛花期进行培土，迎接果针入土，做到“垄胖坡陡顶凹形”。花生生育期间，遇旱要及时浇水，逢涝要及时排水，同时注意防治病虫害。

花生良种繁育田间清棵蹲苗技术

3. 插枝繁殖（无性繁殖）法

在种子量特别少，品种又特别优良，需要快速高倍繁殖的情况下，可以在田间种植的同时，采用插枝繁殖法。

（1）培育壮株健枝　春播时将繁殖的种子按高产栽培技术，单粒播种，培育壮株、健枝。

(2)剪枝扦插　于花生始花后，即北方地区播种后 60～70 d，南方地区 50～60 d，选择生长健壮的植株，剪下枝条的顶部(最好剪主茎，因主茎对母株的产量影响小)，剪下的枝条长为 5～10 cm，按行距 30～35 cm，株距 20～25 cm 扦插于预先准备好的畦内，插后及时浇足水。

(3)加强管理　扦插后注意浇水、划锄，确保成活，并按各生育期要求加强田间管理。从扦插到成熟一般只需 120 d 左右。每公顷可收获 2 250～3 000 kg 荚果。

4. 压枝繁殖法

花生具有花多不齐，针多不实的特点。压枝繁殖法就是利用这些特点，发挥高节位花针的结实作用。具体做法是花生高节位开花期间，在进行中耕培土后，用 20～25 cm 长的小竹条折成“门”形，卡住花生枝条插入土中，使被卡枝条贴于地面，让高节位果针入土，增加单株结果数。一般进行 2 次压枝，每公顷可增产花生荚果 30%以上，繁殖可高达 100 多倍。

(二)花生良种加代繁育技术

1. 阳畦温床双季繁殖技术

北方花生产区在种子总量很少，又非常珍贵的情况下，采用该法加速繁种，尽管费用偏高，但比“南繁”费用低。该技术是 20 世纪 80 年代初由临沂市农业科学院试验研究成功的。主要特点是一年可繁两季，繁殖倍数高。据试验，全年累计繁殖倍数可达到 364 倍；由于是在温床内种植，所以受气候变化的影响较小；在种子总量少的情况下，采用该技术是加速繁种的好方法。缺点是费用较大，但比“南繁”费用低。主要技术要点如下。

(1)选地，制作温床　选择背风向阳、土质好、肥力较高、排灌方便的地块，以东西向建塑料薄膜阳畦温床。床长 10～15 m，宽 1.2 m，后墙高 0.65 m，前墙高 0.15 m，在后墙上留两个 0.1 m 见方的换气孔。床墙宽 0.4 m，床头墙顶呈斜坡状，以便覆盖塑料膜。

(2)整地、施肥　床土翻深 30 cm 左右，铺施基肥。施肥量按每公顷 75 000 kg 厩肥，450 kg 过磷酸钙，2 250 kg 草木灰的标准，一次施足。

(3)播种、管理和收获　第一季在 3 月上中旬起垄播种。起双垄，垄距 80 cm。单粒播种，株距 16.0 cm，地膜覆盖栽培，播种结束后在床顶覆盖大棚膜，早、晚和阴雨天棚膜上遮盖草帘保温，尽量提高床土温度。出苗前以增温保暖为主，白天及时揭开草帘晒床增温，早、晚和阴雨天及时盖好草帘保温。先播种后覆膜的，幼苗顶土时要及时开膜孔放苗。出苗后，床内温度要保持在 25 ℃以上。苗期一般不浇水，如确需浇水，要浇温水，忌用凉水。花针期仍要保温散热。6 月中旬后揭掉棚膜，下旬收获。收获及时晒干，准备播种下茬。

第二季在 7 月上中旬播种。有条件的在播种前最好每公顷再施 75 000 kg 土杂肥，750 kg 复合肥。播种方式与密度同第一茬。播种后先不覆盖棚膜，生育期间注意防治病虫害。9 月下旬开始床顶覆盖棚膜，早、晚雨天要遮盖草帘。10 月下旬至 11 月上旬收获。该技术适于繁育休眠期短的良种。如繁育休眠期长的品种，应在播种前做打破休眠处理。

北方花生产区如果繁育特早熟良种，可不用制作温床，直接采用地膜覆盖栽培，一年种植两季，加快繁种速度。如山东省荣成市农业局 1984 年繁育特早熟品种鲁花 6 号，两季均获得了高产，繁殖系数大幅度提高。

2. 北育南繁或南种北繁技术

非常优异的育种家种子，可采取南繁(加代)的方法加速繁育。具体做法是将 9 月或 10 月收获的春、夏播良种，晒干后到海南省冬繁。冬繁一般于 11 月中旬播种，翌年 3 月下旬收获。除单粒播种外，其他栽培管理措施同冬花生，南繁每公顷可收获 1 000 kg 以上。

南方必须进行种植留种的花生产区，如广东、广西、赣南等地，可以采取南种北繁，以代替种植留种。

种植花生，一般高产田块每公顷产量不到 2 000 kg，低产田块不到 1 000 kg，对人力、物力、土地资源造成浪费。如果采取南种北繁，在黄淮地区春播或夏直播，一般每公顷可产 3 000 kg 以上，收获后在北方利用冬季自然低温储藏，翌年早春运回南方春播，既可保证繁种质量，又可科学地利用人力、物力、土地资源。

(三)其他繁育技术

1. 花生秋种留种技术

花生秋种留种技术在我国广东、广西、福建等地是加速良种繁育、获得高活力种子的一项重要技术。

秋植花生留种，种子的含油量低，收获后储藏期短，气温低，种子活力强，第二年春播出苗快，出苗齐，长势均衡，生长健壮，出苗率可达 95%以上，一般比春植留种高 20%以上，增产显著。据福建省溪宅农场试验，秋植花生作种，出苗率 94%。而对照春植花生种只有 68%。秋植留种的主要栽培技术如下。

(1)种子准备和适期播种　南方各省一般种植珍珠豆型早熟品种，秋播生育期为 110～120 d，要求活动积温 2 500～3 100 ℃，各地可根据当地的光温资源具体确定适宜的播种期。一般在 8 月初播种，12 月中旬收获。过迟播种，生育后期易受低温影响，造成荚果发育不良，降低种子质量，并导致减产。

秋植花生如果播种较早，则采用上一年春植的种子作种。留作种子的春植花生，收获后应晒干至含水量 9.0%，精选干净，拣取饱满荚果，用缸封藏，或用麻袋装好后放于干燥的稻谷仓中，储藏期间要勤检查，保持通风干燥，储藏中、后期要抓住晴天多晒几次，以防霉变。经这样储藏的荚果，翌年秋植时种子生活力仍较强，发芽率可达 70%以上。

如播种稍晚，可采用当年春播收获的花生作种，需要作种的田块应提前 10～15 d 收获，收获后及时晒干，剥壳后精选作种。

(2)选地施肥和播种管理　秋植留种田宜选用土质疏松、肥力较高、排水良好、有灌溉条件的水旱田连片种植。播种前要精耕细整。稻田秋植花生，因土壤通透性差，易渍水闷种而影响出苗，需及时落干，干耕细耙，使地表无泥块。也可抢季节，进行稻茬播种。播种后及时中耕、灭茬、施肥。播种方式一般宜采用深沟窄畦，一般畦面宽 117 cm，畦沟宽 40 cm，畦高 20 cm，以利秋植花生的灌溉、排水。

秋花生播种期常遇到高温、干旱天气，应于播种前灌水润土，或播种后沟灌，灌后及时排干。花生生育期短，一般需视旱情灌水 3～5 次。灌水、排水的原则是“干花、湿针、润果”，下针到饱果期应保持土壤湿润，以利于生长发育。

秋花生生育期间雨水少，光照足，植株矮壮，单株结果数稍少，应适当密植，以增加单位面积总果数。播种密度每公顷 30 万～37.5 万株为宜。播种时盖种应细而匀，避免土块堆压种子和肥料直接接触种子。秋花生生育期间，气温由高到低，前期发育快，开花早，需施足基肥，促进早发，培育壮苗。一般每公顷应施用腐熟的猪圈肥或其他有机肥 15 000 kg、普通过磷酸钙 300 kg、钙肥(石灰、壳灰)300～375 kg、草木灰 375～750 kg，于播种前沟施，尿素 60～90 kg 于 4 叶期前追施。秋植花生苗期易受浮尘子危害，中、后期易感染锈病。应注意防治，及时喷洒杀虫剂和杀菌剂。

【实施方案】

以学习(工作)小组为单位，在教师指导下获取与花生良种生产相关的信息后，研讨并制订基地选择及良种生产方案(表 3-3)。具体内容要求与实施建议如下：

(1)确定良种基地的条件。

(2)学会花生良种高产高倍繁育技术。

(3)学会花生良种加代繁育技术。

(4)根据所提供相关资料，每个学习小组分别完成 1 份花生良种生产方案。

表 3-3　花生良种生产教学实施建议

工作过程	教学步骤	训练要求与标准	训练方法	参考时间
资讯和计划	下达生产任务，设计、讨论	能提出正确的、明确的制种基地条件并能依据实际情况采用合适的隔离方法，达到安全隔离目的	以小组为单位查阅文献资料(主要在课外完成)，讨论方案，抽查 5 个小组的方案进行答辩	5 min
决策	确定良种基地选择及隔离方案，画出示意图	按计划画出隔离区示意图	主要在课外完成，上课时提交生产工具和资料清单	5 min
实施	叙述基地选择及隔离方法	列出基地条件、隔离及良种生产方法，能独立正确完成、用时短	按小组为单位进行汇报	10 min
检查	方案展示与评价	方案符合技术规程要求、用时短	各小组展示方案并解说，进行评分(填写评分表)	10 min
总结	撰写技术报告	技术操作规程、生产体会(包括生产中存在的问题以及解决的办法)	教师提出设计、技术报告撰写要求，每位学生独立完成	课外
评估	归纳总结	生产中存在的问题以及解决的办法	各小组进行体会交流、归纳分析总结	40 min

【检查评价】

现场操作检查：学生自检、教师检查任务完成情况(表 3-4)。优秀(≥90 分)、良好(80～89 分)、中等(70～79 分)、合格(60～69 分)、不合格(0～59 分)。

表 3-4　花生良种生产任务完成情况检查表

	考核要点		技术操作要点	分值安排	评定得分
考核标准	1. 态度与表现		学习(实训)态度与课堂表现	20	
	2. 技能操作部分	良种生产技术	能正确说出良种基地基本条件	25	
			合理开展花生良种高产高倍繁育田间各项工作	30	
			合理开展花生良种加代繁育田间各项工作	25	
总分				100	

【问题与思考】

1. 花生良种生产基地应具备哪些条件?
2. 简述花生良种高产高倍繁育技术。
3. 简述花生良种加代繁育技术。

任务三　花生良种的提纯复壮技术

【任务目标】

1. 熟知花生品种退化的原因与防止途径;
2. 学会花生良种提纯复壮技术。

【布置任务】

学生按模拟种子公司的形式组建成学习(工作)小组,在教师指导下,在一体化教室,完成相关知识的学习,研讨和制订花生良种提纯复壮方案。在花生良种提纯复壮生产基地,开展花生良种提纯工作。具体要求:

1. 熟知花生品种退化的原因。
2. 熟知花生品种退化防止措施。
3. 学会花生良种提纯复壮技术。

【学习条件】

场地要求:作物生产性实训基地。

工具与生产资料准备:花生良种提纯复壮生产教学田;田间生产相关农资及农具。

【知识准备】

一、花生品种退化的原因与防止途径

(一)花生品种退化的原因

1. 机械混杂

在花生的播种、收获、摘果、运输等一系列过程中,由于缺乏严密的生产与管理操作规程,对机具、晒场清理不净或补种时用了其他品种的种子等因素,均可造成花生品种混杂。

2. 生物学混杂

花生虽然是自花授粉作物,但是因多种因素的影响,总会有一定程度的天然异花授粉,引起基因重组而产生变异。在生产上若将不同的品种相邻种植,没有适当隔离,就有可能发生品种间天然杂交,杂交后代分离出不同类型的植株,使品种整齐度、纯度下降,产量和品质降低。

3. 品种遗传因素

一个花生品种也不是一个绝对纯系,在遗传上总会有差异,特别是通过杂交育成的品种,

个别性状还会继续分离。即使是同一花生植株，其基因型也不可能是完全纯合的，由于各种因素的影响，失去了原来的典型性状。

4. 环境条件影响

在不良的环境条件下，花生品种优良性状会逐渐削弱，而一些不良性状就会被自然选择而保留下来，且会不断增加，良种的丰产性就会退化变劣。在留种太少的情况下，也易导致花生品种遗传基因的漂移。

(二)防止品种退化的途径

1. 防止机械混杂

一是单株稀植。实行花生品种单株稀植繁种技术，可以确保种性和纯度。二是精选种子。选用正规单位繁育的纯度高、代数低的种子。三是选择土壤深厚、地势平坦、不重茬的沙壤土最好，而且1～3年内没有种过花生，以减轻花生各种病虫害的发生概率。四是每公顷施优质土杂肥60 000 kg以上，并配合施用一定数量的氮磷钾三元素复合肥。如果微量元素缺乏，还应补充一定数量的微肥，每公顷15～30 kg。五是起垄，单粒播种。垄距40～45 cm，垄高15 cm，每垄播种1行，采用单粒点播，株距15～18 cm。

2. 防止生物学混杂

一是选用性状稳定、纯度高的原种作为繁殖用种。二是做好隔离，以防止花生品种生物学混杂。

3. 加强田间管理

给花生植株生长发育创造良好的环境条件，以防止花生种性退化。

4. 适期收获

一般先收早熟品种和瘠薄地块，后收晚熟品种和肥水高的地块。要做到分品种收获，用手摘荚果。

5. 搞好提纯复壮

花生品种在生产上使用3年后，要及时进行提纯复壮，以免一些不良性状进一步积累，造成品种退化。

二、花生良种的提纯复壮技术

在花生生产过程中，由于机械混杂和生物学混杂，品种本身遗传性发生变化，以及自然变异和不正确选择等，往往导致花生品种混杂、退化。随着良种使用年限的延长，品种混杂、退化的程度就愈加严重。良种混杂、退化后，生长不整齐，成熟期不一致，造成产量降低。因此，良种即使在推广过程中，也必须坚持经常性地提纯复壮。生产实践证明，经过提纯复壮的花生原种一般可增产10%左右，而且可大大延长优良品种的使用寿命。

经试验证明，简易原种繁殖法是花生良种提纯复壮的有效方法。其主要程序为单株选择、株行比较、混系繁殖原种，即三年二圃(株行圃、原种圃)制(图3-1)。

1. 单株选择

生产原种的对象，必须是生产上大面积推广并具有利用前途的品种，或试验示范表现好而准备推广的新品种。把生产原种的材料种于选择圃，为了选株方便和有利于植株充分发育，密度不宜过大，而且必须单粒播种，以便单株选择。

选择具有原品种特征、特性、丰产性能好的典型优良单株。为了保证质量，已经生产原种

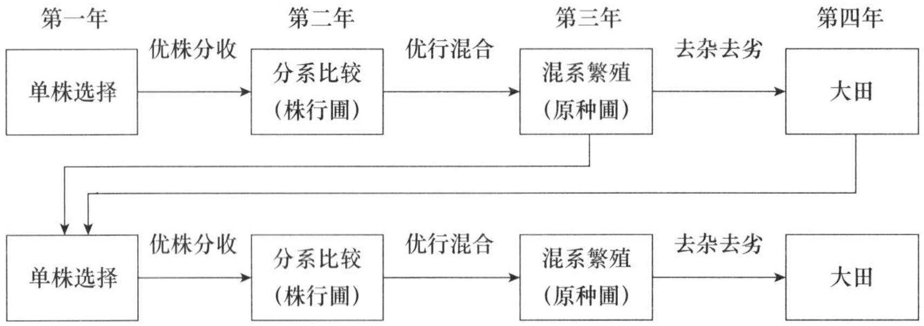

图 3-1　花生简易原种繁殖法示意图

的,应在原种圃内选择。选择单株数量应根据种植面积而定。一般每种植 6.6 hm^2 选 1 000 株左右为宜。主要结合收获进行,根据原品种的典型性、丰产性、抗逆性、优质性进行选择。当选的优良单株及时挂牌编号,充分晒干,分株挂藏或分袋保存。播种前再根据荚果饱满度、结果多少、种子形状和种皮色泽等典型性进行 1 次复选。

2. 株行圃

选择地势平坦、地力均匀、旱涝保收、无线虫病、不重茬的地块作为株行圃。

将上年当选的优良单株,分株剥壳装袋,以单株为单位播种,每个单株播种 1 行,每 9 行或 19 行设 1 行原品种为对照行。行长一般 6～10 m,行距 45 cm。以单株编号顺序排列。生育期间要做好观察鉴定。苗期主要观察出苗期和出苗整齐度;花针期主要观察株型、叶型、叶色、开花类型、分枝型;成熟期主要观察成熟早晚和株丛高矮及是否表现一致;收获期要先收淘汰行和对照行,后收初选行。同时,观察初选行的丰产性、典型性和一致性,以及荚果形状大小及其整齐度等性状,性状一致的株行可混合摘果。性状特别优良的株行可分别单独摘果装袋,标记株行号。收获后抓紧晒干,搞好种子储藏。

3. 原种圃

选择中等肥力以上的沙壤土,施足基肥作为原种圃。将上年度株行圃混收的种子,单粒播种,密度要小,按高产高倍方法繁殖原种,秋季适时收获,搞好储藏以供来年大田生产用种。

花生品种提纯复壮的另一种方法是果选法或粒选法。果选法是在田间多株混选或成片选的基础上,选择具有要复壮品种荚果典型特征、果皮色泽正常、无病饱满的荚果作种;粒选法是结合分级粒选,选择该品种的一级米作种,并剔除非典型性的籽仁。生产实践证明,这两种方法均有一定的提纯复壮效果。

【实施方案】

以学习(工作)小组为单位,在教师指导下获取与花生良种提纯复壮相关的信息后,研讨并制订花生良种提纯复壮生产操作方案(表 3-5)。具体内容要求与实施建议如下:

(1)制订花生良种提纯复壮工作计划;

(2)能够正确选择基地并适期播种;

(3)能熟练地进行田间管理;

(4)能正确去劣及质量检查记录与管理。

表 3-5　花生良种提纯复壮技术教学实施建议

工作过程	教学步骤	训练要求与标准	训练方法	参考时间
资讯和计划	下达生产任务，设计、讨论	能提出正确的、明确的原种生产关键技术操作要求	以小组为单位查阅文献资料（主要在课外完成），讨论方案，抽查5个小组的方案进行答辩	30 min
决策	确定花生大田用种繁育土地准备和播种方案，准备各种生产资料	按计划列出生产所需的生产工具和资料并做好准备	主要在课外完成，上课时提交生产工具和资料清单	10 min
实施	花生大田用种种子田生产操作演练	按操作规程要求进行，能独立正确操作。部分田间管理工作利用课余时间或与别的项目交叉进行	按小组为单位进行生产操作	80 min
检查	种子田种植结果展示与评价	种子处理正确、种植规格符合规范、到位（种植沟、种植株行距符合要求）	各小组展示结果（实训地块），进行评分（填写评分表）	10 min
总结	撰写技术报告	技术操作规程、生产体会（包括生产中存在的问题以及解决的办法）	教师提出设计、技术报告撰写要求，每位学生独立完成	课外
评估	归纳总结	生产中存在的问题以及解决的办法	各小组进行体会交流、归纳分析总结	40 min

【检查评价】

现场操作检查：学生自检、教师检查任务完成情况（表 3-6）。优秀（≥90 分）、良好（80～89 分）、中等（70～79 分）、合格（60～69 分）、不合格（0～59 分）。

表 3-6　花生良种提纯复壮完成情况检查表

	考核要点		技术操作要点	分值安排	评定得分
考核标准	1. 态度与表现		学习（实训）态度与课堂表现	20	
	2. 任务完成部分	花生良种提纯复壮	正确选择基地并适期播种	10	
			田间管理到位及时	30	
			田间生产档案记录及时准确	10	
			主要性状室内考种操作规范	15	
			技术总结内容齐全、撰写水平高	15	
总分				100	

【问题与思考】

1. 简述花生品种退化的原因与防止途径。
2. 简述花生良种提纯复壮技术。

【知识拓展】

花生原种生产的田间管理

生产花生原种，无论采取何种办法，都要加强栽培管理，以获取优质高产的种子，加速推广应用，为实现优良品种的更新换代和花生产量的进一步提高做好充分准备。栽培管理要掌握以下三点：原种生产田应由固定的技术人员负责，并有田间观察记载；要选择地势平坦、肥力均匀、土质良好、排灌方便、不重茬、不迎茬、不易受周围不良环境影响和损害的地块；各项田间管理均要根据品种的特性采用先进的栽培管理措施，提高种子的繁殖系数，并应注意管理措施的一致性，同一管理措施要在同一天完成。

一、地块选择

最好选用沙壤土或轻沙壤土，土壤肥力中等以上，3 年内未种过花生或其他豆科作物，产地环境符合 NY/T 855—2004 的要求。土层深厚，地势平坦，排灌方便。土壤容重 1.2～1.3 g/cm^3，总孔隙度 50%以上。通透性较差的土壤，可通过秸秆还田和增施有机肥等措施加以改良。

二、整地与施肥

冬前深耕地，早春顶凌耙耢；或早春化冻后耕地，随耕随耙耢。耕地深度一般在 25～30 cm，每隔 3～4 年进行一次。深翻前撒施有机肥、2/3 磷酸二铵和硫酸钾及尿素等肥料，然后用旋耕犁旋耕 1～2 遍，做到地平、土细、肥匀、排灌条件良好。1/3 磷酸二铵和硫酸钾及尿素等肥料随播种条施在播种沟内，不同产量水平施肥量见表 3-7。

表 3-7 花生不同产量水平施肥量

目标产量	土地肥力				有机肥施用量/(kg/667 m^2)	尿素施用量/(kg/667 m^2)	硫酸钾施用量/(kg/667 m^2)	磷酸二铵施用量/(kg/667 m^2)
	有机质/%	碱解氮/(mg/kg)	速效磷/(mg/kg)	速效钾/(mg/kg)				
300～400	0.58～0.95	50～70	18～24	40～80	2 000～3 000	3～5	8～11	6.5～8.6
400～500	0.95～1.00	70～100	24～28	80～100	3 000～4 000	3～5	11～13	8.6～10.4
500～600	>1.00	>100	>28	>100	4 000～5 000	3～5	13～15	10.4～12.5

三、种子处理

1. 精选种子

剥壳前带壳晒种 2～3 d，播种前 10 d 剥壳。剥壳时随时剔除虫、芽、烂、病残、变色、冻果。剥壳后将种子分成 1 级、2 级、3 级，籽仁大而饱满的为 1 级，不足 1 级重量 2/3 的为 3 级，重量介于1级和3级之间的为2级。分级时同时剔除与所用品种不符的杂色种子和异形种子。选用1级、2级种子播种，先播1级种，再播2级种。

2. 拌种

(1)药剂拌种　在茎腐病、根腐病发生较重的地区，将种子用清水湿润后，用种子量0.3%～0.5%的50%多菌灵可湿性粉剂拌种，或用30%辛硫磷微囊悬浮剂240.0 g＋拌多得250.0 g，二者混合摇匀，倒入12.5～15.0 kg种仁中，混拌均匀，在阴凉处晾干即可播种；或一拌丰收(吡虫啉悬浮种衣剂)95.0 g＋专用助剂50 g＋水355.0 g，摇匀，倒入15.0 kg种仁中，混拌均匀，在阴凉处晾干即可播种。

在地下害虫发生较重的地区，用种子量0.2%的50%辛硫磷乳剂，或一拌丰收(吡虫啉悬浮种衣剂)，或拌助收(30%辛硫磷微囊悬浮剂＋拌多得)，加适量水配成乳液均匀喷洒种子，晾干种皮后播种。

(2)微量元素拌种　用种子量0.2%～0.4%钼酸铵或钼酸钠，制成0.4%～0.6%的溶液，用喷雾器直接喷到种子上，边喷边拌匀，晾干种皮后播种，以提高种子发芽率和出苗率，增强植株固氮能力。

用浓度为0.02%～0.05%硼酸或硼砂水溶液，浸泡种子3～5 h，捞出晾干种皮后播种。有利于促进花生幼苗生长和根瘤形成。

四、播种

1. 隔离

为了避免种子混杂，保持优良种性，种子生产田周围不得种植其他品种的花生。

2. 播期

播种时，普通型大粒花生要求5 d内5 cm地温稳定在15 ℃以上，珍珠豆型中粒花生稳定在12 ℃以上。辽宁地区适宜的播期为4月末至5月中旬。

3. 土壤墒情

播种时土壤相对含水量以60%～70%为宜，即耕作层土壤手握能成团，手搓较松散。

4. 种植规格

育种者种子：行距50～55 cm，株距18～20 cm，单粒点播，每公顷播种9万～9.45万穴、60～70.5 kg种仁。

原原种：行距50～55 cm，株距16～18 cm，单粒点播，每公顷播种9.45万～10.5万穴、70.5～79.5 kg种仁。

原种：行距45～50 cm，株距16～17 cm，单粒点播，每公顷播种11.25万～12.0万穴、169.5 kg种仁。

良种：行距45 cm，株距13～15 cm，双粒点播，每公顷播种13.5万～15.0万穴、199.5 kg种仁。品种分枝多，或肥水条件好，或播期偏早，密度宜减少；反之，密度宜增加。

5. 播种

覆膜播种在播种前用旋耕犁旋耕1～2遍，做到地平、土细、肥匀。选用农艺性能优良的花生联合播种机，将花生开沟施肥、筑畦、喷洒除草剂、覆膜、播种、膜上压土等工序一次完成。除草剂每公顷用50%乙草胺乳油1 500～1 800 mL，加水600～750 kg；采用除草地膜的，可省去喷施除草剂的工序。选用常规聚乙烯地膜，宽度90 cm左右，厚度不低于0.004 mm，透明度≥80%，展铺性好。播种深度 3～5 cm。

裸地播种的开沟深度 15 cm 左右，覆土深度 3～5 cm，播后马上喷施除草剂(或出苗前地表湿度较好时喷施)，除草剂选用 50%乙草胺乳油每公顷 1 500～1 800 mL，加水 600～750 kg。

五、田间管理

1. 引子叶出土或清棵蹲苗

覆膜花生基本齐苗时，及时将播行上的土埂撤到垄沟内，裸地种植的花生出苗后用手锄将花生幼苗基部周围的土扒开，形成一个“小土窝”，让两片子叶和胚芽露出土面。缺穴的地方及时补种，种子应催芽，补种时浇少量水。四叶期至开花前及时抠出压埋在地膜下面的侧枝。

2. 除杂去劣

育种者种子：分别在下针期、成熟期进行除杂去劣。开花下针期根据株型、叶型、叶色、开花习性、花色选单株，并做标记；成熟期根据株高、株型、熟期、单株结果多少、果形、抗病性从花期入选的单株中筛选。筛选时要避开地头、地边和缺苗断垄处。根据品种典型性严格拔出杂株、病株、劣株，带出田外。收获时要单收、单运、单晒、单存，严防机械混杂。在最适宜的条件下贮存，以保持种子的生命力和活力。

原原种、原种和良种的除杂去劣工作同育种者种子。

3. 水分管理

花生苗期一般不需浇水，但是当花生幼苗中午叶片出现萎蔫时，及时喷灌 75～150 t/hm^2。

开花期，如果天气持续干旱，花生叶片中午前后出现萎蔫时，应及时喷灌 75～150 t/hm^2。

结荚期，若出现旱情，应喷灌 150～450 t/hm^2。

饱果期(收获前 1 个月左右)遇旱应小水润浇 75～150 t/hm^2。结荚后如果雨水较多，应及时排水防涝。

4. 中耕、追肥与除草

(1)中耕、追肥　花生下针前期应进行一次中耕，播种前未施足花生专用肥的，中耕时在花生植株一侧 5 cm 处条施追肥，然后中耕，追肥数量一般每公顷追施尿素 187.5～225 kg，或 150.0 kg 尿素＋45.0 kg 磷酸二铵＋45.0 kg 硫酸钾＋30.0 kg 生石灰。中耕深度 15 cm 以上。

(2)除草　除草方法有人工和化学两种。

人工除草：根据田间杂草生长情况进行 3～4 次，中耕后田间出现大草，用刀割，不要拔。

化学除草：

苗前：50%乙草胺乳油，露地栽培用 2 250～3 000 mL/hm^2，兑水 600～750 kg，土壤喷雾，地膜覆盖栽培可适当减量；或乙扑(乙草胺 39%，扑草净 13%)露地栽培用 2 250～3 000 g/hm^2，兑水 600～750 kg，地膜覆盖栽培可适当减量。

苗后：15%精喹禾灵，450～600 mL/hm^2，兑水 600～750 kg，花生苗后 2～4 片叶，杂草 2～3 叶期全田喷雾；或阔除和阔盖，600～750 mL/hm^2，兑水 600～750 kg，花生苗后 2～4 片叶，杂草 2～3 叶期全田喷雾。

5. 防治病虫害

叶斑病　始花后当植株病叶率达到 5%时，每隔 7 d 叶面喷施 55%升势可湿性粉剂 1 000 倍液，或 50%多菌灵可湿性粉剂 800 倍液，或 25 010 戊唑醇可湿性粉剂 1 000 倍液，每公顷喷施 600～750 kg，连喷 2～3 次。

疮痂病　始花后当植株病叶率达到5%时，每隔7 d叶面喷施绿亨6号40 g稀释1 000～1 500倍液，其他药剂还有扑力猛、适乐时、地鹰、毒死蜱微囊悬浮剂、锐胜等，每公顷喷施600～750 kg，连喷2～3次。

蚜虫、蓟马　苗期发生蚜虫、蓟马危害时，用50%辛硫磷乳油1 000倍药液，或40%毒死蜱乳油1 000倍液喷雾，每公顷药液用量600～750 kg。

地下害虫结荚期发生蛴螬、金针虫等为主的地下害虫为害时，用50%辛硫磷乳油1 000倍药液灌根，每公顷药液用量3 750～4 500 kg。或每公顷用1 200 g地虫三尺绝拌入化肥中在中耕时进行土壤追肥。

棉铃虫、斜纹夜蛾等　当棉铃虫、斜纹夜蛾造成危害时，叶面喷施28%高氯·辛硫磷乳油800倍液，或1.8%阿维菌素乳油2 000倍液。每公顷药液用量600～750 kg。

6. 防止徒长

结荚初期当主茎高度超过45 cm，每公顷用壮饱安可湿性粉剂300～375 g，或5%烯效唑600～750 g(有效成分2.0～2.5 g)，加水600～750 kg进行叶面喷施，防止植株徒长或倒伏。施药后10～15 d，如果主茎高度超过50 cm可再喷施1次。

7. 追施叶面肥

在结荚末期，每公顷叶面喷施0.2%磷酸二氢钾＋2%尿素水溶液600～750 kg，连喷3次，间隔5 d，也可喷施适量的含有N、P、K和微量元素的其他肥料。

六、收获与晾晒

1. 收获时间

(1)根据田间长相确定收获期　一般植株呈现衰老状态，中下部叶片由绿转黄并逐渐脱落，茎枝转黄绿色即可收获。

(2)根据饱果率确定收获期　当荚果饱果率达65%～75%时即可收获。

(3)根据外壳及种仁颜色确定收获期　当果壳硬化，网纹相当清晰，果壳内侧乳白色稍带黑色，种仁皮薄光滑呈现出品种固有的色泽时即行收获。

(4)根据当地昼夜平均气温确定收获期　当本地昼夜平均气温降到12 ℃以下时，即可收获。

(5)根据品种的生育期计算收获期　正常年份，当品种的固定生育天数达到时即可采收。

(6)收获时间正常年份　生产田9月15～25日、制种田或留种田提前2 d收获。

2. 收获方法

不论是机械收获还是人工收获，收割后2垄放成1垄，根部向阳晾晒。

3. 晾晒

地里晾晒1周后即可摘果，地里晾晒时，最好不被雨淋着，防止果壳霉变。在房前屋后或房顶上晾晒的花生植株注意防止雨淋，适时倒垛，防止霉变。

七、种子的储藏与检验

摘果后把荚果摊在泥土场上继续晒果，当荚果含水低于10%，气温10 ℃以下时装袋入库。袋子要透气，库房要通风干燥，不得放化肥、农药，不得有取暖设施。种子入库前按等级标准进行检验。对符合规定标准的种子根据不同等级入库保存；对不符合规定标准的种子，进行降级处理直至报废转商。

花生种子储藏期有害生物图谱

【知识拓展】

花生原种、大田用种生产田间调查、室内考种项目及标准

1. 田间调查项目及标准

(1)播种期　指播种当天的日期。

(2)出苗期　以真叶展开的幼苗数占播种粒数的50%为标准。

(3)开花期　以开花的植株占50%为标准。

(4)成熟期　指地上部茎叶变黄绿色,中下部叶片脱落,地下部多数荚果饱满。

(5)收获期　即实际创收的日期。

(6)全生育期　指播种第二天至成熟的天数。

(7)株型　根据分枝对主茎开张角度而形成的植株形态分直立型、半蔓型、蔓生型,在苗期和封垄前调查。

(8)开花类型　根据花序在花生植株上的着生位置分为交替开花型、连续开花型。

(9)叶形　即宽椭圆形、长椭圆形、椭圆形、宽倒卵形、倒卵形。

(10)茎枝茸毛　在封垄前调查充分发育的枝叶,分多、中、少。

2. 室内考种项目及标准

(1)主茎高　指从第一对侧枝分生处到顶端展开叶叶节的长度。

(2)百果重　是随机取饱满的双仁荚果100个称重,重复2次,取平均值,以g表示。两份重量的差数与平均数之比不应超过5%,如果超过,则需再分析第三次重复,直至达到要求,取差距小的两份重复计算结果。

(3)百仁重　随机取饱满的干籽仁100个称重,重复2次,取平均值,以g表示。两份重量的差数与平均数之比不应超过5%,如果超过,则需再分析第三次重复,直至达到要求,取差距小的两份重复计算结果。

(4)籽仁形状　分椭圆形、圆锥形、桃形、三角形。

(5)籽仁皮色　分紫、紫红、褐、红、粉红、红白相间、白。

(6)出米率　是取0.5 kg荚果计算出米率。

$$出米率=[籽仁重(kg)/干荚果重(kg)]\times 100\%$$

项目四
大豆种子生产技术

【知识目标】

1. 熟记大豆原原种、原种、大田用种含义及质量标准；
2. 熟知大豆原种生产的方法，大豆大田用种的生产方法。

【技能目标】

1. 会用三圃法生产大豆原种种子；
2. 能生产大豆大田用种种子。

【素质目标】

1. 培养懂农业、爱农村、爱农民的“三农”情怀；
2. 培养生态安全、健康环保、可持续发展的理念；
3. 培养爱岗敬业、精益求精、刻苦钻研、勇于创新的工匠精神；
4. 培养尊重科学、遵纪守法、诚信友善的社会责任感；
5. 培养自主学习和终身学习的行为习惯；
6. 培养获取和运用新知识、新技术的信息素养。

【知识准备】

大豆是世界重要的粮油兼用作物，也是人类优质蛋白的主要来源。既是我国主要作物之一，也是我国进口量最大的农产品。大豆是关系国计民生的重要基础性、战略性物资，又是最具经济效益的作物，其延长的产业链和价值链具有很大发展潜力，在农产品贸易领域扮演着举足轻重的角色。“国以农为本，农以种为先”，种子是农业生产最基本的生产资料，是农业增产的第一要素。农作物种业是国家战略性、基础性核心产业，是促进农业长期稳定发展、保障国家粮食安全的根本。世界各国都非常重视种子产业的发展，把种子产业作为发展农业的重要产业来抓。种业是保障国家粮食安全的根本，良种是支撑现代种业发展的基础。

任务一　大豆防杂保纯技术

一、大豆品种混杂退化的原因

任何良种都不是固定不变的。在生产过程中，如果不注意防杂保纯工作，一个优良品种，经过几年种植之后，由于受到各种因素的影响，就会出现各种不良的变化。品种混杂是指一个品种群体内混入不同品种的种子，造成品种纯度降低的现象。品种退化是指品种的遗传基础发生了改变，使一些优良性状变劣，以致降低或丧失原品种在农业生产上的使用价值。品种混杂和品种退化是两个不同的概念，它们之间又存在着密切的联系，品种发生了混杂势必导致品种的退化。例如：成熟期不一致，植株高低不齐，花色、毛色、叶形及结荚习性等性状失去了原来品种群体的典型性，使产量和品质下降。引起大豆品种混杂退化的原因是多方面的，主要原因有以下几种：

1. 机械混杂

机械混杂，就是某个品种里混进了其他品种的种子。发生这种机械混杂的原因和机会是多方面的。一是在播种、收获、运输、脱粒及储藏、调运等过程中，要求不严，管理不善，使繁育的品种中混入了其他品种的种子。特别是在种子处理、播种、收获、加工等过程中，场地和工具清扫不彻底，容易造成机械混杂。尤其是在种植品种较多时，更增加品种混杂的机会。二是不合理的轮作，用了上年大豆地块作为种子繁殖田，由于上年遗落的豆粒，或鼠盗的大豆种粒，有一些尚残有生命力，从而导致种子混杂。一旦发生混杂且任其持续下去，很快会使一个良种变成混杂的群体。这种机械性混杂是大豆品种混杂退化的主要原因。

2. 生物学混杂

生物学混杂，就是不同类型的植株在自然情况下发生相互间杂交，形成变异而造成的混杂。大豆属于自花授粉作物，天然杂交率一般为 0.1%～0.6%，虽然天然杂交率很低，但仍存在一定的天然杂交率。不同品种相邻种植，或在已经发生了机械混杂的情况下，不同品种植株间就可能发生天然杂交，从而在后代分离产生性状不同的变异个体。变异的植株逐年增多，又增加了天然杂交的机会，而使一个优良品种越来越杂。

3. 品种本身的变异

大致有以下两种情况。一是目前生产上推广的品种，绝大多数是通过杂交选育而成的，有些品种推广时尽管在主要性状方面看起来很稳定一致，但仍有某些性状不完全稳定，特别是由多基因控制的数量性状，在品种繁殖过程中发生分离和重组，使品种的典型性和一致性下降，导致品种混杂退化；另一种情况是品种受自然环境的影响，发生基因突变，自然突变以隐性突变较多，而隐性突变多数是不利的。如果不注意人工选择和淘汰，则不良的变异类型和个体逐渐增多，造成品种纯度下降，混杂退化。所以，自然突变也是导致品种混杂退化的原因之一。

4. 其他因素

品种的优良性状都是在一定的自然条件下，经过人工选择而形成的。如果不注意自然条件，采取粗放栽培管理，不正确进行人工选择，以及繁殖方法不适当等，都会加速品种的混杂退化。

二、大豆防杂保纯技术

为了防止品种混杂退化，保证纯度和种性，在良种繁育过程中，应把重点放在防杂保纯上。针对大豆品种混杂退化的原因，应做好以下工作：

(一)认真防止机械混杂

在品种种子生产、管理和使用过程中，应制订一套必要的防杂保纯制度和措施，从各个工作环节上杜绝机械混杂的发生。

(1)种子田必须单收、单脱、单晒、单藏。要特别注意各品种不要在一个场地上脱粒，晒种时不同品种间要有隔离设备，脱粒场地和工具要及时清扫，否则极易引起混杂。清选好的种子装袋时，袋内外要有标签，不同品种应分别隔离，集中存放，防止弄错，造成混杂。

(2)分品种进行种子处理，在处理另一品种前，一切用具必须彻底清扫干净；在机械播种时，每播一个品种后，要及时将播种箱及其他工具清扫干净。利用机械收获时，收获前要将机器清理干净，防止混杂。

(3)大豆种子田合理进行轮作，不能重茬连作，防止上季残留的种子在下季出苗造成混杂。

(4)认真核实种子接收和发放手续，在种子接收和发放过程中，要核查品种的真实性和种子等级，以及袋内外的标签是否一致。

(二)严防生物学混杂

防止生物学混杂，就是要防止外来花粉传入种子田，关键是要搞好隔离。具体隔离措施有以下几种：

(1)空间隔离，即在种子田的四周一定距离内不种植同一作物的其他品种。

(2)时间隔离，就是将种子田的花期与四周田块同一作物的其他品种的花期错开。

(3)利用自然屏障如树林、河流、湖泊、山地等，或在种子田四周种植高秆作物进行隔离。

在生产上一般采用空间隔离，大豆原种生产田周围 30 m 内不得种植其他大豆品种，大豆大田用种生产田周围要设置保护行。

(三)按品种标准严格除杂去劣和选择

除杂去劣是提高品种纯度不可缺少的有效措施。除杂主要指去掉非本品种的植株，去劣是去掉生长不良，感染病虫害的植株。除杂去劣必须了解和熟悉品种的特征特性，重点抓住与其他品种区分的主要性状，在品种的特征特性表现最明显，最充分的时期，分三次进行。苗期根据幼苗长相、幼茎颜色；花期根据叶形、花色、茸毛色、抗病虫性等；成熟期根据株高、成熟度、株型、结荚习性、茸毛色、荚型、荚熟色等性状进行除杂去劣。

在良种繁育过程中，通过建立种子田，根据品种的典型性，选择优良单株，建立株行，生产原种或者作为第二年种子生产田的种子，有利于提高和保持品种纯度和种性，防止混杂退化。

(四)定期进行品种更新

在防杂保纯的同时，繁育纯度高、质量好的原种，每隔一定年限(3～4 年)对繁殖区使用的种子进行更新，迅速扩大繁殖，以优质种子代替生产上混杂退化的种子。

【问题与思考】

1. 什么是品种混杂？什么是品种退化？

2. 大豆品种混杂退化的原因有哪些？

3. 如何防止大豆品种的混杂退化？

4. 在大豆种子生产中，如何防止机械混杂？

任务二　生产大豆种子

一、大豆种子级别

目前，我国大豆种子分灶级别为：原原种、原种和大田用种。

原原种（育种家种子）是指最具有品种稳定性、典型性及生产性能的原始种子，品种纯度应达到100%，净度>99.5%，发芽率90%以上。

原种是由原原种直接繁殖而来，保持了新品种的稳定性、典型性及生产性能。原种可以采用育种家种子直接繁殖，也可以采用三圃法或二圃法生产。

大田用种是由原种扩繁而来，具有本品种稳定性、典型性和生产性能。大田用种可由原种繁殖一至三代。

原原种是由品种育成单位或育种者生产并提供。种子生产单位一般按照要求生产原种和大田用种，经种子质量检验合格，达到大豆种子质量国家标准（表4-1），即可以在生产上使用。

表4-1　大豆种子质量标准（GB 4404.2—2010）

作物名称	级别	纯度/% 不低于	净度/% 不低于	发芽率/% 不低于	水分/% 不高于
大豆	原种	99.9	99.0	85	12.0
	大田用种	98.0			

注：长城以北和高寒地区的大豆种子水分允许高于12.0%，但不能高于13.5%；长城以南的大豆种子（高寒地区除外）水分不得高于12.0%。

二、大豆原种种子生产技术

（一）利用育种家种子直接生产原种

选择地势平坦、肥力均匀、土质良好、排灌方便、不重茬、不迎荐，不易受周围不良环境影响和损害的地块进行原种生产。生产过程中各项田间管理均要根据品种的特性采用先进的栽培管理措施，提高种子繁殖系数，并应注意管理措施的一致性，同一管理措施要在同一天完成。

播种时要将播种工具清理干净，严防机械混杂。在苗期、花期、成熟期要根据品种典型性严格拔除杂株、病株、劣株。成熟时及时收获。要单收、单运、单脱粒、专场晾晒，严防混杂。

（二）三圃法生产原种

1. 单株选择

选择分花期和成熟期两期进行。选择标准和方法根据本品种特征特性，选择典型性强、生长健壮、丰产性好的单株。花期根据花色、叶形及病害情况选单株，并给予标记；成熟期根据株高、成熟度、茸毛色、结荚习性、株型、荚型及荚熟色从花期入选的单株中复选选拔。选拔时要避开地头、地边和缺苗断垄处。入选的植株首先要根据植株的全株荚数、粒数，选择典型性强的丰产单株，单株脱粒，然后根据籽粒大小、整齐度、粒形、粒色、脐色、百粒重和感病情况等进行复选。决选的单株在剔除个别病虫粒后分别装袋编号保存，再根据籽粒性状进行决选。决选单株种子分别编号保存。选择数量应根据原种需要量来定，一般每一品种每公顷株行圃需决选单株 6 000～7 500 株。

2. 株行圃

将上年入选的每株种子播种一行，密度应较大田稍稀，单粒点播，或两三粒穴播留一苗。各株行的长度应一致，行长 5～10 m，每隔 19 或 49 行设一对照行，对照应用同品种原种。

田间鉴评分 3 期进行。苗期根据幼苗长相、幼茎颜色，花期根据叶形、花色、叶色、茸毛色和感病性等，成熟期根据株高、成熟度、株型、结荚习性、茸毛色、荚型和荚熟色来鉴定品种的典型性和株行的整齐度。通过鉴评要淘汰不具备原品种典型性的、有杂株的、丰产性低的和病虫害重的株行，并做明显标记和记载。对入选株行中个别病劣株要及时拔除。收获前要清除淘汰株行，对入选株行要按行单收、单晾晒、单脱粒、单装袋，袋内外放好、拴好标签。在室内要根据各株行籽粒颜色、脐色、粒形、籽粒大小、整齐度、病粒轻重和光泽度进行决选，淘汰籽粒性状不典型、不整齐和病、虫粒重的株行，决选出符合原品种典型性状的株行。决选株行种子单独装袋，放、拴好标签，妥善保管。

3. 株系圃

将上年保存的每 1 个株行种子种 1 小区，每小区 2～3 行，行长 5～10 m。单粒点播或两三粒穴播留一苗，密度应较大田稍稀。株系圃面积因上年株行圃入选行种子量而定。各株系行数和行长应一致，每隔 9 或 19 区设一对照区，对照应用同品种原种。田间鉴评注意观察、比较，鉴定各个小区的典型性、丰产性、抗病性等，若小区出现杂株时，全区应淘汰，同时要特别注意各株系间的一致性。成熟时进行田间决选，入选株系分别收获脱粒测定，最后根据生育期和产量表现及种子性状等进行综合评定决选，将产量显著低于对照的株系淘汰，入选株系种子混合装袋，袋内外放、拴好标签，妥善保存。

4. 原种圃

将上年混系种子种植原种圃，进行高倍繁殖。常采用早播、稀播的方法，以提高繁殖系数。播种时要将播种工具清理干净，严防机械混杂。加强栽培管理，提高原种产量，成熟时及时收获。要单收、单运、单脱粒、专场晾晒，严防混杂。

（三）二圃法生产原种

采用三年三圃法生产原种的周期较长，有时生产原种的速度赶不上品种更换的速度，因而可采用二年二圃法，其程序是单株选择、株行比较、混系繁殖，即在三年三圃中省掉株系圃。只要掌握好单株选择这一关键，也可以生产出高质量的原种。因为自花授粉作物混杂退化的主要原因是机械混杂，经单株选择和株行比较两次选择就可提纯。二年二圃法由于减少了一次繁殖，因而与三年三圃法在生产同样数量原种的情况下，需增加单株选择的数量和株行圃的面积。

三、大豆大田用种种子生产

在种子生产单位，由于原种数量有限，一般需要经过扩大繁殖后才能满足大田用种的需要。大田用种生产必须建立相应的种子田，种子田的繁殖程序有两种，即一级种子田和二级种子田。

(一)一级种子田

一级种子田是用原种直接生产一代大田用种,下代用株选法从种子田中选择典型单株,混合脱粒作为第二年一代大田用种,余下的经过除杂去劣,供第二年大田生产用种。

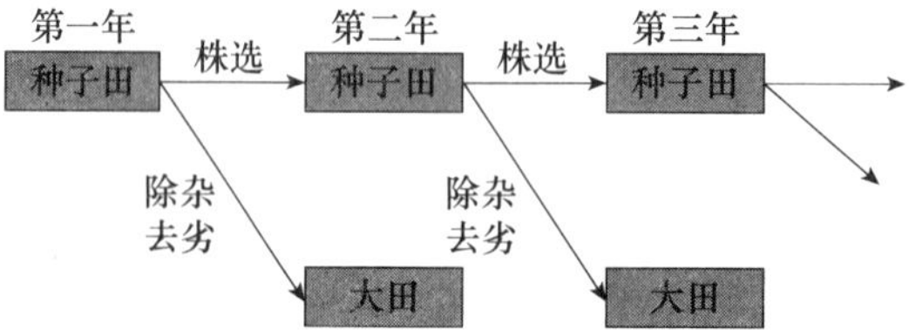

图 4-1　一级种子田留种程序

(二)二级种子田

二级种子田是在一级种子田中采用株选法所收获的种子,供给下一代一级种子田用种,余下的经过除杂去劣,所得种子作为下一年二级种子田用种,二级种子田除杂去劣后的种子应用于大田生产。

应当注意,两种种子田的一级种子田种子不能无限期繁殖,在使用一定年限后,必须用上级提供的原种进行更换,以保证生产种子的纯度和种性。

【问题与思考】

1. 什么是原原种、原种、良种?其质量标准是什么?
2. 大豆原种都有哪些生产方法?
3. 如何采用三圃法进行大豆原种的生产?
4. 如何生产大豆大田用种?

【知识拓展】

大豆机械化生产技术

(农业农村部 2018 年农业主推技术)

2018 年农业农村部办公厅下发《关于推介发布 2018 年农业主推技术的通知》,农业农村部组织遴选了 70 项农业主推技术并予以推介发布。其中大豆主推技术是大豆机械化生产技术,现在将此技术介绍如下。

大豆机械化生产技术指导意见

本指导意见针对黄淮海和东北地区大豆机械化生产制定,也可以供西北大豆产区参考。

在大豆规模化生产区域内,提倡标准化生产,品种类型、农艺措施、耕作模式、作业工艺、机具选型配套等应尽量相互适应、科学规范,并考虑与相关作业环节及前后茬作物匹配。

随着窄行密植技术及其衍生的大垄密、小垄密和平作窄行密植技术的研究与推广,大豆种植机械化技术日臻成熟。各地应根据本指导意见，研究组装和完善本区域的大豆高产、高效、优质、安全的机械化生产技术，加快大豆标准化、集约化和机械化生产发展。

一、播前准备

(一)品种选择及其处理

1. 品种选择

按当地生态类型及市场需求，因地制宜地选择通过审定的耐密、秆强、抗倒、丰产性突出的主导品种，品种熟期要严格按照品种区域布局规划要求选择，杜绝跨区种植。

2. 种子精选

应用清选机精选种子，要求纯度≥99%，净度≥98%，发芽率≥95%，水分≤13.5%，粒型均匀一致。

3. 种子处理

应用包衣机将精选后的种子和种衣剂拌种包衣。在低温干旱情况下，种子在土壤中时间长，易遭受病虫害，可用大豆种衣剂按药种比1∶(75～100)防治。防治大豆根腐病可用种子量0.5%的50%多福合剂或种子量0.3%的50%多菌灵拌种。虫害严重的地块要选用既含杀菌剂又含杀虫剂的包衣种子；未经包衣的种子，需用35%甲基硫环磷乳油拌种，以防治地下害虫，拌种剂可添加钼酸铵，以提高固氮能力和出苗率。

(二)整地与轮作

1. 轮作

尽可能实行合理的轮作制度，做到不重茬、不迎茬。实施"玉米—玉米—大豆"和"麦—杂—豆"等轮作方式。

2. 整地

大豆是深根系作物，并有根瘤菌共生。要求耕层有机质丰富，活土层深厚，土壤容重较低及保水保肥性能良好。适宜作业的土壤含水率15%～25%。

(1)保护性耕作　实行保护性耕作的地块，如田间秸秆(经联合收割机粉碎)覆盖状况或地表平整度影响免耕播种作业质量，应进行秸秆匀撒处理或地表平整，保证播种质量。可应用联合整地机、齿杆式深松机或全方位深松机等进行深松整地作业。提倡以间隔深松为特征的深松耕法，构造"虚实并存"的耕层结构。间隔3～4年深松整地1次，以打破犁底层为目的，深度一般为35～40 cm，稳定性≥80%，土壤膨松度≥40%，深松后应及时合墒，必要时镇压。对于田间水分较大、不宜实行保护性耕作的地区，需进行耕翻整地。

(2)东北地区　对上茬作物(玉米、高粱等)根茬较硬，没有实行保护性耕作的地区，提倡采取以深松为主的松旋翻耙，深浅交替整地方法。可采用螺旋型犁、熟地型犁、复式犁、心土混层犁、联合整地机、齿杆式深松机或全方位深松机等进行整地作业。①深松。间隔3～4年深松整地1次，深松后应及时合墒，必要时镇压。②整地。平播大豆尽量进行秋整地，深度20～25 cm，翻、耙、耢结合，无大土块和暗坷垃，达到播种状态；无法进行秋整地而进行春整地时，应在土壤"返浆"前进行，深度15 cm为宜，做到翻、耙、耢、压连续作业，达到平播密植或带状栽培要求状态。③垄作。整地与起垄应连续作业，垄向要直，100 m垄长直线度误差不大于2.5 cm(带GPS作业)或100 m垄长直线度误差不大于5 cm(无GPS作业)；垄体宽度按农艺要求形成标准垄形，垄距误差不超过 2 cm；起垄工作幅误差不超过 5 cm，垄体一致，深度均匀，各铧入土深度误差不超过 2 cm；垄高一致，垄体压实后，垄高不小于 16 cm(大垄高不小于 20 cm)，各垄高度误差应不超过 2 cm；垄形整齐，不起垡块，无凹心垄，原垄深松起垄时应包严残茬和肥料；地头整齐，垄到地边，地头误差小于 10 cm。

(3)黄淮海地区　前茬一般为冬小麦，具备较好的整地基础。没有实行保护性耕作的地区，一般先撒施底肥，随即用圆盘耙灭茬 2～3 遍，耙深 15～20 cm，然后用轻型钉齿耙浅耙一遍，耙细耙平，保障播种质量；实行保护性耕作的地区，也可无须整地，待墒情适宜时直接播种。

二、播种

(一)适期播种

东北地区要抓住地温早春回升的有利时机，耕层地温稳定通过 5 ℃时，利用早春“返浆水”抢墒播种。

黄淮海地域要抓住麦收后土壤墒情较好的有利时机，抢墒早播。

在播种适期内，要根据品种类型、土壤墒情等条件确定具体播期。中晚熟品种应适当早播，以便保证霜前成熟；早熟品种应适当晚播，使其发棵壮苗；土壤墒情较差的地块，应当抢墒早播，播后及时镇压；土壤墒情好的地块，应根据大豆栽培的地理位置、气候条件、栽培制度及大豆生态类型具体分析，选定最佳播期。

(二)种植密度

播种密度依据品种、水肥条件、气候因素和种植方式等来确定。植株高大、分枝多的品种，适于低密度；植株矮小、分枝少的品种，适于较高密度。同一品种，水肥条件较好时，密度宜低些；反之，密度高些。东北地区，一般小垄保苗在 2 万株/亩为宜；大垄密和平作保苗在 2.3 万～2.4 万株/亩为宜。黄淮海地域麦茬地窄行密植平作保苗在 2 万～2.3 万株/亩为宜。

(三)播种质量

播种质量是实现大豆一次播种保全苗、高产、稳产、节本、增效的关键和前提。建议采用机械化精量播种技术，一次完成施肥、播种、覆土、镇压等作业环节。

参照中华人民共和国农业行业标准 NY/T 503—2002《中耕作物单粒(精密)播种机作业质量标准》，以覆土镇压后计算，黑土区播种深度 3～5 cm，白浆土及盐碱土区播种深度 3～4 cm，风沙土区播种深度 5～6 cm，确保种子播在湿土上。播种深度合格率≥75.0%，株距合格指数≥60.0%，重播指数≤30.0%，漏播指数≤15.0%，变异系数≤40.0%，机械破损率≤1.5%，各行施肥量偏差≤5%，行距一致性合格率≥90%，邻接行距合格率≥90%，垄上播种相对垄顶中心偏差≤3 cm，播行 50 m 直线性偏差≤5 cm，地头重(漏)播宽度≤5 cm，播后地表平整、镇压连续，晾籽率≤2%；地头无漏种、堆种现象，出苗率≥95%。实行保护性耕作的地块，播种时应避免播种带土壤与秸秆根茬混杂，确保种子与土壤接触良好。调整播量时，应考虑药剂拌种使种子质量增加的因素。

播种机在播种时，结合播种施种肥于种侧 3～5 cm、种下 5～8 cm 处。施肥深度合格指数≥75%，种肥间距合格指数≥80%，地头无漏肥、堆肥现象，切忌种肥同位。

随播种施肥随镇压，做到覆土严密，镇压适度(3～5 kg/cm^2)，无漏无重，抗旱保墒。

(四)播种机具选用

根据当地农机装备市场实际情况和农艺技术要求，选用带有施肥、精量播种、覆土镇压等装置和种肥检测系统的多功能精少量播种机具，一次性完成播种、施肥、镇压等复式作业。夏播大豆可采用全秸秆覆盖少免耕精量播种机，少免耕播种机应具有较强的秸秆根茬防堵和种床整备功能，机具以不发生轻微堵塞为合格。一般施肥装置的排肥能力应达到 90 kg/亩以上，夏播大豆用机的排肥能力达到 60 kg/亩以上即可。提倡选用具有种床整备防堵、侧深施肥、精量播种、覆土镇压、喷施封闭除草剂、秸秆均匀覆盖和种肥检测功能的多功能精少量播种机具。

三、田间管理

(一)施肥

残茬全部还田，基肥、种肥和微肥接力施肥，防止大豆后期脱肥，种肥增氮、保磷、补钾三要素合理配比；夏大豆根据具体情况，种肥和微肥接力施肥。提倡测土配方施肥和机械深施。

(1)底肥　生产 AA 级绿色大豆地块，施用绿色有机专用肥；生产 A 级优质大豆，施优质农家肥 1 500～2 000 kg/亩，结合整地一次施入；一般大豆需施尿素 4 kg/亩、二铵 7 kg/亩、钾肥 7 kg/亩左右，结合耕整地，采用整地机具深施于 12～14 cm 处。

(2)种肥　根据土壤有机质、速效养分含量、施肥实验测定结果、肥料供应水平、品种和前茬情况及栽培模式，确定各地区具体施肥量。在没有进行测土配方平衡施肥的地块，一般氮、磷、钾纯养分按 1∶1.5∶1.2 比例配用，肥料商品量种肥每 667 m^2 尿素 3 kg、二铵 4.5 kg、钾肥 4.5 kg 左右。

(3)追肥　根据大豆需肥规律和长势情况，动态调剂肥料比例，追施适量营养元素。当氮、磷肥充足条件下应注意增加钾肥的用量。在花期喷施叶面肥。一般喷施两次，第一次在大豆初花期，第二次在结荚初期，可用尿素加磷酸二氢钾喷施，用量一般每公顷用尿素 7.5～15 kg，加磷酸二氢钾 2.5～4.5 kg，兑水 750 kg。中、小面积地块尽量选用喷雾质量和防漂移性能好的喷雾机(器)，使大豆叶片上下都有肥；大面积作业，推荐采用飞机航化作业方式。

(二)中耕除草

1. 中耕培土

垄作春大豆产区，一般中耕 3～4 次。在第一片复叶展开时，进行第一次中耕，耕深 15～18 cm，或于垄沟深松 18～20 cm，要求垄沟和垄帮有较厚的活土层；在株高 25～30 cm 时，进行第二次中耕，耕深 8～12 cm，中耕机需高速作业，提高拥土挤压苗间草效果；封垄前进行第三次中耕，耕深 15～18 cm。次数和时间不固定，根据苗情、草情和天气等条件灵活掌握，低涝地应注意培高垄，以利于排涝。

平作密植春大豆和夏大豆少免耕产区，建议中耕 1～3 次。以行间深松为主，深度分别为 18～20 cm，第 2、3 次为 8～12 cm，松土灭草。

推荐选用带有施肥装置的中耕机，结合中耕完成追肥作业。

2. 除草

采用机械、化学综合灭草原则，以播前土壤处理和播后苗前土壤处理为主，苗后处理为辅。

(1)机械除草　①封闭除草，在播种前用中耕机安装大鸭掌齿，配齐翼型齿，进行全面封闭浅耕除草。②耙地除草，即用轻型或中型钉齿耙进行苗前耙地除草，或者在发生严重草荒时，不得已进行苗后耙地除草。③苗间除草，在大豆苗期(一对真叶展开至第三复叶展开，即株高 10～15 cm 时)，采用中耕苗间除草机，边中耕边除草，锄齿入土深度 2～4 cm。

(2)化学除草　根据当地草情，选择最佳药剂配方，重点选择杀草谱宽、持效期适中、无残效、对后茬作物无影响的除草剂，应用雾滴直径 250～400 μm 的机动喷雾机、背负式喷雾机、电动喷雾机、农业航空植保等机械实施化学除草作业，作业机具要满足压力、稳定性和安全施药技术规范等方面的要求。

(三)病虫害防治

采用种子包衣方法防治根腐病、胞囊线虫病和根蛆等地下病虫害，各地可根据病虫害种类选择不同的种衣剂拌种，防治地下病虫害与蓟马、跳甲等早期虫害。建议各地实施科学合理的轮作方法，从源头预防病虫害的发生。根据苗期病虫害发生情况选用适宜的药剂及用量，采用喷杆式喷雾机等植保机械，按照机械化植保技术操作规程进行防治作业。大豆生长中后期病虫害的防治，应根据植保部门的预测和预报，选择适宜的药剂，遵循安全施药技术规范要求，依据具体条件采用机动喷雾机、背负式喷雾喷粉机、电动喷雾机和农业航空植保等机具和设备，按照机械化植保技术操作规程进行防治作业。各地应加强植保机械化作业技术指导与服务，做到均匀喷洒、不漏喷、不重喷、无滴漏、低漂移，以防出现药害。

(四)化学调控

高肥地块大豆窄行密植由于群体大、大豆植株生长旺盛，要在初花期选用多效唑、三碘苯甲酸等化控剂进行调控，控制大豆徒长，防止后期倒伏；低肥力地块可在盛花、鼓粒期叶面喷施少量尿素、磷酸二氢钾和硼、锌微肥等，防止后期脱肥早衰。根据化控剂技术要求选用适宜的植保机械设备，按照机械化植保技术操作规程进行化控作业。

(五)排灌

根据气候与土壤墒情，播前抗涝、抗旱应结合整地进行，确保播种和出苗质量。生育期间干旱无雨，应及时灌溉；雨水较多、田间积水，应及时排水防涝；开花结荚、鼓粒期，适时适量灌溉，协调大豆水分需求，提高大豆品质和产量。提倡采用低压喷灌、微喷灌等节水灌溉技术。

四、收获

大豆机械化收获的时间要求严格，适宜收获期因收获方法不同而异。用联合收割机直接收割方式的最佳时期在完熟初期，此时大豆叶片全部脱落，植株呈现原有品种色泽，籽粒含水量降为 18%以下；分段收获方式的最佳收获期为黄熟期，此时叶片脱落 70%～80%，籽粒开始变黄，少部分豆荚变成原色，个别仍呈现青绿色。采用“深、窄、密”种植方式的地块，适宜采用直接收割方式收获。

大豆直接收获可用大豆联合收割机，也可借用小麦联合收割机。由于小麦联合收割机型号较多，各地可根据实际情况选用，但必须用大豆收获专用割台。一般滚筒转速为 500～700 r/min，应根据植株含水量、喂入量、破碎率、脱净率情况，调整滚筒转速。

分段收获采用割晒机割倒铺放，待晾干后，用安装拾禾器的联合收割机拾禾脱粒。割倒铺放的大豆植株应与机组前进方向呈 30°角，并铺放在垄台上，豆枝与豆枝相互搭接。

收获时要求割茬不留底荚，不丢枝，田间损失≤3%，收割综合损失≤1.5%，破碎率≤3%，泥花脸≤5%。

五、注意事项

(1)驾驶、操作人员应取得农机监理部门颁发的驾驶证，加强驾驶操作人员的技术岗位培训，不断提高专业知识和技能水平。严禁驾驶、操作人员工作期间饮酒。

(2)驾驶操作前必须检查，保证机具、设备技术状态的完好性，保证安全信号、旋转部件、防护装置和安全警示标志齐全，定期、规范实施维护保养。

(3)机具作业后要妥善处理残留药液、肥料，彻底清洗容器，防止污染环境。

(4)驾驶操作前必须认真阅读随机附带说明书。

【典型人物案例】

大豆研究领域的中国专家：中国工程院盖钧镒院士

中国国家大豆改良中心设在南京农业大学，中心带头人盖钧镒表示团队要联合全国大豆科技人员共同努力，重点在选育突破性优良品种，研究发挥优良品种产量潜力的技术，不断提高我国大豆生产的能力。目前，美国的大豆平均产量能够达到 200 kg，而我国的平均产量只有 125 kg，差距较大，我国大豆科学技术投入还处于劣势，还需奋起直追。

今年 82 岁的盖钧镒，还时常下到田间地头。身为中国工程院院士、大豆遗传育种学家，他将一个甲子的岁月献给了我国的大豆事业，为的就是“让老百姓吃着中国豆子打出的豆浆、磨出的豆腐”。

收集、整理大豆种质资源 2.5 万余份，主持参与育成了 20 多个大豆新品种，在长江中下游推广种植 5 000 多万亩，实现产业化……。上周末，在位于南京农业大学的国家大豆改良中心，这位“大豆院士”和科技周刊记者聊起了自己的科研人生路。

一、立志报国为民：研究中国人自己的大豆种质资源库

1953 年，盖钧镒高中毕业上大学，想学理科的他机缘巧合，以优异的成绩被录取在南京农学院(南京农业大学前身)。回忆当时，他说：“在高中时，我就立志长大要当科学家，通过科学来强国，为国家做出贡献。”

但这里，他幸运地遇到一批优秀农学家，听了育种课后产生了浓厚的兴趣。当时的南京农学院聚集了一大批农学方面的专家，名师荟萃，师资雄厚。这些老师都曾留学国外，满怀着对祖国的热爱回国支援新中国的建设。

盖钧镒师从著名的大豆遗传和试验统计学家马育华教授，当年，马教授在南京农学院重新建立了大豆育种计划，开展了江淮下游地区大豆地方品种研究、大豆新品种选育和大豆数量性状遗传研究，也将盖钧镒引进了大豆科学的大门，使他逐渐对大豆遗传育种产生了浓厚的兴趣。

1963 年，盖钧镒又报考了马育华教授的研究生，在 20 世纪 60 年代初参加育成并推广了南京农学院第一批大豆新品种南农 493-1 等。20 世纪 70 年代初期，他育成的南农 1138-2 品种在长江中下游地区推广获得成功。

“很幸运，赶上了好时候。”盖钧镒说。1980 年，他又迎来人生的转折点。南京农业大学推

荐去考首批国家公派出国访问学者，英语较好的他获得了去美国进修的机会，赴美国衣阿华州立大学担任客座助教。

在美国两年半的时间里，盖钧镒考察访问了美国大豆产区12个州的大学。他发现美国大豆专家在到处收集中国大豆的种质资源，美国人用中国的大豆种质资源做进一步科研，然后再过来挣中国人的钱。看到这种状况，盖钧镒意识到中国的大豆种质资源是宝贵的财富。“而当时的中国作为大豆原产国竟然没有系统研究收集，那时我就暗下决心，一定要研究中国自己的大豆种质资源。”盖钧镒回忆道。

回国后，盖钧镒确定了以大豆遗传资源作为重点的大豆遗传改良研究方向。他安排研究生去南方农村收集，寒暑假学生回家时，也请他们帮忙收集大豆种子。80年代至今，盖钧镒的研究团队收集到大概25 000种左右大豆种质资源，并建立大豆种质综合性状数据库，其规模仅次于中国国家种质库和美国农业部的大豆种子资源库，为中国第二，世界第三。

如今，他的科研团队收集大豆种质资源的脚步仍没停歇，因为在很远的西南山区，还有大批的传承几千年的大豆种质资源等待收集。在盖钧镒心中，收集中国原产地的大豆种质资源，就是在积累国家财富，“我的不少学生都在一线奔波，譬如有个叫王吴彬的学生，主要负责收集南方的大豆品种，跑遍了长江流域以南的江西、云南、贵州、四川等地。”

二、产业差距明显：他找到了中国大豆高产优质的“密码”

虽然大豆育种取得阶段性成果，但从全国层面来看，大豆还是要从国外进口。自1995年开始，作为大豆原产国，我国种植面积和单产远低于世界发达国家，已从大豆净出口国变为了世界大豆最大进口国。

“最新的数据显示，我国的城市人口每人每年消费70～80斤(1斤＝0.5 kg)肉品，乡镇居民也达到40多斤，和10年前相比增量非常高，这归功于近几年畜牧业的快速发展，畜牧业发展靠大豆饲料。2017年，我国大豆净进口量更是高达9 542万t，是国内产量的近6倍。”我国大豆产业的尴尬境地无时无刻不揪着盖钧镒的心，“中国人的饭碗要牢牢端在自己手中，大豆培育这个工作必须持之以恒做下去。”

“我国大豆单位面积产值较低，对农民来讲，种植大豆的收益远远比不上水稻等其他作物。”盖钧镒说，中国大豆要完全自给自足需另外播种4亿～5亿亩面积，这是不可能的。而且我国进口农产品关税极低，这对中国大豆产业影响很大，中国生产1 t大豆成本是3 000元，而美国才2 500元，不加关税，根本无法竞争。

“和美国等发达国家相比，我国大豆基础科研上还存在较大差距。从研究来看，从美国进口的大豆，它的血缘来自中国东北。中国东北的大豆到美国不到100年的时间里，经过研发投入，已经培育出产量超过我国的品种；而中国对水稻、玉米、小麦等粮食的研发投入比例很高，对大豆的研发投入的人物力相对甚少。”盖钧镒表示，我国大豆研发的力度有待进一步提高。

“大豆是中国人蛋白质的主要营养来源，中国人喝豆浆就像美国人喝牛奶。”盖钧镒将高产作为我国大豆产业的突破口，除通过常规育种方法选育品种外，还探索通过选育高产理想株型来达到高产突破的目标，主持和参加育成南农88-31等20多个大豆新品种，在长江中下游和黄淮部分地区推广5 000多万亩，大豆亩产提高10％。在他和同事的努力下，南京农业大学被批准建立“国家大豆改良中心”。他还按照人体健康的需求，培育氨基酸组成均衡的新品种大豆，营养价值甚至高于牛奶。

“依靠科技提高产量、降低成本，朝着发展绿色大豆经济前进，前途还是很光明的。”盖钧镒说，首先从政策上国家应立足国内解决大豆供应问题；其次要把大豆列入粮食安全体系，加大大豆生产和出口的支持力度，通过大豆加工业和食品工业拉动对国产优质大豆的需求。针对大豆油脂加工技术，重点研究开发提高资源利用率的油料预处理工艺和设备。

三、加快科技体制改革：不要用一把尺子量所有人

“科技要跟产业紧密结合，对人才评价也应有不同的标准，不要用‘论文’一把尺子量所有人，这会导致医生不会看病，农学家不会种地。我们搞农业的要多走到田间地头，观察研究。”

在科研技术投入不足的同时，盖钧镒认为，科技政策也需要紧跟国家发展进行调整。他举例说，部分管理人员崇尚记分制，发表多少篇论文就记多少分。习总书记在全国教育大会上提出，克服“唯分数”论，让广大教师从“唯分数”论中解放出来，回归全面育人的本职。作为大豆产业技术研究人员，常年工作在田间地头，培育出新的品种，但是不算分，最终落败于只写“论文”的人，结果没有人愿意为产业做贡献。盖钧镒建议，评价体系需进一步改革，评价农业科技从业人员，应当结合他的实际工作，写论文算分数，培育新品种的贡献也要算分数。

“科技管理部门的主要精力集中在行政管理和琐碎事务，但在尖端和应用科学发展战略上，没有专门队伍做全面研究和设计，没有专门部门管理。”盖钧镒认为，中国的科技体制应把应用技术研究推向各个产业部门，比如农业部门管农业应用科技，水利部门管水利应用科技。国际科技竞争非常激烈，国家要特别加强高端科技的研发，科技部门要有一批战略科学家为国家提供战略决策意见，而将产业实用技术委托产业部门去推动。

典型人物事迹感想：

典型人物工匠精神总结凝练：

项目五
甘蔗种苗生产技术

【知识目标】

1. 具备甘蔗种苗生产基本知识；
2. 具备甘蔗良种种茎快繁知识；
3. 具备甘蔗脱毒健康种苗生产知识；
4. 具备甘蔗组培脱毒加速繁殖知识。

【技能目标】

1. 熟悉甘蔗种苗生产基本流程；
2. 能进行甘蔗良种种茎快繁生产；
3. 能进行甘蔗脱毒健康种苗生产；
4. 能进行甘蔗组培脱毒加速繁殖。

【素质目标】

1. 培养懂农业、爱农村、爱农民的“三农”情怀；
2. 培养生态安全、健康环保、可持续发展的理念；
3. 培养爱岗敬业、精益求精、刻苦钻研、勇于创新的工匠精神；
4. 培养尊重科学、遵纪守法、诚信友善的社会责任感；
5. 培养自主学习和终身学习的行为习惯；
6. 培养获取和运用新知识、新技术的信息素养。

甘蔗种苗生产是指种茎、蔗苗的生产，是甘蔗品种科学管理工作重要的组成部分。生产上不仅需要良种多样化，而且需要种苗数量足够的良种，良种的增产作用才能得到保证。

经鉴定的自育新品种或外地引进的优良品种，尽快地加速繁殖和推广，是提高蔗糖产量经济有效的措施之一。但是，甘蔗是无性繁殖作物，用种量多，种苗体积大，不耐储藏而且运输困难，繁殖系数较禾谷类作物低，通常一年只能繁殖一次，其繁殖系数只有 3～6 倍，若采取加速繁殖法，其繁殖系数也仅达 30～40 倍。所以，加速繁殖推广甘蔗良种，对实现甘蔗生产良种化和达到持续大面积的增产稳产是不可缺少的重要环节。

任务一　甘蔗种苗生产基本认知

一、甘蔗的生殖系统和生物学特性

(一)甘蔗的生殖系统

在植物分类学上,甘蔗属于禾本科甘蔗属植物,其形态特征与水稻、玉米等禾本科作物相似,由根、茎、叶、花、果实(种子)构成。其中根、茎、叶为营养器官,花和果实(种子)为生殖器官。

甘蔗花序为顶生圆锥花序,又称复总状花序,分枝多而密。花序长 50～90 cm,由主轴、支轴、小支轴和小穗组成(图 5-1)。甘蔗花的基本单位是小穗,小穗成对着生于小穗梗上。小穗有内、外颖各 1 片,雄蕊 3 枚、雌蕊 1 枚。每一花序有花药 10 000～15 000 朵,花为完全花。

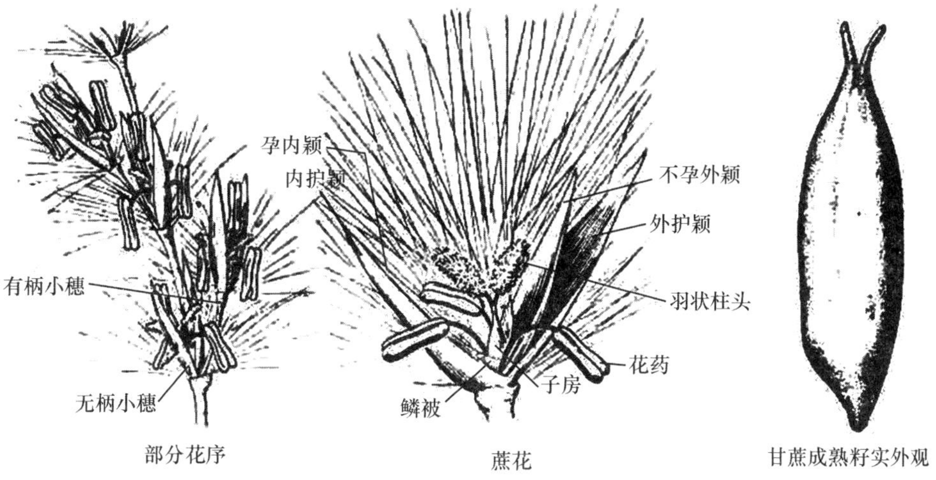

图 5-1　甘蔗部分花序和籽实

甘蔗的果实为颖果,多呈长卵形,很小,一般长约 1.5 mm,宽约 0.5 mm,未成熟时呈淡白色,成熟后呈棕褐色。甘蔗在热带能开花、结实,在温带一般不开花或花而不实。

(二)甘蔗的生物学特性

甘蔗是多年生热带禾本科甘蔗属植物,具有宿根的特性。甘蔗新植后,第一次收获的甘蔗称为新植蔗,以后收获的甘蔗称为宿根蔗。甘蔗能产生分蘖,蔗茎上不产生分枝,株高 3～4 m或更高,蔗茎直径可达 5 cm。蔗茎中积累有蔗糖分,以收获蔗茎为最终目的。无性繁殖器官为蔗茎、梢头,富含大量的糖。在亚热带蔗区甘蔗植株由根、茎、叶三部分组成(图 5-2、图 5-3、图 5-4);在热带蔗区,甘蔗可以开花结籽,所以甘蔗植株由根、茎、叶、花和种子五部分组成。开花结籽对杂交改良品种具有重要意义,开花后小穗枯死,引起侧芽萌发,消耗体内养分,影响蔗糖分积累,因此,作为制糖原料栽培的甘蔗品种,开花是一种不良的性状。甘蔗多数品种在南北纬 10°～20°之间较易开花,随着纬度增高,抽穗开花则减少。在广西南宁甘蔗一般不开花或开花不结实。所以长期以来生产上都采用梢部茎作繁殖材料,一年繁殖一次,繁殖系数 3～5 倍。

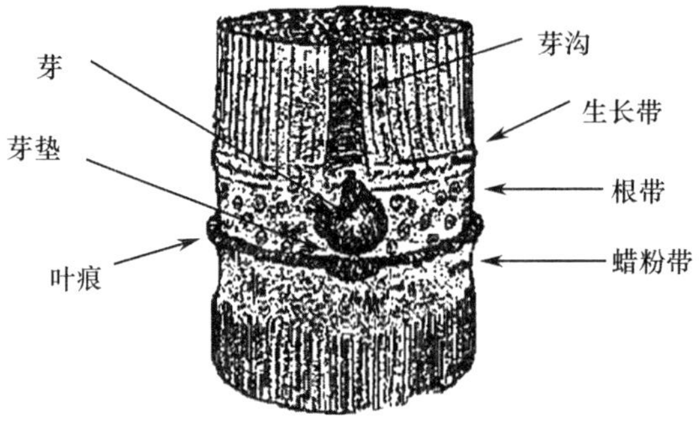

图 5-2　甘蔗节和节间性状

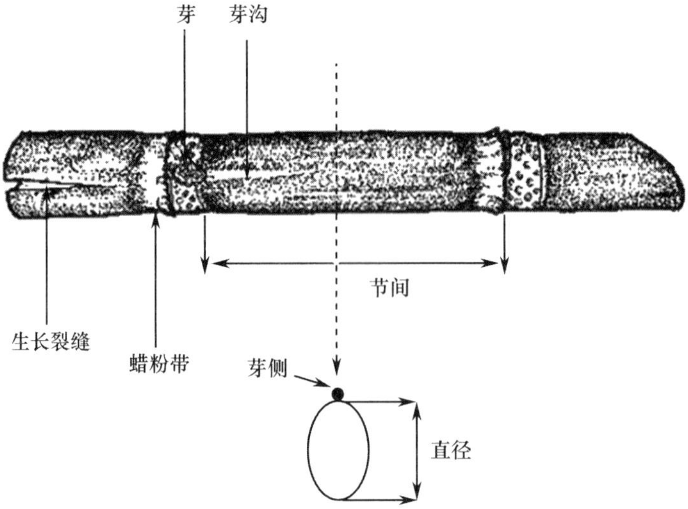

图 5-3　蔗茎

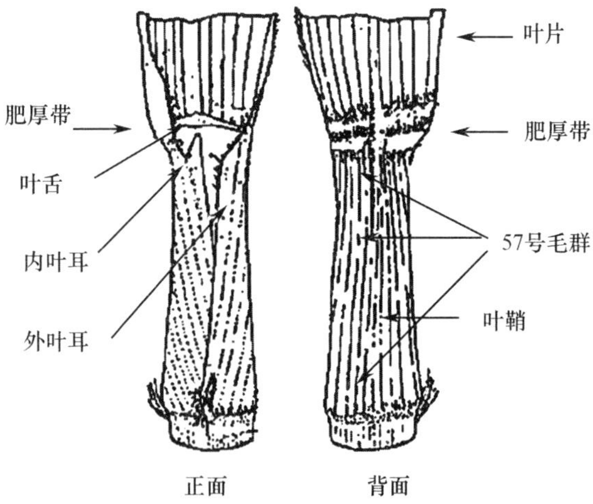

图 5-4　甘蔗叶

二、甘蔗种与品种

(一)甘蔗种的分类

分类学上甘蔗属植物有三个栽培种和多个野生种,栽培种用于制糖和鲜食,野生种则用作育种材料。不同种的起源,形态特征有很大差异。

1. 中国种

中国种是栽培种,起源于中国,也分布在印度北部和马来西亚一带。代表种有竹蔗、芦蔗、罗汉蔗等。其特点是早熟,分蘖力强,根系发达,纤维分高,糖分较高,耐粗放栽培,宿根性好;但易抽侧芽及感染黑穗病和甘蔗棉蚜。

2. 热带种

热带种又称高贵种,也是栽培种,起源于南太平洋、大洋洲诸岛屿。代表种有拔地拉、黄加利、黑车利本等。其特点是高产高糖,株大茎粗,纤维分低,皮软汁多;但抗逆性差,分蘖力弱,根系不发达,宿根性差,易感染病虫害。

3. 印度种

印度种是栽培种,主要分布在恒河流域和中国南方。代表种是春尼。其特点是早熟,纤维分高,糖分较高,耐瘠耐旱,耐粗放栽培,植株矮小,分蘖多,宿根性好,能抗萎缩病;但易感染花叶病及黄条病,淀粉含量较高。

4. 割手密

为野生种,该种类型多,分布广。其特点是早熟,根群发达,宿根性好,抗逆性特强,但糖分低,蔗汁少,纤维分高,空心、蒲心多,易早开花。它是世界上甘蔗有性杂交育种的主要亲本之一,目前很多甘蔗栽培品种均含有其血缘。

5. 大茎野生种

大茎野生种又名伊里安种。其特点是生长势旺,有发达的地下茎,茎硬,抗螟虫及抗风力强,宿根性好;但糖分低,纤维分高,易感黄条病、花叶病、根腐病等。

6. 肉质花穗野生种

肉质花穗野生种又称食穗种,因花穗柔软可食而得名。

(二)甘蔗品种的分类

1. 按成熟期分类

不同甘蔗品种,由于遗传基础不同,其最高蔗糖分出现的时期也不同。根据糖厂压榨时间对原料蔗工艺品质的最佳要求,通常将甘蔗品种划分为早熟品种、中熟品种和迟(晚)熟品种。

早熟品种是指成熟早,早期蔗糖分较高,11 月上旬至中旬可达到加工工艺成熟,供糖厂开榨使用的品种。即某品种 11 月上旬至中旬的甘蔗蔗糖分,在华南蔗区达 14%,在华中和西南蔗区达 13%,原料蔗品质达到开榨的工艺要求,则该品种已经达到工艺成熟,定为早熟品种。但此时仍然不是该品种最高蔗糖分的成熟期。此类品种丰产潜力较小。

迟(晚)熟品种的早期蔗糖分低,要到糖厂榨季后期(2 月以后)蔗糖分才比较高,但丰产潜力较大。一般是指头年种植的甘蔗,第二年 2 月上旬甘蔗蔗糖分达 15%以上,再延长到 4 月,蔗糖分达 17%以上的甘蔗品种,都统称为晚熟品种。

中熟品种则介于早熟品种和迟(晚)熟品种之间,一般在当年 12 月下旬至翌年 1 月,甘蔗蔗糖分在华南蔗区达 15%、在华中蔗区达 14%，称为中熟品种。

2. 按蔗茎大小分类

通常根据甘蔗茎上、中、下三段的平均茎径（茎粗）大小，把甘蔗划分为大茎种、中茎种、小茎种三类。茎径在 2.5 cm 以下的品种为小茎种，2.5～3.0 cm 的品种为中茎种，3.0 cm 以上的品种为大茎种。大茎品种含热带种血缘较多，分蘖比较少，宿根性较差，一般为中、迟熟品种，适宜于水肥条件较好的蔗区栽培，丰产潜力大。中、小茎品种含印度种或野生种血缘较多，分蘖性和宿根性较好，也比较早熟，耐旱、耐瘠能力强，适于旱地、高旱地区栽培，稳产性能好。

3. 按蔗糖分含量高低分类

按蔗糖分含量高低，把甘蔗品种分为高糖品种、中糖品种和低糖品种。高、中、低糖品种的划分是动态的，不同栽培历史时期要求有差别。目前，推广的甘蔗良种其工艺成熟时的甘蔗蔗糖分一般都达到 15%～17%，高的达到 18%或更高。因此，高糖品种是指工艺成熟时甘蔗蔗糖分达到 17%～18%的品种；中糖品种是指工艺成熟时甘蔗蔗糖分达 16%～17%的甘蔗品种；工艺成熟时甘蔗蔗糖分在 15%以下的甘蔗品种属于低糖品种。

三、甘蔗良种的概念及作用

（一）甘蔗良种的概念

良种是优良品种的简称。甘蔗良种是指在某一地区、某一时期、某一栽培制度、某一生产力管理水平下，能获得单位面积最高蔗茎产量、最高甘蔗蔗糖分和最适宜纤维分，而且产量稳定，宿根性能和农艺性状好，工艺性状优良，适应性广，抗逆性强，抗病虫力高，受种植者欢迎，制糖工艺品质佳的甘蔗品种。在不同时期、不同地区、不同年份、不同生产条件、不同栽培制度下，对良种的理解和要求是不同的；良种的概念是动态的，是可以改变的。

（二）甘蔗良种的作用

甘蔗良种在生产上的作用概括起来主要有如下几方面：

1. 提高甘蔗产量，促进甘蔗生产发展

种植优良甘蔗品种，在同样的生产条件下，可获得更高的单位面积产蔗量，从而降低植蔗成本，提高种蔗的经济效益。另外，由于优良品种有更好的适应性，在生产上推广优良品种，可以扩大甘蔗的种植范围，更好地促进甘蔗生产的发展。例如，广西积极推进甘蔗良种繁育基地建设，一些自育新品种如桂糖 42 号、桂糖 46 号等种植面积进一步扩大，比例已占全广西种植面积 30%，同比提高了 10 个百分点。2020—2021 年榨季全广西保有 1 150 万亩甘蔗保护区，其中 500 万亩双高基地（高产量，高含糖量）。可见优良品种不仅能提高甘蔗产量，而且能扩大甘蔗的种植面积。

2. 适应生态环境，促进耕作制度改革

甘蔗耕作制度改革往往能有效提高甘蔗产量，但要求有与之相适应的优良品种；反过来优良品种推广也会推动耕作制度改革。例如，我国秋植甘蔗发展，大大提高了甘蔗产量，由于秋植甘蔗生长期长，植株高大，防止倒伏是一个重要问题，因而秋植甘蔗要求高产而抗倒的良种，而粤糖 57/423 就是这个类型的良种。又如，夏植甘蔗要求在较短的生育期内能获得高产高糖的优良品种，而闽选 703 等优良品种就是早熟高糖，推广该品种有利于因地制宜地发展夏植甘蔗。

甘蔗生长周期长达1年以上，一年中任何季节遇干旱都可能对甘蔗生长造成不利影响，抗旱性弱的品种，出苗、生长或宿根发株等生长期受旱可能表现不佳而被生产所淘汰，而抗旱性强的品种可有效减轻干旱的影响，从而保证较高的产量和糖分。因此，优良品种不仅能适应甘蔗耕作制度的改革，也能促进耕作制度改革和发展。

3. **提高甘蔗产糖量，促进制糖工业发展**

甘蔗是生产食糖的最主要作物，广西蔗糖产品占国内市场的60%左右。我国人均年食糖消费量约8.1 kg/年，不到世界人均年消费量(24.91 kg/年)的1/3，需求增长空间巨大。提高甘蔗新良种蔗糖分含量是食糖高效生产的基础保障之一。

甘蔗良种的糖分含量是直接关系制糖企业出糖率的重要指标。对于生产食糖而言，提高出糖率与通过提高蔗茎产量增加含糖量相比较，前者的效率较后者高近1.8倍，改良甘蔗品种糖分较提高蔗茎单产更节约制糖成本。在世界几乎所有蔗糖生产国家，品种改良都起到至关重要的作用，其中，提高蔗糖分含量一直是品种改良的重要目标之一。甘蔗出糖率最高的国家澳大利亚通过遗传改良实现年均提高0.03或0.04个百分点的商业糖含量。

近年来，云南省通过应用甘蔗新品种和新技术，使甘蔗含糖分从14.42%提高到14.81%，出糖率由12.3%提高到12.98%，实现了甘蔗品种的多系布局，实现了早、中、晚熟品种4∶4∶2的合理搭配，使云南品种结构处于全国最优水平。高糖甘蔗品种的推广应用，对制糖企业提高出糖率起到了积极作用。

四、甘蔗品种混杂退化及防杂保纯措施

(一)甘蔗品种混杂退化的现象

品种混杂是指品种里混有非本品种的个体，造成品种纯度降低的现象。而品种退化是指品种在产量和品质方面生产力降低或丧失的一种现象。甘蔗品种退化，主要表现在：

(1)产量降低。与这些良种刚推广时比较，施同等肥料，蔗茎产量降低了，宿根蔗减产更多；或者是要获得与这些良种刚推广时同样的蔗茎产量，要比过去增加不少肥料，宿根蔗要增加更多。

(2)蔗茎变细，出现空心、绵心。特别是一些腹胀形的品种，节间变成圆筒形，节间长度变短，叶片变窄、变硬，伸展角度变小。

(3)蔗糖分降低。这是由生活力衰退，光合作用效能降低所引起。

(4)抗逆性下降。抗病力、耐病力减弱，病虫发生多，适应能力降低，宿根性下降。

(5)生理改变。不易孕穗的品种变得较易孕穗，少孕穗的变得较多孕穗，较迟孕穗的变得较早孕穗等。

(二)甘蔗品种混杂退化的原因

(1)机械混杂。无性繁殖作物在收获、运输、储藏、育苗、剪苗和栽插、补苗等各个环节中，会产生机械混杂，使品种发生混杂。

(2)生物学混杂。无性繁殖作物品种虽然采用无性繁殖，但受环境影响，特别是长期在不良的栽培条件下，会发生无性变异——芽变，若不注意选择就会使群体变杂变劣。

(3)营养状况变劣。甘蔗生长的环境，营养状况不能满足品种遗传本性的基本要求，从而引起体内生理代谢作用衰弱或紊乱。营养状况变劣的时间短，仅导致生活力的衰退；时间长

了，例如持续10年以上，可能由单纯的生活力衰退转化为遗传性的退化。

(4)病虫危害。不仅会造成当年减产，而且多数病虫还能随营养体传播到后代继续危害，使受害植株增多，群体性状变劣，尤其病毒危害更是导致种性退化变劣的主要原因。

某些病害如嵌纹病(亦称花叶病)、萎缩病等在一定的地点、条件下，也是引起某些甘蔗品种(包括新推广品种)退化的主要原因。有时这种退化，不像上面所述纯粹由于营养不良造成新陈代谢能力减弱所引起的退化的速度那么慢，而是非常快的。因为这些病蔓延快，而且严重破坏这些品种的生理机能。这样的退化或衰退，在不少国家的甘蔗栽培史上曾多次发生。甘蔗蚜虫、粉介壳虫等会破坏蔗株的新陈代谢，引起蔗株生活力衰退，但是这种情况多是局部的、短时间的。涝害、盐害、干旱、长期高热、土壤及大气有毒物质、杂草(特别是痈草)丛生、多年连作加上营养不良、阳光不足等，都可以引起甘蔗生活力衰退，进而可能引起遗传性的退化。

(三)甘蔗品种防杂保纯措施

1. 优化品种种植结构

采取切实有效的措施，优化品种种植结构，逐渐降低退化品种的种植面积，直至淘汰退化品种，以增强甘蔗抵御自然灾害的能力。

2. 大力引进繁殖示范推广甘蔗优良新品种

加大力度从区内外引进繁殖示范甘蔗优良新品种，从中筛选出适应本蔗区推广种植的甘蔗优良新品种，并建立甘蔗良种繁殖示范基地，加快良种繁育，为甘蔗更新提供优质种源。

3. 采取有效措施，提高宿根蔗产量

(1)提纯复壮，延缓品种退化。通过株选的办法对现有种植多年的好品种进行集中提纯复壮，使之恢复种性，延缓其退化速度，是抑制品种退化的有效措施之一。这样，既可在生产上优化种源，又可延长这些优良品种种植推广年限。

(2)适当补苗，增加宿根蔗有效茎数。退化中的品种，一般宿根性均下降，缺株断垄比较多，为此，可在砍收前造时选留一些梢段(30～50 cm)作种苗，巡田检查，发现断垄50 cm以上的都要进行补种，并供给充足肥水，促进补种的种茎或种苗早生快长赶上大田苗，从而提高宿根蔗产量。

(3)破垄盖膜，提高宿根蔗出苗率。甘蔗砍收后要及时破垄松蔸，补苗施肥，并培土盖膜。为了保证盖膜质量，要小锄低砍，使蔗头不露出畦面，并将全部露出畦面的秋、冬笋入土低砍，以防蔗头和蔗笋刺破地膜，盖膜时要将地膜压实，避免通风漏气。

(4)防治病虫，减轻感染和危害。引进脱毒健康种苗进行繁殖推广，或采用温汤热处理技术，以降低宿根矮化病、花叶病等病虫害的发生。

任务二　甘蔗良种种茎快繁技术

NY/T 1785—2009
甘蔗种茎生产技术规程

甘蔗是无性繁殖作物，通常采用种茎繁殖，因甘蔗生育期较长，常规的繁殖速度仅为3～6倍。因繁殖速度较慢，在甘蔗品种审定后，通常需要几年才能推广到蔗农种植，在这期间，病虫害已经积累达到一定的量，蔗农种植后良种服务甘蔗生产的实际年限较短，加速新育成良种的繁殖，有利于相对增加良种服务甘蔗生产的年限。在甘蔗良种繁殖过程中，与收获原料蔗为目的的种植措施相比较，种茎繁殖主要收获的是萌芽质量高的种茎,成熟后的甘蔗基部蔗芽作为种苗种植萌芽较差。因此,甘蔗种芽大田繁殖通常结合熟前收获、稀植降低下种量,充分发挥分蘖特性和提高成茎率,以及加强水肥管理等措施开展。使用甘蔗种茎繁殖较为成熟的方法有:一年两采法和两年三采法、单(双)芽稀播快繁技术、分蘖繁殖法以及侧枝快繁法等。

一、一年两采或两年三采快速繁殖法

一年两采或两年三采法通常通过加强蔗园的田间管理,在蔗芽未老化前收获蔗茎,再次用于良种繁殖。

一年两采一般春季种植,秋季采种;秋季种植,春季采种繁殖。在气温较高,甘蔗生长较快的蔗区,也适宜采用温室大棚种植甘蔗。早春种植的甘蔗通过地膜覆盖促其早生快发,到 7 月下旬或 8 月上旬全茎采种进行秋植并留宿根。利用 8～9 月高温多湿的有利条件,促使甘蔗快速生长。秋植春采利用秋季高温多湿的有利条件种植甘蔗,次年 3 月底前采苗并留宿根,一年两采可繁殖 40 倍以上。

两年三采为春季种植,秋季采苗;秋季种植,夏季采苗;夏季种植,春季采苗。即春植蔗 7～8 月全茎秋植,夏植蔗第 3 年 2～3 月全茎春植,秋植蔗到翌年 6～7 月全茎夏植,一般两年时间可以繁殖 300 倍左右(图 5-5)。一年两采法或两年三采法应该加强水肥投入,适当增加氮肥的施用量以促进蔗茎生长,加快繁殖速度。

春	秋	春	秋
春植1亩	秋宿植1亩 --→	春宿根1亩 ---→ --→春新植5亩 ---→	秋宿根6亩 秋新植36亩
	秋新植6亩 ---→	春宿根6亩 ---→ ---→春新植30亩 ---→	秋宿根36亩 秋新植216亩
1亩	7亩	42亩	294亩

图 5-5 甘蔗两年三采法繁殖速度示意图

二、单(双)芽稀播快繁技术

常规种植甘蔗采用双芽双行下种,下种量达 12～15 t/hm^2。双芽单行种植的下种量约为常规种植下种量的一半,相同甘蔗种苗量可以种植双倍的土地面积;采用单芽下种,可减少下芽量 2/3～3/4,相同甘蔗种苗量可以种植更多的土地面积。减少下种量,降低种植密度,有利于甘蔗苗期光照促进分蘖,获得一定量的有效茎,同时降低种植成本。单(双)芽稀播快繁还应该结合所繁殖的甘蔗新品种的分蘖特性,分蘖性强的甘蔗品种可适当减少下种量,分蘖性一般的品种宜适当增加下种量。另外,采用单(双)芽稀播快繁,因为下种量较低,在苗期应注意观察萌芽情况,如果萌芽率较低,应该采用补苗的方式,降低蔗地缺苗断垄。同时,应该加强水肥管理和田间病虫害防治。

三、分蘖繁殖法

甘蔗是无性繁殖作物,在良种繁殖过程中,含有蔗芽的细茎、梢头、侧枝、分蘖苗在一定的栽培条件下,均可以长成新的蔗茎,以发挥种芽繁殖的作用并获得高产。利用甘蔗产生分蘖的特性，待甘蔗主茎苗生长到5～6片可见叶时，保留主茎苗，把健壮的分蘖苗连根从母茎上分割出来。分割出的分蘖苗剪除少量叶片，先假植一段时间，待分蘖苗长出新根后，选择在阴天或雨天移植到苗圃做进一步繁殖，以保证分蘖苗成活。分蘖繁殖法是利用移植分蘖苗再分蘖，保留的主茎苗同样再分蘖的原理，扩大了甘蔗的有效茎数，达到了甘蔗良种增殖的目的。

四、侧枝快繁法

甘蔗生长过程中，蔗茎上侧芽萌发的激素水平受顶端优势控制。由蔗茎基部至顶部，抑制水平逐渐减弱，当蔗茎顶端优势被去除后，蔗茎上的侧芽即可萌发，并在蔗茎上成苗。对甘蔗及其侧芽苗反复去顶，使甘蔗及其侧枝不断生成侧芽(侧枝)，实现良种苗量迅速增加，达到良种繁殖的目的。考虑到降水、气温以及空气湿度的影响，一般采用夏植母茎进行侧枝苗处理，可进行3次侧枝苗生产，提早假植，大田移栽如遇上雨季，有利于侧枝苗的成活与生长。在品种选择方面，一般甘蔗生长旺盛、根系发达、蔗茎粗壮、蔗芽壮大、野生血缘较近的品种有利于甘蔗侧枝苗的发生与生长。

五、多次采苗法

在蔗茎有5～6个节时即可采苗繁殖，斩成单芽，经消毒、催芽后进行繁殖。此法一年可繁殖100倍以上。

在上述介绍的五种繁殖方法中，分蘖繁殖法和侧枝快繁法均需要移栽，虽然繁殖系数较高，但苗的移栽也存在生根、成活难及种植成本高的问题，需要加强幼苗移栽管理。蔗农或较为基层的甘蔗技术推广部门，建议采用一年两采法或两年三采快速繁殖法和单(双)芽稀播快繁法，在适当加强田间管理，少量改变收、种方案的前提下，即可获得较高的良种繁殖效益。

任务三　甘蔗温水脱毒健康种苗生产技术

甘蔗用蔗茎腋芽进行无性繁殖，由于多年反复种植，极易受到种苗传播病源、反复侵染(如宿根矮化病、花叶病和黑穗病等)，造成产量和品质下降，宿根年限缩短以及种性退化。防止种苗带菌(毒)传播病害，最经济有效的措施就是生产、繁殖和推广脱毒种苗。

为解决甘蔗脱毒问题，研究实用高效的脱毒技术体系，云南省农业科学院甘蔗研究所在国家农业农村部、科技部和云南农业厅、科技厅支持下，针对我国蔗区病虫害为害普遍，特别是甘蔗种传病害危害日益严重的情况，借鉴国外先进的脱毒技术经验，研究开发甘蔗温水脱毒种苗工厂化生产技术，消化吸收了国际上最先进的健康种苗生产技术，形成温水脱毒的方法、工艺流程和甘蔗脱毒种苗快繁技术体系，建成中国第一家研发型甘蔗种苗脱毒处理车间，通过科技人员几年不懈努力，探索出一条适宜我国蔗区的温水脱毒生产健康种苗技术，2009年获得了我国健康种苗核心发明专利，并同时申请了一批健康种苗繁育与检测专利技术。

温水脱毒技术最大特点是简单易行，将甘蔗种苗在50 ℃恒温水中浸泡2 h，既能有效杀灭种苗携带的病菌，又能使种苗不受伤害。

一、样品采集及检测

调查不同生态蔗区甘蔗主栽品种和新品种宿根矮化病、花叶病等的发生和分布情况并采集样品。采样于甘蔗成熟期，选择具有代表性的主栽或主推品种。根据品种、植期分类，随机取样。每个样本取 6～10 条蔗茎，先用剪刀取幼嫩叶片装入样品采集袋，每条蔗茎再截取中下部茎节，用砍刀切成 7 cm 左右长，再用钳子挤压 25 mL 左右的甘蔗汁于 50 mL 离心管内混匀(每取一个样品后均用 70％的酒精消毒砍刀和钳子)，放于－20 ℃冰箱保存待用。利用植物病原电镜(EM)、酶联免疫吸附测定(ELISA)及 PCR 等检测技术对采集样品进行甘蔗宿根矮化病和甘蔗花叶病病原检测。根据调查检测结果，全面分析评估，明确甘蔗宿根矮化病菌、花叶病毒等的致病性及差异、田间发生分布及流行动态和不同品种发病情况，为应用推广甘蔗温水脱毒种苗提供科学依据。

二、甘蔗种苗温水脱毒处理

为保证温水处理甘蔗种苗的发芽率，应仔细选择生长健壮的成熟中下部蔗茎，先去除蔗叶避免阻塞水流循环系统，再将甘蔗种苗砍成带有 2～3 个芽段，然后将砍好的甘蔗种苗装入网袋堆放于处理吊篮内。在流动冷水中浸泡 48 h 之后，采用甘蔗温水处理设备进行温水(50±0.2)℃脱毒处理 2 h，计时从甘蔗种苗放入处理池开始。如果处理超过 2 h 意味着发芽率的降低，保持处理温度在(50±0.2)℃对脱除病毒和发芽率都是必要的。

处理时首先将处理池水温加热到 51～52 ℃，放入装有甘蔗种苗的吊篮，使其完全浸没。装有甘蔗种苗的吊篮放入处理池时，池内温度下降很快回到 50 ℃。温度自控器实时监测池内温度并反馈信号给加热器以确保池温在(50±0.2)℃。巡检仪监测池内上、中、下部各层的温差。

甘蔗种苗从处理池吊出后，先喷洒冷水尽快冷至环境温度，再用 50％多菌灵 800 倍液浸种 5～10 min 以避免胚芽腐烂。

处理后的甘蔗种苗芽胚质软应尽量避免触碰，甘蔗种苗冷却后可立即种植，也可摆放 1～2 d 等胚芽硬化后种植。

三、甘蔗温水脱毒种苗繁殖

在工厂化生产甘蔗温水脱毒种苗的基础上，建立无病种苗圃——三级苗圃制。温水脱毒甘蔗种苗通过一级、二级、三级专用种苗圃扩繁，由三级专用种苗圃直接为大面积生产提供无病种苗。

DB45T 2032—2019
糖料甘蔗良种逐级繁育技术规程

1. 一级专用种苗圃扩繁

一级苗圃是三级苗圃制中最重要的苗圃，专用于繁殖经温水处理的脱毒种苗(提供脱毒种苗原种)。脱毒种苗摆放 1～2 d 待胚芽硬化后种植，公顷下种量为 12 万～15 万芽，双行接顶摆放，公顷施普钙 750 kg，覆土灌水 3～5 d 后喷除草剂盖膜，田间施肥及栽培管理按常规生产方法进行。一级苗圃应位于交通和管理都比较方便的地方，最好设在糖厂附近。一级苗圃需严格保护以免受病虫害侵染，各种操作和保护要由经过培训的技术人员担任。一旦发现染病蔗株，应尽快拔除以防止再次侵染。

2. 二级专用种苗圃扩繁

第二年大量繁殖从一级苗圃收获的蔗种。蔗种不用再进行热处理，但必须保证防止再次侵染的其他条件。二级苗圃从下种开始直至收获，都必须加强田间管理和严格的保护，定期检查病害发生情况。

3. 三级专用种苗圃扩繁

第三年对从二级苗圃中得到的蔗种进行再扩繁。可不进行热处理，但必须对蔗田进行定期的病害检查。三级苗圃收获的蔗种即为无病虫种苗，可提供蔗农种植。

在上述各级苗圃的栽培管理中，必须注重病虫害监测、种苗纯度检测，在种苗砍收和种植过程中，加强蔗刀等砍收耕作工具的隔离和消毒，防止病害交叉感染。实行轮作，可使有寄主专化性的病原物得不到适宜于生长和繁殖的寄主植物，从而减少病原物的数量；在种苗区采取及时剥除枯叶，清除田间杂草，搞好蔗田的排灌系统和合理施肥等措施，以确保种苗的质量。

四、甘蔗温水脱毒种苗配套高产综合栽培技术

由于甘蔗是一种栽培用种量较大的作物，公顷用种量高达 12 万～15 万芽，繁殖速度慢，严重影响了甘蔗脱毒种苗的繁殖推广。在无病种苗圃繁殖过程中，配套以地膜覆盖、配方施肥、化学除草、病虫害综合防治等高产综合技术栽培，可提高甘蔗脱毒种苗繁殖倍数和增产效能、降低生产成本，加快推广应用。

1. 精细整地

整地要求深耕细耙，精细整地，为甘蔗创造一个“深、松、细、平、肥”的良好土壤环境。犁耙深度要达 40 cm 以上，土壤要求松而不散、软而不硬、细而不粉，这样的土壤有利于协调水分和空气矛盾，施肥效果好，能持续、均匀地供应甘蔗所需养分。

2. 开挖蔗沟

植蔗沟深度一般为 25～35 cm，沟底宽 20～25 cm，排水不良、地下水位较高蔗区可适当浅一些，土层深厚，排水良好蔗区可深些。蔗沟之间的行距在 90～110 cm，在年平均气温高于 20 ℃以上的蔗区，甘蔗萌芽快，分蘖多，伸长期长，选择 100～110 cm 的行距较为适宜，在年平均气温 18～19.9 ℃的南亚热带蔗区，选择 90～100 cm 的行距为宜。

3. 施足底肥、防治地下害虫

开挖好后的蔗沟，下种前施入底肥，公顷底肥使用细碎有机肥 22 500 kg，加尿素 225～300 kg、普钙 750～900 kg、硫酸钾(或氯化钾)300 kg 拌和均匀撒施于植沟，再用锄头锄沟底，使土、肥混合。结合施底肥，选用一些长效有机农药，与基肥混合均匀撒施于植蔗沟内，防治苗期螟害和地下害虫。

4. 种苗消毒、浸种处理砍种

2～3 个芽一段，沿蔗茎横切面进行，上短下长，切忌砍成斜面。砍出的蔗种选用 2%～3%石灰水浸种 12～24 h 或 50%多菌灵可湿性粉剂、70%甲基托布津可湿性粉剂 800～1 000 倍液浸种 3～5 min，以减少病虫害和提高蔗种发芽率。

5. 下种栽培

以 2～4 月春植下种和 8～10 月秋植下种为佳，充分利用蔗区自然资源优势，提高种苗的萌发出苗率。下种密度根据行距而定，行距 100～110 cm 的蔗地以 10.5 万芽/hm^2 为宜，90～100 cm 行距以 12 万芽/hm^2 为宜。根据下种量可采取双行接顶或双行对空下种，蔗种平植于

蔗沟，芽朝两侧，两行种苗保持 10 cm 的距离，覆土 3～5 cm。

6. 适时喷施除草剂和覆盖地膜

甘蔗栽种灌出苗水 3～5 d 后，公顷选用 40％莠去津胶悬剂 3 000～3 750 mL、80％阿灭净可湿性粉剂 1 500～1 950 g 或 80％敌草隆可湿性粉剂 1 500～1 950 g 等土壤处理除草剂，兑水 750～900 kg，均匀喷施于种植沟土壤表面进行芽前除草。喷施除草剂后，选择幅宽 40 cm 的普通农用地膜进行地膜覆盖，地膜要求拉紧铺平，紧贴土面，用细土沿膜边缘压紧、压实，保持地膜透光面幅宽 20 cm 左右。

7. 加强田间管理

(1)壮苗促蘖。一是追施壮苗肥，公顷使用尿素 225～300 kg，有螟虫、蔗龟等地下害虫危害的蔗地，在小培土时，采用高效中低毒杀虫剂与追肥混合均匀，撒施于蔗根基部，进行施肥培土；二是在分蘖期水分上要注意“促控结合”，促进根系发育。

(2)甘蔗进入伸长期，管理上要充分利用夏秋高温、强光、多雨等有利条件，重施攻茎肥，结合大培土、排灌和病虫草害防治最大限度地促进甘蔗生长。

①及时重施攻茎肥并大培土。公顷施用尿素 600～750 kg、普钙 600 kg，并进行大培土。

②因时因地，做好排灌。

③及时防治甘蔗病虫草害。大培土后，公顷选用 40％莠去津胶悬剂 3 000～3 750 mL、80％阿灭净可湿性粉剂 1 500～1 950 g、80％敌草隆可湿性粉剂 1 500～1 950 g 等土壤处理除草剂，兑水 750～900 kg，均匀喷雾蔗沟土壤表面进行芽前除草。六七月要重点防治好甘蔗棉蚜、蓟马。选用 48％乐斯本乳油、20％丁硫克百威乳油、10％吡虫啉可湿性粉剂 1 000～1 500 倍液加 90％杀虫单原粉 500 倍液喷雾。在病害防治上，加强水肥管理，防治蔗田积水，及时剥除枯老脚叶，间去无效弱病株，使田间通风透气，降低田间湿度，减少病害发生；在施肥上，要多施磷、钾肥，避免重施氮肥。对发病严重的地块，选用 50％多菌灵、50％苯来特、75％百菌清等可湿性粉剂 500～600 倍液或 1％波尔多液喷雾，每隔 7 d 喷 1 次，连续喷施 2～3 次即可控制。

8. 适时采种，快锄低砍

选择“立春”后收砍较好，可避免 1 月蔗区低温和霜冻对宿根蔗萌芽的影响；收砍时采用快锄，入土 2～5 cm，有利于当年甘蔗高产，还利于第二年宿根甘蔗的萌发，为甘蔗的持续高产、延长宿根年限打下一个良好的基础。

五、甘蔗温水脱毒注意事项

甘蔗温水处理脱毒种苗生产，首先要有符合先进技术标准的温水处理设备，能够保持水体循环、温度自控(50±0.2)℃和相应的脱毒方法、工艺流程等，否则水温过高、处理时间过长易使种芽烫伤失去发芽能力，水温过低、处理时间过短起不到脱毒效果。其次，为确保脱毒种苗的发芽率，应选择生长健壮的成熟蔗茎中下部茎段处理，处理后的脱毒种苗先喷洒杀菌剂(多菌灵)以避免胚芽腐烂，再摆放 1～2 d 等胚芽硬化后种植。

任务四　甘蔗组培脱毒加速繁殖技术

甘蔗组织培养繁殖技术是采用甘蔗梢部的心叶、生长点为材料，在适当的培养基中进行组织培养分化出幼苗，是进行甘蔗良种加速繁殖的有效方法，亦称甘蔗组培快繁技术（图 5-6）。

NY/T 2724—2015
甘蔗脱毒种苗生产技术规程

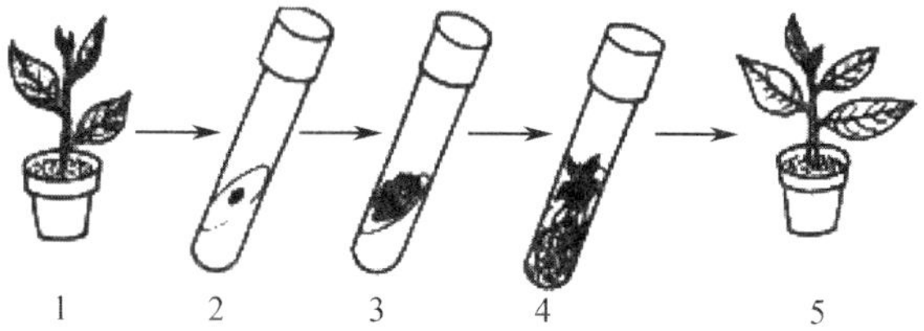

图 5-6　植物组织培养流程示意图

1. 外植体来源　2. 外植体培养　3. 愈伤组织　4. 再生小植株　5. 再生植株

20 世纪 70 年代，我国科学工作者采用嫩叶为材料诱导愈伤组织，对利用愈伤组织分化植株做了大量研究，并有效而大量地繁殖良种，取得了良好的经济效益和社会效益。80 年代，发展了芽培养工厂化生产技术，使甘蔗良种快速繁殖更为有效。如广东农科院对 RCO10 进行生长点培养 189 d，平均每个生长点材料繁殖 2 143 条幼苗，大大加快了甘蔗良种的繁殖速度。

一、嫩叶培养技术

此项技术是诱导嫩叶外植体产生愈伤组织，由愈伤组织分化成植株。培养技术操作如下：

1. 取样与消毒

选用生长点以上 3～5 cm 的嫩叶梢，按无菌操作程序，切成 1～2 mm 的圆薄片。

2. 愈伤组织的诱导

将切成的圆薄片接种于愈伤组织诱导培养基（MS 或 N_6 培养基，附加 2，4-D 2～3 mg/L，蔗糖 3%，琼脂 0.7%）（表 5-1）上。在 27～30 ℃下培养 20～30 d，将带有愈伤组织的圆片切成若干小块，接种到增补水解（酶解）酪（乳）蛋白 500 mg/L 的同样培养基上。同样条件下培养 20～30 d，挑选淡黄色粒状、坚实的胚性愈伤组织，置于同样条件下进行继代培养。

表 5-1　甘蔗组织培养的 MS 和 N_6 培养基的成分　mg/L

成　分	MS	N_6
一、大量元素		
$(NH_4)_2SO_4$	—	463
KNO_3	1 900	2 830
KH_2PO_4	170	400
$MgSO_4 \cdot 7H_2O$	370	180
$CaCl_2 \cdot 2H_2O$	440	166
NH_4NO_3	1 650	—
二、微量元素		
$MnSO_4 \cdot 4H_2O$	22.3	4.4
$ZnSO_4 \cdot 7H_2O$	8.6	1.5
H_3BO_3	6.2	1.6
KI	0.83	0.8
$Na_2MO_4 \cdot 2H_2O$	0.25	

续表5-1

成　　分	MS	N_6
$CuSO_4 \cdot 5H_2O$	0.025	
$CoCl_2 \cdot 6H_2O$	0.025	
三、其他		
Na_2EDTA	37.3	37.3
$FeSO_4 \cdot 7H_2O$	27.8	27.8
蔗糖	30 000	30 000
琼脂	6 000	6 000
pH	5.8	5.8
四、维生素及有机物		
甘氨酸	2.0	2.0
盐酸硫胺素（维生素 B_1）	1.0	1.0
盐酸吡哆素（维生素 B_6）	0.5	0.5
菸酸	0.5	0.5
五、生长调节素		
2,4-D	0.1～5.6	0.1～5.8
IAA	0.1～1.0	0.1～5.0
NAA	0.1～1.0	0.1～1.0
IBA	0.1～1.0	
KT	0.1～2.0	

3. 小苗分化培养

当愈伤组织繁殖到一定数量后，将愈伤组织移到不含 2,4-D 而加入 KT 1mg/L 的培养基中，在光照条件下培养、诱导芽分化。

分化芽后，有些品种长出根。若无根长出的，则将芽移至含 NAA 1 mg/L、IBA 0.5 mg/L 的培养基中促进根的生长。

4. 试管苗的种植与管理

当试管苗高 4～5 cm，根系发育健壮后，便可移出瓶种植。由于试管苗是在瓶内无菌条件下生产出来的，一般都比较纤弱，为使其对室外环境有一个适应过程，移栽通常分两步进行，即先假植，再定植。

二、芽繁技术

此项技术是培养茎顶生长点附近的芽，使之大量分蘖成丛芽，繁殖到一定数量后，诱导芽长出根，形成完整植株。培养技术操作如下：

1. 茎尖无菌培养

用无病植株茎的顶端作外植体，小心去除叶鞘，不伤害茎顶端附近的芽。取顶端 2 cm 处的茎部，放置于 0.1%氯化汞溶液中浸泡 12 min，然后在无菌水中洗 4 次。切去顶端生长点和下端，修整成一个节，将带有 1 个完好芽的外植体接种于培养瓶中，培养基为 1/2 MS＋6-BA

0.2 mg/L+活性炭 1 g/L 培养液，静置培养，温度 27～30 ℃，提供光照条件。7～15 d 后芽开始长出。

2. 丛芽繁殖体培养

待芽长出 3～4 cm 后，吸去原培养液，加入含 6-BA 0.5～3 mg/L、NAA 0.2 mg/L 的培养液，培养液浸至芽的基部，静置培养。20 d 左右更换培养液 1 次，30 d 后，侧芽开始长出，更换培养液，继续培养，直至长成丛芽。

3. 芽的检疫

从丛芽中抽出一枝进行病毒病的检疫，如证实不带病毒的，余下的用于繁殖。

4. 芽的增殖

在培养瓶中央设置 1 个高约 2 cm，直径 1.5～2.5 cm 的塑料环(可用塑料自来水管自制)，放入培养基，经灭菌后，将丛芽自然分开成单株或多株，接种于环中。培养基含 6-BA 0.5～3 mg/L。单株长成丛芽，能直立后除去塑料环，自然分成 4～6 株为一丛进行接种，20 d 左右更换培养基 1 次。为使其迅速增殖，应根据生长情况调节生长调节剂的用量。通常每月有 4～10 倍的增殖速度。培养时必须有充足的光照，但温度不能超过 32 ℃。总继代次数控制在 12 代左右。不同基因型的甘蔗对 6-BA 的反应不同，在培养中要加以观察，及时调整。

5. 促根

移至 MS 培养基，蔗糖增至 4～6 g/L，NAA 5 mg/L，IBA 2 mg/L，进行促根培养 1～2 次。由于 6-BA 的长期作用，有些品种要进行两次才出根。但经过上述处理的试管苗，不管是否有可见的根，在移栽时只要注意温度和湿度，都可以成活。

6. 试管苗的种植与管理

当试管苗高 4～5 cm，根系发育健壮后，便可移出瓶种植。由于试管苗是在瓶内无菌条件下生产出来的，一般都比较纤弱，为使其对室外环境有一个适应过程，移栽通常分两步进行，即先假植，再定植。

通过组培快繁技术，不但能快速繁殖甘蔗种苗，而且还利于生产出不带病毒的优质种茎，即甘蔗脱毒苗。

经脱毒处理的甘蔗在株高、生产速度、质量等方面均优于未脱毒的种苗，在投入成本不变的情况下，种植甘蔗脱毒健康种苗，每公顷可为蔗农增加 3 000 多元的经济收入，增产增收效果十分显著。

三、甘蔗组织培养的培养基的配制

通常首先将培养基所需元素按用量及其性质成分分别配成“母液”置冰箱保存备用，在配制培养基时，逐个按量吸取扩大倍数，这样既省时，又准确。母液有五种：

(1)大量元素混合母液。含 N、P、K、Ca 和 S 等用量较大的元素混合溶液，可配成每配 1 000 mL 培养基吸取 100 mL 的母液(即在培养基配方上乘上 10 即得母液称药量)，母液定溶于 1 000 mL 即可。用时配 1 L 培养基，吸母液 100 mL，扩大 10 倍母液可配 10 000 mL 培养基。根据药品的化学性质，配制母液过程注意以下几点：

①各药品必须分开溶解。

②待充分溶解后，才能按以下先后顺序混合：硫酸铵溶液+硝酸钾溶液+硫酸镁+…+氯化钙溶液，要将钙离子(Ca^{2+})与硫酸根离子(SO_4^{2-})、磷酸根离子(HPO_4^{2-})错开，避免产生化

合物沉淀。

③混合时应边搅拌边混合，不宜过快。

(2)微量元素母液。指B、Mn、Cu、Zn、Mo、Cl、Co、I等用药量较小的元素。一般配成100倍母液，即按每配1 L培养基吸10 mL母液。配制过程注意事项如上述。

(3)铁盐母液。避免铁盐与其他元素生成化合物沉淀，故宜单独配制母液，通常以硫酸亚铁和乙二胺四乙酸二钠(Na_2EDTA)配成螯合铁形式。一般按扩大100倍，1 L培养基吸母液10 mL。

(4)维生素母液。主要含维生素B_1、维生素B_6、菸酸、甘氨酸、肌醇等成分，配成扩大100倍母液定容100 mL即可，每升培养基吸10 mL母液。

(5)生长调节素母液。激素母液用量较小，而且通常因不同需要而改变。一般是配成0.1 mg/mL的母液。如50 mg吲哚乙酸(IAA)+少量无水乙醇溶解后用无离子水定溶于500 mL的量瓶中，即为含量0.1 mg/mL吲哚乙酸母液。通常按下列公式计算母液的配制量：

$$1\ \text{L培养基吸取母液的需要量(mL)}=\frac{\text{母液体积(mL)}}{\text{扩大倍数}}$$

[实验实训一] 甘蔗形态特征观察和主要良种识别

一、目的要求

通过观察甘蔗形态特征来识别甘蔗品种。

二、材料用具

当地2～3个甘蔗优良品种，甘蔗植株，放大镜，游标卡尺等。

三、方法步骤

(一)观察甘蔗形态特征

选取代表性植株，分别观察各部位。

(1)根　蔗根由于生长部位和时间不同分为种根和苗根，有时也可能发生气根(气根是一种不良的经济性状)。观察蔗根分布范围、入土深浅、颜色、与地表所成的角度。

(2)茎和芽　观察茎高，茎基部与顶部粗度比较，节间形态，节的组成(根带、根点、芽和生长带等)，蜡粉分布部位和厚薄，生长裂缝、木栓裂缝和芽沟的有无、长短和深浅，芽的形态结构(包括芽鳞、芽翼和芽孔)等。

(3)叶　叶片长、宽、厚、薄和颜色，叶缘锯齿稀密，叶鞘厚薄、颜色，蜡粉与茸毛多少，肥厚带大小与形态，叶与主茎所成角度(披散、弯曲、斜立、挺直等)，叶舌、叶耳着生部位、形状和颜色。

(二)识别当地主要优良品种

选当地主要甘蔗良种，观察下列项目。

(1)节间形状　分圆筒形、圆锥形、倒圆锥形、腰鼓形、弯曲形和细腰形等。

(2)茎色　分黄绿、紫红、黄铜、青绿等。

(3)茎径　用游标卡尺测量甘蔗茎中部节间的茎径，比较各品种茎径属于哪一种类型的品种。

(4)蜡粉　比较各品种节间蜡粉带的蜡粉厚薄和多少。

(5)芽沟　芽沟有无和深浅。

(6)芽的形状　分为卵圆形、椭圆形、倒卵形、圆形、五角形、菱形等。

(7)叶片着生姿态　分披散、弯曲、斜立、挺直等。

(8)叶鞘茸毛　茸毛有无及多少。

四、考核

将甘蔗不同品种的形态特征观察结果填入表5-2，并进行比较。

表5-2　甘蔗良种形态特征观察结果及比较

项目	品种名称			备注
节间形状				
茎色				
茎径				
蜡粉				
芽沟				
芽的形状				
叶片着生姿态				
叶鞘茸毛				

[实验实训二]　甘蔗成熟度测定

一、目的要求

学习并初步掌握甘蔗成熟期的形态特征及成熟度的锤度测定法。

二、材料用具

甘蔗植株、手持折光仪、蔗汁钻子、蒸馏水、药用棉花、擦镜纸、吸管、铅笔、记录本等。

三、方法步骤

(一)观察甘蔗成熟期的形态特征

甘蔗工艺成熟期的形态特征主要表现为：梢部节间逐渐缩短，生长缓慢以至停止；大部分蔗茎的中下部叶片枯黄或干枯，全株青叶减至 6～7 张（正常时青叶保持 8～10 片），茎上蜡粉脱落，茎光滑，茎色变为品种固有色。

（二）甘蔗成熟度测定

(1)选取样点　在田间按对角线 5 点取样法选取 5 个有代表性的取样点，每样点选取代表性蔗茎 5 株作测定对象。

(2)清洁和检查手持折光仪　翻开盖板，用蒸馏水冲洗干净后用药棉抹干，滴 2 滴蒸馏水于折光镜面上，盖上盖板进行观察，检查镜中视野标尺，观看明暗分界线是否在 0 线上，如未对 0 线，则用小改锥调整到 0，对 0 后用药棉抹干。

(3)钻取蔗汁　用蔗汁钻子分次钻取样品茎的基部节间（地面上第一节间）和上部节间（倒数第 6 片全出叶下一个节间）的蔗汁，把钻子取出的蔗汁滴于手持折光仪的折光镜面上，盖好盖板。

(4)对光观察　左手持镜筒，眼睛对准目镜，对光观察，右手调旋目镜调节焦距，以看清表尺读数为准，迅速读出数字，该数字即为锤度数据，将数据记入记载表。

(5)计算平均锤度　把全部样品茎的上部节间和基部节间锤度测出后，算出平均值，即为各节间的平均锤度。

(6)计算成熟度　成熟度＝上部节间平均锤度/基部节间平均锤度。当比值在 0.90 以下时为工艺未熟，0.91～0.95 为工艺成熟，0.96～1.00 为工艺完熟，大于 1.00 为工艺过熟。

四、考核

(1)测定结果填入表 5-3，进行相关计算，判断被测定甘蔗品种的成熟度是否达到压榨制糖适期。

(2)你是否掌握了手持折光仪的使用方法？应注意什么事项？

表 5-3　甘蔗成熟度测定记载表

品种：　　　　　　　　　　　　　　　　测定日期：

测定编号	基部节间锤度	上部节间锤度	成熟度
平均值			
成熟度			

[实验实训三]　甘蔗田间测产

一、目的要求

学习并初步掌握田间测产技术。

二、材料用具

成熟的蔗田、皮尺、米尺、游标卡尺、秤等。

三、方法步骤

(1)选取样点　在田间按对角线 5 点取样法选取 5 个有代表性的取样点。

(2)调查有效茎数　在每个样点选有代表性的蔗畦,用皮尺测量畦长 10 m,数其有效茎数,求出平均每米有效茎数。

(3)调查行距　在蔗田一端用皮尺测量 10 个行距,求平均行距,以 m 表示。

(4)计算公顷有效茎　按下式计算

$$有效茎(条/hm^2)=每米平均有效茎(条)\times 10\,000\ m^2/平均行距(m)$$

(5)调查茎长(高)　每样点选有代表性的蔗茎 10 条,用米尺分别测量其长度,从茎基部起量到最高肥厚带向下 30 cm 处为茎长,求出平均茎长,用 cm 表示。

(6)调查茎粗(茎径)　用游标卡尺测量每样点选定的 10 条蔗茎的上、中、下部节间的茎径,求平均茎径,用 cm 表示。

(7)计算平均单茎重　按下式计算

$$单茎重(kg)=0.785\,4\times 茎长(cm)\times 茎径^2(cm^2)\times 0.001$$

或取 20 株蔗茎称重,算出平均单茎重。

(8)计算单位面积理论产量

$$甘蔗理论产量(kg/hm^2)=公顷有效茎数(条/hm^2)\times 平均单茎重(kg/条)$$

四、考核

把调查结果填入表 5-4,并进行相关计算。根据测定和计算结果,从产量构成因素分析高产或低产的原因。

表 5-4　甘蔗田间测产记载表

调查编号	品种	行距/m	有效茎/(条/m)	茎长/cm	茎粗/cm	单茎重/kg	理论产量/(kg/hm^2)	备注

项目六
马铃薯种薯生产技术

【知识目标】

1. 能够说出马铃薯各种繁殖方式的优缺点。
2. 掌握马铃薯种薯混杂退化原因及防杂保纯措施。
3. 理解马铃薯脱毒种薯(苗)生产中常用的基本概念。

【技能目标】

1. 初步掌握马铃薯脱毒种薯的生产操作流程。
2. 熟识马铃薯脱毒种薯良种繁育体系。
3. 具有吃苦耐劳、团结合作、诚实守信的职业素质。

【布置任务】

学习小组在课下进行自主学习,并根据教师提供的参考书、网络资源、学习情境实施方案、任务单、工作记录表、考核单等资料,研讨制订出马铃薯脱毒种薯的生产操作方案。具体要求:

1. 了解脱毒种薯(苗)生产中常用的基本概念;
2. 知道马铃薯种薯混杂退化原因及预防措施;
3. 能够熟练进行马铃薯种薯常规繁育;
4. 基本熟识马铃薯脱毒种薯三级良种繁育体系;
5. 提交马铃薯种薯生产技术总结。

【知识准备】

马铃薯是一种全球性的重要作物,适应性广,营养价值高,耐储藏运输,是重要的粮食作物之一,也是一种调节市场供应的重要蔬菜。马铃薯主要使用块茎种薯作播种材料进行无性繁殖,年全国用种量 350 万 t 左右,是用种量最大的无性繁殖作物之一。因此,种薯生产的技术水平和种薯质量的优劣,直接影响马铃薯生产的发展。马铃薯除了可以无性繁殖,也可以有性繁殖。它属于自花授粉作物,异花授粉率在 0.5%左右,授粉后产生浆果,浆果中的种子称为马铃薯实生种子。马铃薯实生种子休眠期长、种子很小,一般千粒重只有 0.5~0.6 g。使用马铃薯实生种子繁殖种薯,必须育苗移栽,费时费工,而且出苗率低、苗不均匀;还容易导致后

代群体性状分离大。因此，目前生产上极少采用有性繁殖方式生产种薯

一、马铃薯种薯退化的原因及预防途径

（一）马铃薯退化现象

在无性繁殖作物中，马铃薯的退化现象最明显并在世界各地普遍存在。表现为：从寒冷北方或当地山地调运的种薯、一级脱毒种薯，当年种植，产量很高。留种连续种植，产量逐年下降。表现叶片花叶、皱缩、失绿、叶面卷曲，植株束顶、矮小、坏死，退化严重，植株已无能力结薯。种薯完全失去了种用价值。

（二）马铃薯种薯退化的原因

病毒侵染是引起马铃薯种薯退化的根本原因。病毒是传染性病害，病害在田间靠昆虫（特别是蚜虫）和叶片摩擦接触而传播。马铃薯在种植过程中极易感染病毒，在适宜条件（例如高温），病毒会迅速在植株内繁殖，并可运转和积累于所结块茎中。由于无性繁殖，种薯中病毒可世代传递，带毒浓度逐年增加，病毒危害逐年加重，产量逐年下降，品种退化愈演愈烈，种薯已不能再用了。

品种退化的速度与品种的抗病性、传毒媒介（主要是蚜虫）的活动、病毒在体内增殖的条件等有关。应用抗病毒品种，切断毒源或减轻蚜虫传毒机会，冷凉气候条件限制病毒在植株内繁殖速度和向块茎运转速度，都能减轻病毒的危害，延滞退化速度。高纬、冷凉地区，马铃薯退化程度轻，退化速度慢，这些地区马铃薯种植面积大，种薯质量好，自然而然地成为种薯生产基地。

侵染马铃薯的病毒有 18 种，类病毒有 1 种。危害较重的有重花叶病毒病；主要靠蚜虫传毒的马铃薯卷叶病；马铃薯纺锤块茎病，病原为类病毒（PSTV）。PSTV 所引起的纺锤块茎病危害十分严重，表现植株矮化，束顶，块茎变小、变尖、变形呈纺锤状。更可怕的是类病毒 PSTV 可以通过种子传毒。

马铃薯种性退化与防治

（三）防止种薯退化的途径

马铃薯退化是普遍现象，但由于目前尚无消除病毒的有效药剂，除通过栽培措施预防外，主要是通过培育无病毒种苗，栽培无病毒苗木来实现。病毒种苗生产的技术路径：一是避毒，例如，在低温冷凉环境中进行种薯生产；二是种子繁殖；三是脱毒，国内外普遍采用茎尖组织培养生产脱毒种薯技术及配套的良种繁育体系来解决马铃薯退化问题。

二、茎尖培养生产脱毒种苗技术

（一）基本概念

脱毒：应用基尖分生组织培养技术，除去主要危害马铃薯的病毒及类病毒。

脱毒试管苗（脱毒苗）：脱毒苗经检测确认不带马铃薯 X 病毒（PVX）、马铃薯 Y 病毒（PVY）、马铃薯 S 病毒（PVS）、马铃薯卷叶病毒（PLRV）和马铃薯纺锤块茎类病毒（PSTVd）。

脱毒种薯：脱毒试管生产苗的试管薯、微型薯、网室生产的原原种和继代生产供于大田用的种薯。脱毒种薯分为基础种薯和合格种薯两类。

基础种薯：是指用于生产合格种薯的原原种和原种，分三级，原原种、一级原种、二级原种。

合格种薯：是指用于生产商品薯的种薯，分二级：一级种薯、二级种薯。

原原种:用试管苗在容器内生产的微型薯和在防虫网室生产出符合质量标准的种薯。

一级原种:用原原种生产出符合一级原种质量标准的种薯。

二级原种:用一级原种生产出符合二级原种质量标准的种薯。

一级种薯:用二级原种作种薯,在隔离条件下生产出的符合质量标准的种薯。

二级种薯:用一级种薯作种薯,在隔离条件下生产出的符合质量标准的种薯。

(二)茎尖组织培养生产脱毒种苗

由茎尖培养脱毒种薯的原理是病毒在马铃薯植株中分布不均匀,病毒侵染速度慢于幼嫩组织生长的速度。因而,在代谢活跃、生长较快的分生组织中没有病毒或很少病毒,特别是靠近茎尖端处的分生组织中没有病毒。因此,利用茎尖作为外植体经组织培养可得到无病毒植株。茎尖培养生产脱毒种薯技术可参见图 6-1。具体技术措施为:

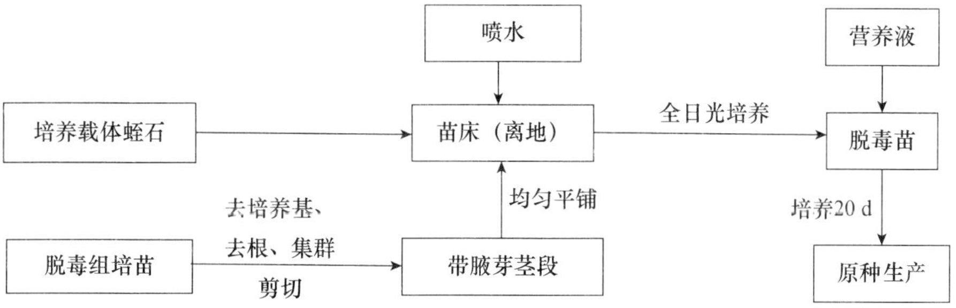

图 6-1　脱毒苗快繁与微型薯生产示意图

1. 脱毒材料的选择

由于不同的品种或同一品种不同个体之间在产量和病毒感染程度上有很大差异,因此,品种脱毒之前,应进行严格选择,以保证脱毒复壮的马铃薯品种或材料能在生产上大面积使用。主要从以下几点去选择:

(1)选择适销对路的品种作为脱毒材料。

(2)在肥力中等的田间选择具有本品种典型性的植株,包括株型、叶型、花色及成熟期等农艺性状。对准备脱毒的马铃薯品种,首先要选择具有本品种特征特性、生长势强、田间表现作为茎尖脱毒的基础材料。

(3)植株生长健壮,无明显的病毒性、真菌性、细菌性病害症状。

(4)收获后再选择符合品种特性的薯块,包括皮色、肉色、薯型、芽眼、无病斑、无虫蛀和机械创伤的大薯块。通过选择得到了生育正常并无病毒病的单株或块茎作为茎尖脱毒的基础材料,以提高脱毒效果。

2. 脱毒材料病毒检测

由于 PSTV 是目前最难脱除的类病毒,所以在进行脱毒前,还要对入选的单株进行 PSTV 检测,淘汰带有 PSTV 病毒的单株。鉴定方法有田间观察、指示植物(如番茄幼苗等)接种鉴定、聚丙烯酰胺凝胶电泳等方法。无 PSTV 病毒的典型块茎用 1%硫脲+5 mg/L 赤霉素浸种 5 min 可打破休眠,在 37 ℃恒温培养箱中干热处理 30 d 后做茎尖剥离。

3. 茎尖剥离与培养

(1)消毒　用经过消毒的刀片将发芽块茎的茎尖切下 1～2 cm,清水漂洗,剥去外面叶片,进行表面消毒。方法是先将茎尖在75%酒精中迅速蘸一下，随后用饱和漂白粉上清液或5%～7%次氯酸钠溶液浸20 min，再用无菌水冲洗3～4次。

(2)茎尖剥离和接种　在无菌操作台上将消毒的芽置于30～40倍解剖镜下进行茎尖分离，用解剖针逐层剥去茎尖周围的叶原基，暴露出顶端圆滑的生长点，切取长0.1～0.4 mm、带有1～2个叶原基的茎尖用于培养。一般切取的茎尖越小，脱毒效果越好，但成活率越低。用于剥离的芽不能长得太长，如茎尖已经分化成花芽，则不能用作茎尖剥离。还有一种方法是把经过消毒的薯芽，直接插入培养基中，生根长成苗后，再做剥离，成活率高，效果好。

剥离茎尖后，应尽快接种，茎尖暴露的时间应当越短越好，以防茎尖变干。

(3)茎尖培养　将接种于试管中的茎尖放在培养室内培养，培养基以MS培养基较为理想，马铃薯茎尖培养基的成分见表6-1、表6-2、表6-3。培养温度18～25 ℃；光照强度20 00 lx，每日光照10 h。培养诱导4～5个月可长成3～4个叶片的小植株，将其按单节切段，接种于有培养基的三角瓶或试管中进行扩繁。30 d后再按单节切段，分别接种于3个三角瓶或试管中，成苗后其中一瓶苗保留(基础苗)，另外两瓶苗用于病毒鉴定。保存基础苗用的一般是MS培养基，不需要添加激素和有机物。所保留的基础苗应每隔一段时间进行切段继续繁殖。基础苗的培养条件为10～15 ℃，16 h/d的光照，1 500～20 00 lx的光照强度。

表6-1　马铃薯茎尖培养基的成分(大量元素)　　mg/L

成分	MS培养基	FAO推荐的培养基	台湾地区利用的培养基
硝酸铵	1 650	1 650	—
硝酸钾	1 900	1 900	125
氯化钙	440	440	—
硫酸镁	370	500	125
磷酸二氢钾	170	170	125
硝酸钙	—	—	500
氯化钾	—	—	1 000
硫酸铵	—	—	1 000
硫酸亚铁	27.8	27.8	—
乙二胺四乙酸钠	37.3	38.0	—

表6-2　马铃薯茎尖培养基的成分(微量元素)　　mg/L

成分	MS培养基	FAO推荐的培养基	台湾地区利用的培养基
硼酸	6.2	1.0	1.0
硫酸锰	22.3	0.5	0.1
碘化钾	—	0.01	0.01
硫酸铜	0.025	0.03	0.03
硫酸锌	8.6	1.0	1.0
氯化铝	—	0.03	0.03
氯化镍	—	0.03	0.03
氯化钴	0.025	—	—
氯化铁	—	—	1.0

表 6-3　马铃薯茎尖培养基的成分(有机成分)　　mg/L

成分	MS 培养基	FAO 推荐的培养基	台湾地区利用的培养基
烟酸	0.5	1.0	1.0
维生素 B_1	0.1	1.0	1.0
泛酸钙	—	0.5	1.0
核黄酸	—	0.1	—
对氨基苯甲酸	—	1.0	—
叶酸	—	0.1	—
生物素	—	0.2	0.01
吲哚丁酸	—	0.2	—
硫酸盐腺嘌呤	—	80	—
肌醇	100	100	100
甘氨酸	2.0	—	—
吲哚乙酸	1～30	—	—
激动素	0.04～10	—	—
维生素 B_6	0.5	1.0	—
萘乙酸	—	—	0.005
蔗糖	30 g/L	20 g/L	—
琼脂	6～8 g/L	8 g/L	—
pH	5.7	5.3～5.5	5.5

①1986 年 FAO Plant production and protection paper71 页；②1988 年园艺种苗产销技术研讨会专集 41～68 页；此表引自孙慧生主编《马铃薯育种学》367 页

(4)病毒鉴定　病毒在马铃薯体内只是在很小的分生组织部分才不存在，但实际切取时，茎尖往往过大，可能带有病毒，因此必须经过鉴定，才能确定病毒是否脱除。以单株为系进行扩繁，苗数达 150～200 株时，随机抽取 3～4 个样本，每个样本为 10～15 株，进行病毒检测。常用的病毒检测方法有指示植物检测法、抗血清法(即酶联免疫吸附法)、免疫吸附电子显微镜检测和现代分子生物学技术检测等方法。通过鉴定，把带有病毒的植株淘汰掉，不带病毒的植株转入基础苗的扩繁，供生产脱毒微型薯使用。

4. 脱毒试管苗快繁技术

试管苗快速繁殖是脱毒马铃薯种薯繁殖的第一步，只有繁殖出足够的试管苗，才能保证繁殖出足够的脱毒微型薯。试管苗快繁过程如下：

(1)培养基　快速繁殖中可使用固体培养基，也可使用液体培养基，生产中大多是移栽前的一次培养采用液体培养基，而在此之前的扩繁培养都是采用固体培养基。如果完全采用液体培养基，容易出现“玻璃苗”现象，也容易增加污染机会。两种培养基的成分基本一样，只是液体培养基中不加琼脂。培养基成分是 MS 大量元素、微量元素、铁盐、20 g/L 蔗糖、pH 为 5.6，一般不加有机物和植物激素。有时为使试管苗长得更健壮，可采用 1.5～2.0 倍 MS 大量元素。每个培养瓶(容积 100～150 mL)加液体培养基 5 mL，灭菌后备用。

(2)切段繁殖方法　第一次快速繁殖时，利用保存的基础苗进行切段繁殖，在以后的连续切繁时，就直接用上一次的快繁苗来切段。切段繁殖是在无菌条件下的超净工作台上进行的，方法步骤如下。

①瓶体消毒　利用70%～75%的酒精棉球，将待繁基础苗瓶表面(包括封口膜)擦拭一遍，以杀死瓶体外所带的各种细菌，防止造成污染。

②无菌室及工作台消毒　无菌室不经常使用时，在使用前应进行一次彻底消毒。可采用熏蒸法(甲醛和高锰酸钾法)，即在一广口容器内加入50 g左右高锰酸钾，然后倒入适量甲醛，迅速离开，并关严门窗，2～3 s后就可释放出大量烟雾。密封24 h后，排出室内气体，隔1 d后方可入室操作。在切段繁殖期间，还应每天保持无菌室清洁无菌。平常每隔2～3 d用甲酚皂液(来苏儿水)擦洗地面，每天用70%～75%酒精擦拭工作台面。

③切段增殖　切段前将所需剪刀、镊子等器具用酒精灯灼烧灭菌，冷却后使用。同时将基础苗瓶口和待放切段瓶口也用酒精灯灼烧灭菌。然后将待切苗从三角瓶中夹出，用手术剪按单节切段并置于新三角瓶内的培养基上，每瓶放10～13个节段(罐头瓶可多放)，均匀平放于培养基上，也可将节段基部向下扦插在培养基内，腋芽要露在培养基外，最后放在培养室中培养。

④培养条件　培养室保持温度23～27 ℃，光照强度2 000～30 00 lx，每天光照时间16 h。一般培养3～4 d，茎节切段就能从叶腋内长出新芽，茎节上长出新根，15～20 d就可移栽。

马铃薯试管薯简介

(三)马铃薯脱毒种薯生产技术

由马铃薯脱毒试管苗生产的试管薯、微型薯、网室生产的原原种和继代生产供于大田用的种薯都称为脱毒种薯。

1. 脱毒微型薯(原原种)快繁

将脱毒试管苗移栽到防虫温室、网室中，或用脱毒试管苗在温室、网室中切段扦插生产微型薯，而切段扦插繁殖是经济有效的繁殖方法，具体步骤如下：

(1)培养基础苗　快速切繁的脱毒试管苗用来培养基础苗。在无菌条件下，将脱毒试管苗切成带有一个芽的茎段，接入生根培养基中培养，常用微型薯生产用营养液配方见表6-4。10 d后长成带有4～5片叶及3～4条小根的小苗，打开培养瓶封口置于温室锻炼2 d后，就可以往温室中经过消毒的苗床上移栽，为提高幼苗成活率和繁殖系数，一般是将试管苗移栽至防虫、无毒的基质中，移栽后要遮阴，生根后要除去遮阴材料，还要注意浇水和喷营养液。移栽10 d后，幼苗长出新根；20 d后，苗长至5～8片叶时，即可进行第一次剪切。剪切时要对所有用具及操作人员进行严格消毒，剪苗时要剪下带有1～2片叶的茎尖或带有2～3片叶的茎段。每次剪切后都要对基础苗加强管理，提高温湿度，喷施营养液，促进腋芽萌发增加繁苗数量，以后每隔20 d可剪切一次。

表6-4　常用马铃薯微型薯生产用营养液配方　mg/L

试剂	营养液			
	日本通用	IVF	KS	改良KS
$Ca(NO_3)_2$	950	680	—	100
KNO_3	810	350	1 034	1 034
$MgSO_4$	500	250	490	490
$NH_4H_2PO_4$	155	—	—	—
$KHPO_4$	—	200	348	348
$(NH_4)_2SO_4$	—	—	170	170

续表6-4

试剂	营养液			
	日本通用	IVF	KS	改良 KS
$CaCl_2$	—	—	150	150
EDTA-Na_2	—	14.7	37.25	37.25
$FeSO_4$	—	10.99	27.85	27.85
$CuSO_4$	—	—	—	100
KCl	—	170	—	—
H_3BO_3	—	2.43	—	—
$ZnSO_4$	2.8	—	—	—
$(NH_4)_2MoO_4$	—	1.28	—	—

注:IVF:中国农业科学园蔬菜花卉研究所配方;KS:四川省江津地区农业科学研究所配方;改良 KS:内蒙古农业科学院马铃薯小作物所配方。

(2)扦插繁殖脱毒小薯(原原种)上述剪切苗用于定植,在温、网室内繁殖脱毒小薯。将从基础苗上剪下的茎段在生根液中浸泡 5～10 min,然后扦插于苗床上,扦插用的苗床基质和扦插后的初期管埋与基础苗移栽时相同。一般扦插后 60 d 左右即可收获微型薯(原原种)。

(3)微型薯收获、储藏及催芽　马铃薯种苗生育后期,营养和水分逐渐减少,营养生长减缓,扦插苗生长 45～60 d 种苗变黄,微型薯长到 2～5 g 即可开始收获。收获时先将植株拔起,摘下微型薯,然后将苗床中的基质过筛,收获全部微型薯。每平方米每次收获 400～500 粒,一年生产 4～5 批,共可以收获微型薯 1 600～2 000 粒,折合每 667 m^2 产 80 万～100 万粒。

新收获的微型薯含有较高的水分,需放在盘子里于阴凉处晾干,按 1 g 以下、1～5 g、5～10 g 以及 10 g 以上分成 4 个级别装入透气的容器中,如布袋、尼龙袋等分别储藏。

微型薯的休眠期因品种不同而异,一般约 110 d。储藏期发现微型薯萌芽时,应将微型薯从容器中取出,在室内摊开,用散射光抑制芽徒长。在储藏期间,为使微型薯受光均匀,应翻倒几次。微型薯也可在 4 ℃的低温条件下储藏,播种前 1～2 个月从冰箱中取出,在室温下促进萌芽。休眠微型薯可用低浓度的赤霉素处理打破休眠。新收获的微型薯可用 10～20 mg/L 赤霉素液浸泡 5～10 min,促进发芽。

2. 脱毒种薯原种和良种生产

原原种数量有限,必须经过几个无性世代的扩繁,才能用于生产。原种包括一级原种和二级原种,良种包括一级良种和二级良种。在扩繁期间,防止病毒的再侵染是首要问题,生产中通过选择适宜的生产基地和促进植株成龄抗性形成的早熟栽培技术来解决。成龄抗性是指病毒易感染幼龄植株,增殖运转速度快,随着株龄的增加,病毒运转速度减慢。因此,应采取促进早熟的栽培管理措施。具体注意事项有:

①生产基地选择　原种生产基地的选择与建设对种薯生产十分重要,直接关系到扩繁种薯质量,原种基地应备的条件是:在高纬度、高海拔、风速大、气候寒冷的地区;距离条件好的种薯生产地 500 m 之内不种高代马铃薯和十字花科作物,该地区诱到蚜虫的量不超过 100 头。生产基地要交通方便,便于调种。

②播前种薯催芽　催芽后播种可以提前出苗 7～15 d,而且苗齐、苗壮,增加每株主茎数,促进早发、早结薯,以促进早熟。催芽的方法很多,有条件的地方,薯块放在催芽盘中,催芽盘

分层放在有光和具有一定温度的室内架子上，利用太阳散射光，也可以补充人工光照进行催芽。还可以在室外避风向阳处挖一个 0.5 m 左右的深坑，坑底放一层马粪，盖一层熟土，上面堆放几层薯块，顶上再放一层马粪和熟土，然后覆盖塑料薄膜，四周用土压紧，经 7～10 d 能产生豆粒大的黄化芽，即可播种。

③播种　30～50 g 小整薯直播；50 g 以上块茎切种，单块重 25～30 g，每块带 1～2 个芽眼，刀具用高锰酸钾溶液消毒。

④播期　10 cm 地温稳定在 5 ℃为适宜播期，播种深度为 9～10 cm。

⑤播种密度　早熟品种，5 000～5 500 株/667 m^2，中、晚熟品种 4 000～4 500 株/667 m^2。

播种后覆盖地膜可以显著提高地温促进早出苗、早结薯，也使马铃薯及早形成成龄抗性，减少病毒增殖和积累。

⑥施肥　按设计产量 N、P、K 配方施肥。

⑦田间管理　全生育期中耕一次，培土两次。浇水和追肥，田间土壤持水量 60%～70%，现蕾期 667 m^2 追尿素 10～15 kg。及时除杂去劣，拔除病株。现蕾至盛花期，两次拔除混杂植株与块茎，发现病毒株应立即将全部病毒株及其新生块茎和母薯拔除，装入塑料袋中带出地外烧毁或深埋。

⑧病虫害防治　病毒病是控制的重点，其次晚疫病、蚜虫也是综合防治的对象。出苗后 40 d 每隔 7 d 喷杀虫剂和杀菌剂一次，不同种类的农药交替喷施。蚜虫也可以用黄皿诱虫器进行测报或在田间设置黄色薄膜涂上机油诱杀，也可以用银灰色塑料薄膜驱蚜。

（四）马铃薯脱毒种薯良种繁育体系

1. 建立规范的三级良种繁育体系

防止病毒侵染是马铃薯种薯生产技术的核心。马铃薯种薯的生产和使用有两个最大的特点，一是种薯的体积大、水分含量高、调运储藏量大。一般单位面积用种量为 100～150 kg/667 m^2，贮运压力大；二是脱毒种薯的生产和使用与玉米、水稻的杂交种子生产和使用一样，种薯生产需要严格的隔离条件，生产用种薯只应使用一代，即二级种生产的块茎只能作为商品薯，不能再用作种薯。因此，脱毒马铃薯种薯的扩繁一定要建立规范的三级良种繁育体系。黑龙江省大兴安岭地区马铃薯科研中心的实践就是一个典型。他们的种薯繁殖程序如图 6-2 所示。

在马铃薯脱毒种薯繁育体系中（图 6-2），一般把从防虫温、网室中繁育出来的脱毒小薯叫作原原种；把原原种播种后生产出来的种薯叫原种或原种一代；把原种播种后生产出来的种薯叫一级种或原种二代；把一级种播种后生产出来的种薯叫二级种或良种一代。图 6-2 中的良种二代就应是商品薯，但也可再做一次种薯使用，产量和品质会有所下降。

原原种由于个体较小，成本较高，不宜直接用作生产用种。因而，需在高海拔、生态条件冷凉区域建立脱毒马铃薯种薯的三级良繁体系。所谓种薯的三级良繁体系，即指原种、一级种、二级种的良种繁育体系（图 6-2），从种薯繁殖程序的第二年开始进入三级良繁体系。

原种繁育基地一般选择在高海拔、生态条件冷凉又无蚜虫传播的地区。要求隔离条件好，无病毒重新侵染的机会，从而保证生产的原种基本无病毒侵染。由于原原种的生产力较低，因而原种的生产量只能供繁殖一级种使用。

一级种繁育基地应按马铃薯主产区的用种方向设置，尽量选择在高海拔、生态条件冷凉区域。在种薯生产过程中要进行除杂去劣、喷农药防蚜虫、隔离收获等防病毒侵染措施，保证生产出来的一级种无退化表现，少病毒侵染。

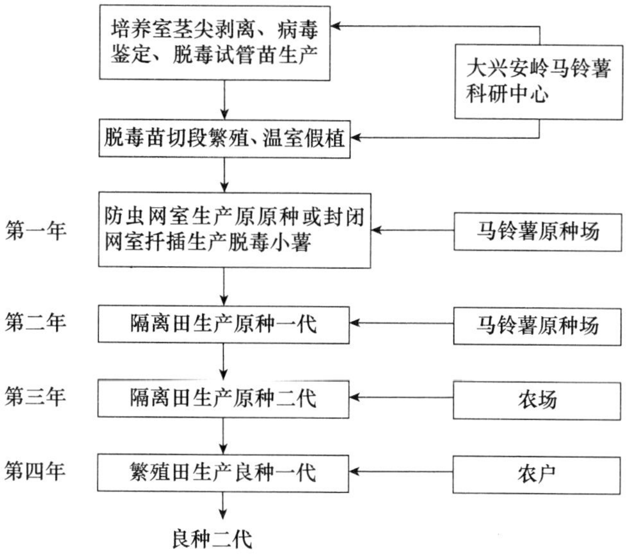

图 6-2　脱毒种薯繁殖程序

二级种繁育基地必须按马铃薯主产区的用种需求设置。其繁育方法完全同一级种要求，只是繁育条件已无法完全满足高海拔、生态条件冷凉区域的要求。但种薯田应设在生育期间气候凉爽的地区，要求肥力较好、土壤松软、排水良好。周围 500 m 内不允许种植桃树、茄科植物和马铃薯。种薯田必须实行 3 年以上没有茄科作物的轮作。生产的种薯无退化表现或退化很轻，直接用于大田生产商品薯。

2. 建立完整的留种体系，有效减轻马铃薯退化

在现有生产条件下，由于马铃薯种薯生产和使用的两大特点，以及农村经济和交通运输等发展的不平衡、农民长期形成的习惯心理，还不能完全实现用上述脱毒种薯的三级良繁体系来生产和使用脱毒马铃薯种薯。在这种情况下，建立完整的留种体系，结合一系列防止病毒再侵染的措施，以保持种薯的良种性，延长品种的使用年限，也是可行的防止马铃薯退化的措施。具体做法是：

(1)一季作地区的留种方法　北方一季作地区的无霜期较短，一般采取秋播留种，即在当地初霜期前 70～80 d 播种，使马铃薯的结薯期进入冷凉的秋季，避开有利于病毒侵染、增殖和积累的高温条件。这种方法的留种程序如图 6-3 所示。

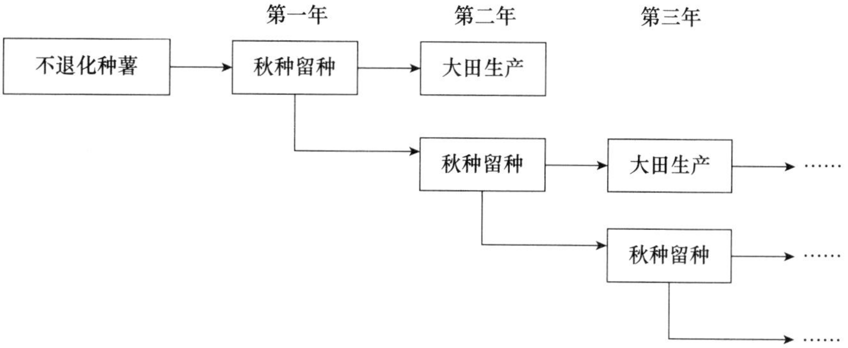

图 6-3　马铃薯秋播留种示意图

秋播留种，首先应选用脱毒的一级种或二级种作种薯，利用麦茬、豆茬或其他作物茬进行播种。切忌用茄科作物或马铃薯为前茬进行播种。其次，要适时播种，这是秋播留种防止退化的关键。播种过早则结薯期温度高、蚜虫多，容易传染和积累病毒，达不到防止退化的目的；播种过晚，产量低，经济效益差。第三，喷药灭虫，主要是消灭蚜虫。第四，拔除退化病株，减少毒源和传毒途径。第五，加强田间管理，提高种薯产量。据山西省农业科学院高寒作物研究所试验研究，用这种方法防止马铃薯退化的效果十分显著，连续留种 4 年，退化株率和退化指数无明显增加。

(2)两季作地区的留种方法　在两季作地区，如河南、山东等地不具备高纬度或高海拔的留种条件。可采用两季留种——春留秋繁的方法繁殖种薯，即用无病毒种薯于早春催芽播种，于 6 月中旬左右收获，避开蚜虫迁飞期。收获后经短期储藏，进行秋播繁殖，为来年春季提供大田用种薯。这种方法能有效防止病毒再侵染，延缓种薯退化。其留种程序如图 6-4 所示。

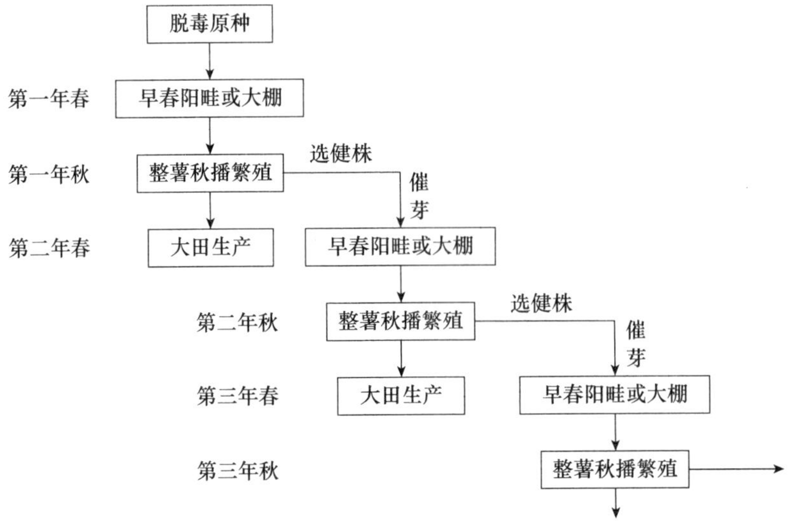

图 6-4　两季作地区春留秋繁示意图

两季留种关键技术环节如下：

①要求选用的品种具有早熟、抗病、丰产的特点。

②掌握“两早两晚”，即第一季种植要做到早种早收，关键是收获期要早；第二季种植要做到晚种晚收，关键是播种期要晚。只有这样，才能使马铃薯在最适宜的凉爽条件下生长，获得健康、无退化表现的种薯。

③做好种薯催芽。第一季种植用的种薯一般是上年秋播留种的幼嫩薯块，早春播种时尚未打破休眠期。因此，播种前必须进行催芽处理。第二季种植用的种薯，是刚收获不久、仍处于休眠状态的春薯。因此，播种前也必须进行催芽处理。此外，第二季秋播时，一定要保证土壤墒情良好，以确保催芽的效果充分发挥，避免造成严重缺苗。

④合理密植，喷药灭蚜，加强管理，夺取高产。

3. 防止病毒再侵染

马铃薯种薯生产采用块茎繁殖，其繁殖系数低，生产速度较慢，而且在繁殖过程中很容易受到病毒和其他真菌、细菌的再侵染。因此，在加代扩繁时要配合农业技术措施，防止病毒再侵染，以保证原种和各级种薯的质量。

(1)早熟栽培促进植株成龄抗性形成　成龄抗性是指病毒易感染幼龄植株，病毒在幼龄植株内增殖和运转速度快，随着株龄的增加，病毒的增殖运转速度减慢。成龄抗性在块茎开始成龄时2～3周内完成，此时病毒不易侵染植株，也很难向块茎中运转和积累。具体措施如下：

①种薯催芽与早播可提前出苗，苗齐、苗壮，促进早结薯和成龄抗性的形成。催芽方法同一般大田生产。春播期尽量提早，二季作地区秋播期适当推后，尽可能避开夏季高温的不利影响及蚜虫发生期和传毒高峰期。

②播种后覆盖地膜可显著提高地温，促进早出苗、早结薯。

③适当加大种植密度可收获更多的小薯块。

④切块播种时，必须严格进行切刀消毒。

⑤合理施肥应以充分腐熟的有机肥为主，适当增施磷、钾肥，可增强植株抗病毒能力，促进早结薯。避免过量施氮肥，以防茎叶徒长而延迟结薯和成龄抗性的形成。

(2)及时拔除病株和防蚜灭蚜　拔除病株是消灭病毒侵染源，防止病毒扩大蔓延的主要措施。在种薯生长期间应经常深入田间拔除病株，拔除病株在苗齐后蚜虫发生就应开始，逐垄检查，发现病株要及时、彻底拔除地上植株和地下母薯及新生块茎，小心装入密封袋中，防止蚜虫抖落或迁飞，将袋运出种薯田外深埋处理。从蚜虫出现开始，每隔7～10 d喷施一次灭蚜药，以不同种类的农药交替喷施，效果更好。

(3)适期早收和灭秧　适期早收可避免病毒传到块茎。收获前毁灭茎叶在一定程度上可阻止晚疫病菌和已感染的病毒传到块茎。灭秧的方法有拔秧、割秧、化学药剂杀秧等。

(4)其他途径　在中原二季作和南方二季作地区采用秋、冬留种，西南混作区采用高山留种等措施，对减轻马铃薯病毒病害也有一定效果。在两季作地区，如河南、山东等地不具备高纬度或高海拔的留种条件，可采用两季留种——春留秋繁的方法繁殖种薯，即用无病毒种薯于早春催芽播种，于6月中旬左右收获，避开蚜虫迁飞期。收获后短期储藏，进行秋播繁殖，为来年春季提供大田用种薯。这种方法能有效防止病毒再侵染，延缓种薯退化。

【实施方案】

以学习(工作)小组为单位，在教师指导下获取与马铃薯脱毒种薯生产相关的信息后，研讨并制订马铃薯脱毒种薯(苗)生产操作方案(表6-5和表6-6)。具体内容要求与实施建议如下：

(1)制订马铃薯种薯常规繁育工作计划；

(2)能够正确选择基地并适期播种；

(3)能熟练地进行田间管理；

(4)能正确去劣及质量检查记录与管理；

(5)制订马铃薯脱毒种薯生产操作流程。

表 6-5　马铃薯种薯(苗)生产项目教学实施建议

工作过程	教学步骤	训练要求与标准	训练方法	参考时间
资讯和计划	下达生产任务，设计、讨论	能提出正确的、明确的原种生产关键技术操作要求	以小组为单位查阅文献资料(主要在课外完成)，讨论方案，抽查5个小组的方案进行答辩	30 min
决策	确定马铃薯种薯常规繁育土地准备和播种方案，准备各种生产资料	按计划列出生产所需的生产工具和资料并做好准备	主要在课外完成，上课时提交生产工具和资料清单	10 min
实施	马铃薯种薯常规繁育操作演练(薯种处理、种植安排在课内)	按操作规程要求进行，能独立正确操作。其他田间管理工作利用课余时间或与别的项目交叉进行	按小组为单位进行生产操作	80 min
检查	马铃薯种薯常规繁育田块种植结果展示与评价	种薯处理正确、种植规格符合规范到位(种植沟、种植株行距符合要求)	各小组展示结果(实训地块)，进行评分(填写评分表)	10 min
总结	撰写技术报告	技术操作规程、生产体会(包括生产中存在的问题以及解决的办法)	教师提出设计、技术报告撰写要求，每位学生独立完成	课外
评估	归纳总结	生产中存在的问题以及解决的办法	各小组进行体会交流、归纳分析总结	40 min

表 6-6　马铃薯种薯(苗)生产项目完成情况评价表

考核标准	考核要点		技术操作要点	分值安排	评定得分
考核标准	1. 态度与表现		学习(实训)态度与课堂表现	10	
	2. 技能操作部分	种植(播种)	施足底肥、墒情合适、土地细碎平整	10	
			种植要求达到适时播种、种植质量好、出苗率高	15	
		种薯处理	切种方法正确	5	
			消毒药剂浓度适当，时间合适	10	
		产品评价	实训田块薯苗生长各时期长势长相良好，综合管理到位，产量较高	30	
			马铃薯脱毒种薯(苗)生产操作流程正确	20	
总分				100	

【问题与思考】

1. 试述当地马铃薯种薯混杂退化的主要原因及其采取的防杂保纯措施有哪些？
2. 试述马铃薯茎尖培养生产脱毒种薯的程序及关键技术。
3. 试述马铃薯脱毒种薯三级良种繁育体系。

【知识拓展】

马铃薯实生种子

一、马铃薯实生种子的意义

马铃薯生产上普遍存在的退化是因病毒系统侵染所致。世界上危害马铃薯的病毒有 20 多种,我国已经分离和鉴定的病毒有 9 种。此外,真菌性和细菌性病害有 10 多种,也都能侵染马铃薯。目前世界上已发现纺锤块茎类病毒(PSTV)、马铃薯 T 病毒(PTV)和安第斯马铃薯潜隐病毒(APLV)三种病毒能侵染马铃薯种子。我国只发现纺锤块茎类病毒一种。

植物病毒能系统侵染植物的各个营养器官,包括根、茎、叶、块茎,但很少侵入花粉、卵和种胚。因此,各种病毒(除 PSTV 外)和病害都不能侵染马铃薯实生种子。要获得不带病毒的实生种子,需特别注意亲本和种薯均应是无毒的,严禁利用感染纺锤块茎类病毒的病株进行杂交或从病株上采收浆果。

由这种不带病毒的植株产生的实生种子,其实生苗就不带病毒;因此,可以生产出无病无毒的健康马铃薯原原种。品种间杂交种、自交系间单交种的杂交种子中,不仅能生产无毒种薯,还具有杂种优势,在其生活力、抗逆性、生产力等方面,显著优于亲本,再通过实生块茎的无性繁殖,很容易将这些特性稳定下来。

用实生种子生产马铃薯能实现就地留种,节约种薯,便于运输,便于储藏,脱毒防病效果好,节省劳力、能源和费用,降低生产成本。

二、实生种子的采收和保存

(一)实生种子的采收

马铃薯小花梗在正常受精后 7 d 内即向下弯曲。未受精的小花梗经 4～5 d 即脱落。在受精后 15 d 左右,直径可达 1.0～1.5 cm。浆果发育 30 d 左右常自然脱落。因此,在受精后 2～3 周内即用纱布袋将浆果套于茎枝上,以免落果混杂(杂交果)。如果进行大量天然果采收时,可在制种田利用禾谷类作物将各不同亲本进行隔离或分区插牌,植株不用套袋。当浆果变白、变软时,即可按组合或品种采收。在晚疫病发生的年份,一些不抗病品种的浆果也极易感病,浆果感病后变黑、腐烂,影响种子发育。因此,在采收浆果时,切忌采收植株带有真菌病害的浆果和带有纺锤块茎类病毒的浆果。一般马铃薯花受精后 15 d 左右,种子即具有发芽能力,30～40 d 充分成熟。因此,为了得到成熟的种子,收获的浆果可按其成熟度和质量进行分级,然后放置在通风阴凉处,后熟 30 d 左右,使未成熟或半成熟的种子达到充分成熟,使其具有正常的发芽能力。

采收的浆果应按照亲本或杂交组合分别漂洗。量少的先将浆果置于水盆内,用手指捏碎,然后将汁液、果皮和种子一起倒在孔径略小于种子的筛子上,放于水盆内,多次漂洗,直至将果皮、杂质冲完洗净为止，然后将种子倒在吸水纸上晾干。把晾干的种子装入种子袋内，并注明品种名称、组合名称、种子数量、采收年月日和采收单位，然后放置阴凉干燥处保存。

采收大量的天然浆果，可利用粉碎机将后熟的浆果搅碎，但不能损伤种子。然后盛于水缸内发酵 2～5 d，以分解果胶层，使种子与果肉分离。再盛于大盆内，用筛子过滤果肉和种子，再用水冲洗数次，直至种子黏液洗净为止。将洗净的种子在避风向阳处晾晒或置于 25℃烘箱内烘干，待种子干后，将其装入铝制种子盒内或种子瓶内，注明品种或组合名称、采种年月日、数量、采种单位和地点。

(二)实生种子的保存

马铃薯实生种子存放在密闭、低温、干燥条件下，可以保存 10 年以上。储藏 3～5 年的实生种子还具有降低纺锤块茎类病毒的作用。因此，在适于马铃薯开花结实的年份可大量进行杂交或采收天然果，以备贮用。

马铃薯实生种子的休眠期较长，一般 6 个月以上才能通过休眠；因而，当年采收的种子发芽率较低，而储藏 2～3 年的种子发芽率最高。准备出售的大量天然实生种子，应事先进行种子标准化检验，检验指标为：采收时间应为 2～3 年，发芽率 90%以上，种子纯度 100.0%，种子净度 95.0%，含水量 5.0%以下。

晾干的种子应密封于 3 种规格的布袋或纸袋内，即 500 g、50 g、5 g 装。种子袋外边应印有名称、采种时间、采种地点和单位、发芽率、种子纯度、种子净度、含水量、出售单位和采种人。

马铃薯三代种薯繁育体系

一、三代种薯繁育体系的概念

鉴于我国种薯生产的现有条件(包括微型薯生产的设施、设备、生产技术和生产能力；开放条件下种薯生产的环境条件等)有了很大改进，建议将种薯分为三代，分别为一代种薯(G1 种薯)、二代种薯(G2 种薯)和三代种薯(G3 种薯)。

(一)一代种薯(G1 种薯)

指在人工隔离条件下生产出的微型薯种薯，重量在 1.0 g 以上、20 g 以下，再次种植时不需要进行切块。可以是利用组培苗或试管苗在无病害基质中得到的微型薯，也可以是利用组培苗或试管薯在无基质条件下得到的微型薯；还可以是组培苗直接移栽到人工隔离条件下生产的小块茎。目前最经济有效的方法是用脱毒苗在温(网)室中切段扦插，其优点是节省投资，繁殖速度快，方法简单。无论何种方式生产出来的微型薯，都必须保证不带任何病害，即不带任何病毒、真菌和细菌病害。

(二)二代种薯(G2 种薯或称原种)

指在自然条件好、天然隔离条件较好、周边 800 m 内无其他级别种薯或商品薯等条件下，利用第一代种薯生产出来的种薯，大小控制在每块 75 g 以下，不带各种真菌、细菌病害，田间病毒株率 PLRV、PYX、PVY、PVS 不超过 1%的种薯。

(三)三代种薯(G3 种薯，又称合格种薯或生产用种)

用原种生产的种薯为合格种薯，即指在自然条件较好、海拔较高、蚜虫较少、气候较冷凉、天然隔离条件较好、周边800 m内无商品薯等条件下，利用原种(G2种薯)生产出来的、块茎大小在50～100 g以下的种薯，不带各种真菌、细菌病害，田间病毒株率PLRV、PYX、PVY、PVS不超过5%的种薯。

二、我国建立三代种薯繁育体系的必要性

(一)符合我国种薯生产实际，有利于迅速提高种薯质量水平

中国是世界上最大的马铃薯生产国，种植面积和产量分别占世界的25%和20%左右。虽然中原二作区和南方冬作区基本上是从外省调运种薯，但这部分地区马铃薯种植面积只占全国种植面积的15%左右。马铃薯种植面积占全国85%左右的北方一作区和西南混作区，一般都是重要的种薯生产地区，同时也是重要的商品薯生产地区。在这两个重要的马铃薯生产大区，种薯生产和商品薯生产没有严格的区域布局，也没有规范的种薯生产、质量控制和管理体系。种薯生产基本上还处于一种无序的状态。在某些马铃薯生产大县，由于马铃薯种植面积较大，常常出现倒茬困难的状况。即使可以倒茬，也常常出现与不同级别种薯，甚至商品薯交错分布的状况，这些因素造成我国种薯质量难以提高。在一些地区尝试着将少量微型薯分发至农户，即所谓的"脱毒种薯一步到位法"，结果并没有得到预期的效果，其中重要原因之一就是受周边环境影响，加速了病毒和其他病害对微型薯的影响，使种薯质量难以保证。为了迅速提高我国的种薯质量，我们只能缩短种薯繁育周期，将现在的五代种薯体系(原原种、一级原种、二级原种、一级合格种薯和二级合格种薯)缩短至三代，保证种薯在尚未严重退化前(病毒株率低于5%)就用于商品薯生产。

(二)种薯生产过程简化，便于质量监督与控制

按照GB 18133—2012规定的种薯生产程序，从试管苗到二级合格种薯最少需要5代，这期间都有很多环节需要进行质量控制，例如试管苗生产至少需要对基础苗进行质量检测，试管苗移栽前需要进行质量检测，原原种生产过程中需要进行至少两次现场质量抽检，原原种收获后还需要进行抽样检测，其他各级种薯生产过程中需要进行质量跟踪检测。质量监控的工作量相当大，而目前我国从事马铃薯质量控制的部门和人员根本不能满足质量控制的要求，因此种薯质量几乎无法全程控制。

采用三代种薯体系，可以简化生产过程，只需要重点对基础苗、试管苗和G1种薯质量进行严格控制，就能显著提高我国的种薯质量。对G2种薯和G3种薯的质量控制，主要通过田间检验人员的目测进行，简便易行。如果近期内能将种薯的病毒株率控制在5%以下，我国马铃薯种薯的质量将有一个质的飞跃。只要采取严格的质量控制措施，一定能将G2种薯的病毒株率控制在1%以下，G3种薯的病毒株率控制在5%以下。这样我国马铃薯种薯质量不但能有较大的提高，而且质量与国际同类标准相当，可大大增强我国种薯的国际竞争力。

(三)分级简单明了，质量要求并不降低

虽然以上的要求与现行的国家标准"马铃薯脱毒种薯(GB 18133—2012)"有一定的出入，但相对简单明了，且质量与国外类似级别的种薯质量相当。只要采取严格的质量控制措施，真正能将G2种薯的病毒株率控制在1%以下，G3种薯的病毒株率控制在5%以下，我国的种薯质量不但能较大地提高，而且也会有一定的国际竞争力。

(四)我国微型薯生产规模和生产技术为三代种薯体系提供了保障

近些年来，农业部投资建设了大量的脱毒快繁中心，在重要的马铃薯生产地区都至少有一

个投资500万元以上、生产能力3 000万粒以上的脱毒快繁中心。加上各地区自己投资兴建及企业自投资金兴建的各类脱毒快繁设施，到2010年，我国微型薯的生产能力达到了15亿～20亿粒的规模。由于组培快繁技术的普及，如果需要，可很快兴建更多的脱毒快繁中心，迅速增加一代种薯的生产量，保证三代种薯体系的实施。

（五）种薯补贴政策有利于推动三代种薯体系的发展

从2009年开始，农业部开始在重要马铃薯生产省区进行良种补贴试点。实行三代种薯体系，更便于政府决策部门制定和实行种薯补贴政策。通过各级政府实施的马铃薯种薯生产补贴，可降低种薯生产者的成本，增加优质种薯的数量和提高优质种薯的质量。

（六）一代种薯（微型薯）用量大，增加了种薯生产的成本

由于缩短了种薯的繁殖年限，对组培苗和一代种薯（微型薯）的需要量大大增加，由于各地快繁技术的进步，试管苗和微型薯繁殖效率大大提高，因此种薯生产的成本将会有一定的增加，但增加幅度不会太大。而且有利于政府实施对良种的补贴，最终不会增加种植者太多的负担，综合效益将大大提高。

三、实施三代种薯繁育体系的要求

建立完善的种薯繁育体系是马铃薯产业健康发展的基础，没有健全的种薯繁育体系和种薯质量管理制度，就没有大幅度提高产量和产品质量的潜力，就不能保证马铃薯生产的持续发展。我国在种薯生产上基本还处于一种自发的无序状态，没有权威部门组织和管理，种薯质量差异巨大。国外普遍采用的注册种薯生产制度还没有在我国实施，商品薯和种薯生产没有严格区分。各级种薯生产都没有经过权威机构的检测和监督，种薯合格率低，市场上真正合格的脱毒种薯很少。同时，我国的脱毒马铃薯标准化生产体系又很不完善。因此，建立完善的脱毒马铃薯繁育体系是提高马铃薯种薯和商品薯产量和质量的关键，使脱毒马铃薯种薯生产标准化、规范化。

参考文献

[1]袁隆平．超级杂交水稻育种栽培学．长沙:湖南科学技术出版社,2020.

[2]陈式华,曹立勇,占小登．杂交水稻制种技术．北京:金盾出版社,2004.

[3]谷茂,杜红．作物种子生产与管理．北京:中国农业出版社,2010.

[4]王建华,张春庆．种子生产学．北京:高等教育出版社,2006.

[5]付宗华,钱晓刚,彭义．农作物种子学．贵阳:贵州科技出版社,2003.

[6]张小玲,胡伟民．种子学基础．北京:中国农业大学出版社,2016.

[7]刘纪麟．玉米育种学．北京:中国农业出版社,2002.

[8]郃连春．玉米栽培技术．北京:中国农业出版社,2011.

[9]祁显涛,杨海龙,谢传晓．玉米雄性不育机制及其产业化应用研究进展．作物杂志,2014,6.

[10]闫米格,武岩军,任丽萍,等．利用雄性不育系培育玉米新品种．山西农业科学,2011,39(6).

[11]GBT 17316—2011 水稻原种生产技术操作规程,2011.

[12]袁隆平．两系杂交水稻研究论文集．北京:农业出版社,1992.

[13]绥宁县农业局,武冈市农业局．国家杂交水稻制种基地．湖南农业,2018(2):11.

[14]GBT 17314—2011 籼型杂交水稻三系原种生产技术操作规程,2011.

[15]刘文炳,郑旋,林琼,等．谈三系杂交水稻超高产制种配套组装技术．中国稻米,2010,16(5):54-58.

[16]傅文婷．杂交稻新品种宜优 3009 高产制种技术．福建稻麦科技,2021,39(3):11-13.

[17]胡忠孝,田妍,徐秋生．中国杂交水稻推广历程及现状分析．杂交水稻,2016,31(2):1-8.

[18]GB/T 29371.4—2012 两系杂交水稻种子生产体系技术规范,2012.

[19]侯文平,王成瑷,赵磊．收获时期对水稻制种产量的影响．研究报告,2014,44(6):8-11.

[20]侯杰夫．杂交水稻制种抽穗扬花期天气对异交结实率的影响．杂交水稻,2001,16(4):21-23.

[21]钟家富．新形势下杂交水稻制种基地发展存在的问题及对策．中国农技推广，2013(7):134-137.

[22]刘爱民，张海清，肖晓，等．中国杂交水稻制种技术的进步与发展方向．杂交水稻，2010，S:46-50.

[23]徐家谱，时艾旻．生态条件与杂交水稻制种．云南农业科技，2000(3):9-11.

[24]富吴伟，等．花信灵及增效调花宝对提早父本花期的作用．杂交水稻，2002(5):21-220.

[25]江正发，许旭明，卓伟，等．喷施"九二〇"对广优772制种母本性状及产量的影响．福建稻麦科技，2021，39(3):13-14.

[26]陈锋，严宗卜，龙风，等．杂交稻香两优875制种技术示范．种子，2013，32(1):114-118.

[27]高剑波，等．不同激素及"九二0"用量对培矮64S制种效应研究．杂交水稻，2001，(5):28-30.

[28]何明仁．杂交水稻制种提高异交结实率的措施．种子科技，1992(1):33.

[29]胡刚，王长义，等．两系粳杂N5088S/187制种技术．湖北农业科学，1994(10):9-10.

[30]胡军．杂交水稻制种赤霉素最佳用量研究．种子科技，1992(4):16-17.

[31]黄劲培．杂交水稻超高产制种的技术关键．杂交水稻，1994(2):8-9.

[32]黄三奎，等．"九二O"施用时期和剂量对母本异交性状效应的研究．杂交水稻，1992，(4):22-24.

[33]黄志华．花信灵在杂交水稻制种上应用研究．杂交水稻，1996(4):42-43.

[34]牟同敏．中国两系法杂交水稻研究进展和展望．科学通报，2016，31(35):3761-3769.

[35]袁俊，石天宝，吴嘉垲．温敏核不育系株1S原原种冷灌繁殖技术．杂交水稻，2017，32(4):33-35.

[36]杨烨，陈立云．水稻两用核不育系研究进展作物研究．2008，22(5):328-332.

[37]罗孝和，夏石头，罗珊．两用核不育系及其超级稻研究．第1届中国杂交水稻大会论文集2010，9:59-63.

[38]廖亦龙，王丰，邹新华．水稻光温敏核不有系GD-1S冷涨繁殖高产技术杂交水稻．2005，20(1):29-31.

[39]韦美英．桂宝蔗区甘蔗当家品种退化表现及防治对策．广西甘蔗，2010，3:17-18.

[40]付思明．甘蔗良种种芽快繁技术简述．中国农业信息，2013，120-122.

[41]戚经文，苏广达，谭中文．甘蔗育种和良种繁育．北京:农业出版社，1980.

[42]王海波．大田作物制种技术．北京:中国农业大学出版社，2007.

[43]孙新政．园艺植物种子生产．北京:中国农业出版社，2006.

[44]韩黎明，杨俊丰，景覆贞，等．马铃薯产业原理与技术．北京:中国农业科学技术出版社，2010.

[45]崔杏春．马铃薯良种繁育与高效栽培技术．北京:化学工业出版社，2011.

[46]卢翠华，邱宏，张丽莉．马铃薯组织培养原理与技术．北京:中国农业科学技术出版社，2009.

[47]GB/T 17318—2011大豆原种生产技术操作规程．

[48]曹雯梅,刘松涛．作物种子生产．北京:中国农业大学出版社,2010.
[49]万书波．花生品种改良与高产优质栽培．北京:中国农业出版社,2008.
[50]禹山林．中国花生遗传育种学．上海:上海科学技术出版社,2011.
[51]范永强．现代中国花生栽培．济南:山东科学技术出版社,2014.
[52]颜启传．种子学．北京:中国农业出版社,2001.
[53]李益锋．水稻种子生产技术．种子生产与经营专业教学资源库,2017.